"十四五"职业教育国家规划教材

职业院校机电类"十三五"微课版规划教材

AutoCAD 2014 机械绘图

第3版 附微课视频

林党养 周冬妮 / 主编

王燕 吴育钊 郝刚 于中海 / 副主编 / / 阮予明 / 主审

人民邮电出版社

北京

图书在版编目（CIP）数据

AutoCAD 2014机械绘图 : 附微课视频 / 林党养, 周冬妮主编. -- 3版. -- 北京 : 人民邮电出版社, 2020.10（2024.1重印）
职业院校机电类“十三五”微课版规划教材
ISBN 978-7-115-52753-0

Ⅰ. ①A… Ⅱ. ①林… ②周… Ⅲ. ①机械制图—AutoCAD软件—高等职业教育—教材 Ⅳ. ①TH126

中国版本图书馆CIP数据核字(2019)第266314号

内容提要

本书通过机械工程中常用的图样实例，介绍了 AutoCAD 2014 在机械图样绘制方面的应用。全书共分 8 章，主要内容包括 AutoCAD 2014 概述，简单平面图形绘制，文字、表格及尺寸标注，平面图形绘制综合实例，图块操作与 AutoCAD 设计中心，机械图样绘制，三维图形绘制，图形的输出与发布。

本书以机械图样绘制为主线，由浅入深、从二维图形到三维图形，在 AutoCAD 2014 绘图环境中分析机械图样的绘制方法、步骤；通过实例讲解应用 AutoCAD 2014 绘制机械图样的基本技能和方法，具有较强的实用性、针对性和专业性。

本书可作为高职高专院校机电一体化、数控技术、模具设计与制造等专业的教材，也可作为从事机械设计与制造的工程技术人员的培训教材与参考书。

◆ 主　　编　林党养　周冬妮
副 主 编　王　燕　吴育钊　郝　刚　于中海
主　　审　阮予明
责任编辑　王丽美
责任印制　马振武

◆ 人民邮电出版社出版发行　　北京市丰台区成寿寺路 11 号
邮编 100164　　电子邮件 315@ptpress.com.cn
网址 https://www.ptpress.com.cn
固安县铭成印刷有限公司印刷

◆ 开本：787×1092　1/16
印张：14.5　　2020 年 10 月第 3 版
字数：352 千字　　2024 年 1 月河北第 4 次印刷

定价：48.00 元

读者服务热线：(010)81055256　印装质量热线：(010)81055316
反盗版热线：(010)81055315
广告经营许可证：京东市监广登字 20170147 号

前言 FOREWORD

本书第 2 版自 2014 年出版以来，受到了众多高职高专院校的欢迎，但随着 AutoCAD 软件版本的不断升级变化，同时，几年来各院校老师们在使用本书的过程中也积累了不少经验并提出了一些宝贵意见，为此，编者在第 2 版的基础上对本书进行了修订。

AutoCAD 软件自问世以来以每年一个版本的速度在不断地更新换代，从 AutoCAD 2010 版本到 AutoCAD 2014 版本，软件的使用功能、界面等有了不少的改进。结合当前 AutoCAD 软件的应用情况，本次修订选用了目前应用较多的 2014 版本。

本次修订的主要内容如下。

➤ 将本书第 2 版内容改为对 AutoCAD 2014 版本界面的介绍、新功能的运用等。

➤ 将本书第 2 版中的实例改为采用 AutoCAD 2014 版本绘制。

➤ 对本书第 2 版中存在的一些问题进行了校正和修改。

➤ 本次修订针对软件的重点操作步骤、实例的绘制步骤、绘制图形类习题的绘制步骤开发了微课视频，以二维码的形式嵌入书中相应位置，读者可通过手机等移动终端扫码观看学习。

本书贯彻党的二十大精神。在修订过程中，作者始终以国家职业资格考试培训教材中的典型零件及实际生产中常见零件为载体，由浅入深、由易到难安排内容。本书在修订后内容具有较强的实用性和针对性，叙述更加准确、通俗易懂、简明扼要，更有利于教师的教学和学生的自学。为了让学生能够在较短的时间内掌握本书的内容，及时地检查自己的学习效果，巩固和加深对所学知识的理解，每章后还附有思考与练习题。

全书由福建电力职业技术学院林党养、周冬妮任主编，福建电力职业技术学院王燕、吴育钊，武汉城市职业学院郝刚、宣城职业技术学院于中海任副主编。全书由福建电力职业技术学院阮予明主审。在此，向所有关心和支持本书出版的同仁表示衷心的感谢！

限于编者的学术水平，书中难免存在不妥及疏漏之处，敬请专家、读者批评指正。

编者

2023年5月

数字资源列表

第一章 AutoCAD 2014 概述

序号	资源名称	页码	类型
1-1	图层设置	24	视频

第二章 简单平面图形绘制

序号	资源名称	页码	类型
2-1	轴端挡圈	30	视频
2-2	圆头普通平键	34	视频
2-3	密封垫	37	视频
2-4	圆锥销	43	视频
2-5	六角螺母	47	视频
2-6	模板	50	视频
2-7	止动垫圈	54	视频
2-8	棘轮	60	视频
2-9	芯轴	65	视频
2-10	转轴	70	视频
2-11	扳手	77	视频

第四章 平面图形绘制综合实例

序号	资源名称	页码	类型
4-1	吊钩平面轮廓图	112	视频
4-2	三视图	115	视频
4-3	轴测图	122	视频

第五章　图块操作与 AutoCAD 设计中心

序号	资源名称	页码	类型
5-1	块——表面结构符号	130	视频
5-2	动态块——螺栓	136	视频

第六章　机械图样绘制

序号	资源名称	页码	类型
6-1	从动轴-1	150	视频
6-2	从动轴-2	150	视频
6-3	轴承端盖	154	视频
6-4	支架-1	157	视频
6-5	支架-2	157	视频
6-6	支架-3	157	视频

第七章　三维图形绘制

序号	资源名称	页码	类型
7-1	传动轴	189	视频
7-2	皮带轮	192	视频
7-3	泵盖	195	视频
7-4	轴承座	199	视频

目录 CONTENTS

Chapter

1

第一章 AutoCAD 2014 概述

1.1 AutoCAD 2014 的启动和退出

1.1.1 AutoCAD 2014 的启动

启动 AutoCAD 2014 的方法有如下 3 种。

（1）从 Windows【开始】菜单中选择【程序】中的【AutoCAD 2014】选项。

（2）在桌面建立 AutoCAD 2014 的快捷图标，双击该快捷图标。

（3）在 Windows 资源管理器中找到要打开的 AutoCAD 2014 文档，双击该文档图标。

启动后，会跳出【欢迎】界面，如图 1-1 所示。该界面分为三个功能区域：工作、学习、扩展。可将左下角的【启动时显示】复选框取消勾选，则以后启动软件时，将不再显示【欢迎】界面。

1.1.2 AutoCAD 2014 的退出

退出 AutoCAD 2014 有多种方式，常用的有以下 3 种。

（1）单击 AutoCAD 2014 界面左上角的图标，在下拉菜单中选择右下角的 退出 Autodesk AutoCAD 2014 选项。

（2）单击 AutoCAD 2014 界面标题栏右边的 按钮。

（3）在 Windows 任务栏的 Autodesk AutoCAD 2014 Drawing1.dwg 标签上单击鼠标右键，在打开的快捷菜单中选择【关闭】选项。

采用以上任意一种方式都将关闭当前文件，若文件没有保存，AutoCAD 2014 会弹出询问是否保存的对话框，单击【是】按钮保存后关闭；单击【否】按钮不保存直接关闭；单击【取消】按钮将取消退出的操作。

图 1-1 【欢迎】界面

1.2 AutoCAD 2014 的工作界面

1.2.1 AutoCAD 2014 的初始工作界面

启动 AutoCAD 2014 后，进入 AutoCAD 2014 的初始工作界面，它主要由应用程序菜单栏、快速访问工具栏、工作空间、标题栏、功能区、交互信息工具栏、世界坐标视口控件、绘图区、命令行、状态栏、布局标签、ViewCube 工具、导航栏、状态托盘等组成，如图 1-2 所示。

1. 应用程序菜单栏

应用程序菜单栏也称为菜单浏览器，它包括与文件相关的一些常用命令及命令搜索功能，如图 1-3 所示，带有 ▸ 符号的表示当前功能下还有子菜单。

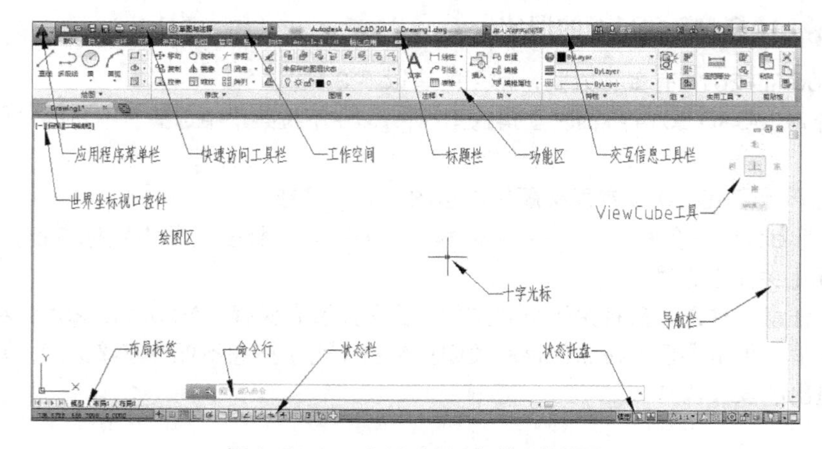

图 1-2 AutoCAD 2014 初始工作界面

2. 标题栏

标题栏中显示软件的图标和名称，即 AutoCAD 2014，以及当前打开的正在编辑的文件名称。标题栏一行的最右端有 3 个窗口控制按钮，可分别实现 AutoCAD 2014 用户窗口的最小化、最大化和关闭。

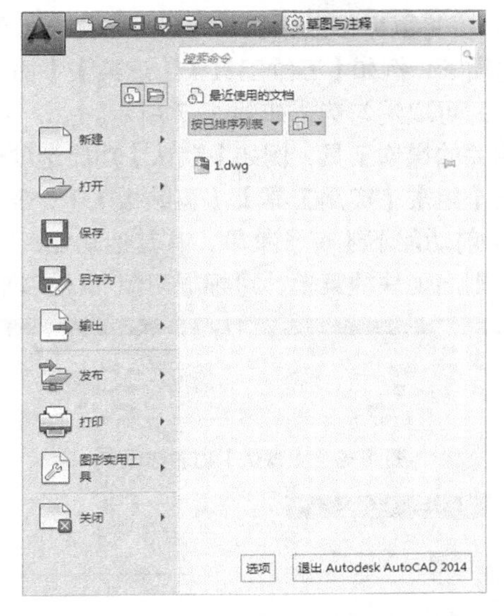

图 1-3　应用程序菜单栏

3. 快速访问工具栏

标题栏左边是 AutoCAD 2014 的快速访问工具栏。快速访问工具栏包括【新建】、【打开】、【保存】、【另存为】、【打印】、【放弃】、【重做】、【工作空间】、【特性匹配】等常用的工具，如图 1-4 所示，可以单击快速访问工具栏后面的下拉菜单按钮 设置需要的常用工具。其中，鼠标单击【工作空间】右侧的下拉菜单按钮 （默认的是【草图与注释】工作空间），可弹出图 1-5 所示菜单选项，【工作空间】工具主要用于设置和切换工作空间。

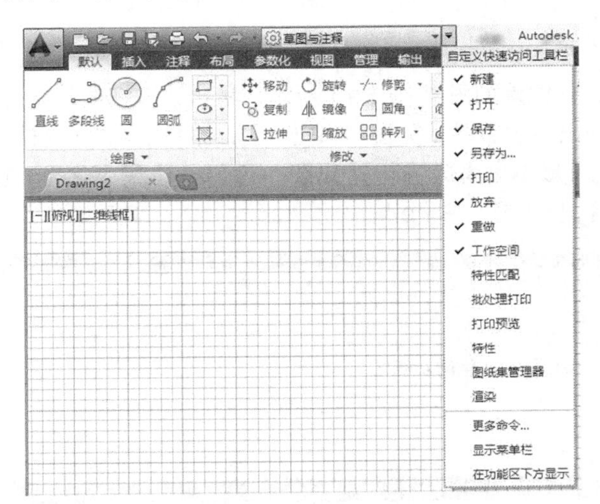

图 1-4　快速访问工具栏

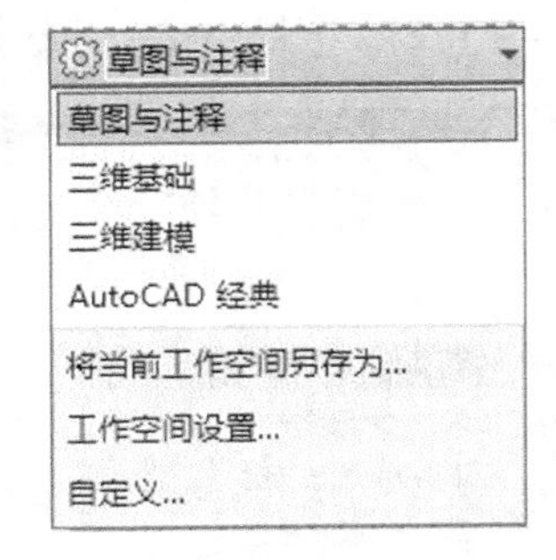

图 1-5　【工作空间】下拉菜单

4. 功能区

功能区是整个界面中最重要的组成部分，它包括【默认】、【插入】、【注释】、【布局】、【参数化】、

【三维工具】、【渲染】、【视图】、【管理】、【输出】、【插件】、【Autodesk 360】和【精选应用】13 个功能选项卡，如图 1-6 所示。将鼠标移至选项卡标题的空白处，单击鼠标右键，则出现快捷菜单，可根据习惯和需要增删选项卡，例如【三维工具】、【渲染】、【插件】、【Autodesk 360】和【精选应用】等不常用的选项卡，即可取消勾选，如图 1-7 所示。

每个功能选项卡集成了相关的操作工具，例如【默认】功能选项卡里有【绘图】、【修改】、【图层】、【注释】、【块】、【特性】、【组】、【实用工具】、【剪贴板】9 个常用的功能面板，如图 1-6 所示。其中带有 ▾ 符号的表示当前功能下还有子菜单，有其他功能、方式可选。将鼠标移至面板标题的空白处，单击鼠标右键，则出现快捷菜单，可根据习惯和需要增删面板，如图 1-8 所示。

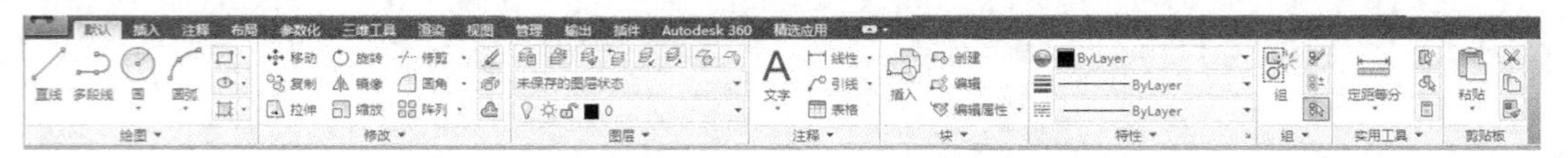

图 1-6 【默认】功能选项卡

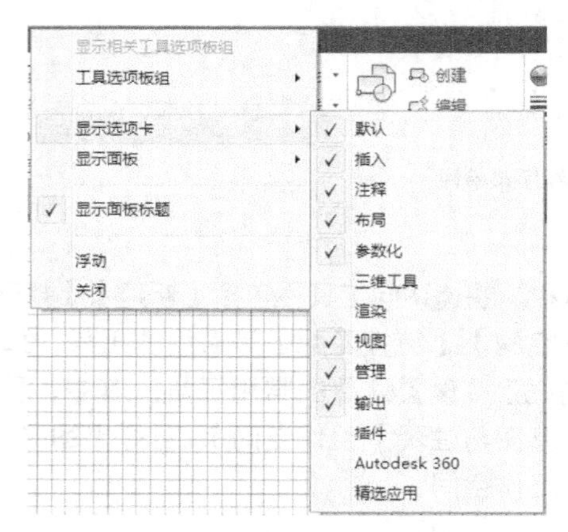

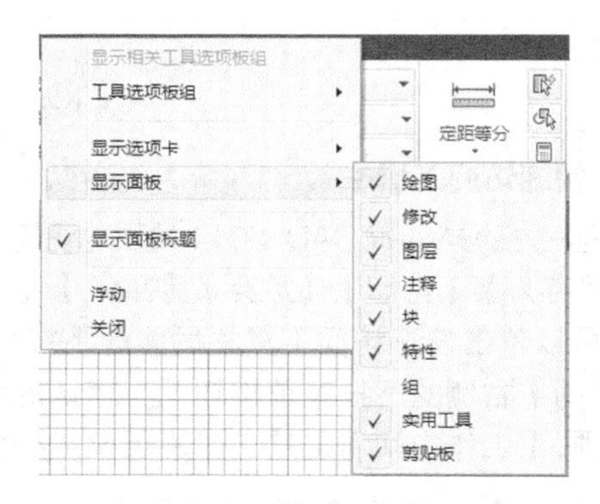

图 1-7 选择、增删功能选项卡　　　　图 1-8 选择、增删面板

功能区选项的最后一个按钮 ▭▾，其位置如图 1-9（a）所示，单击该按钮能控制整个功能区的展开与收缩，单击右边的 ▾，可弹出下拉菜单［见图 1-9（b）］，菜单的内容一样可以控制功能区的展开与收缩，3 个状态分别为【最小化为选项卡】［见图 1-9（c）］【最小化为面板标题】［见图 1-9（d）］、【最小化为面板按钮】［见图 1-9（e）］。

（a）显示完整的功能区

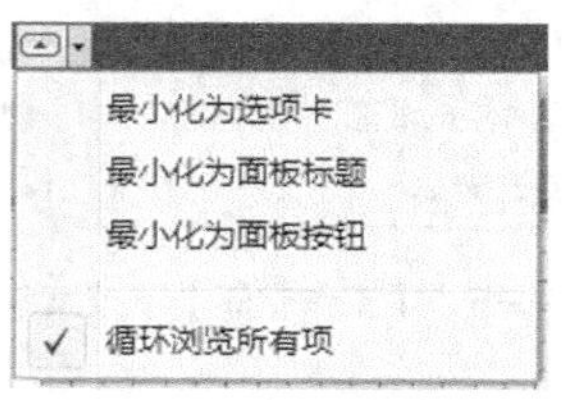

（b）功能区下拉菜单

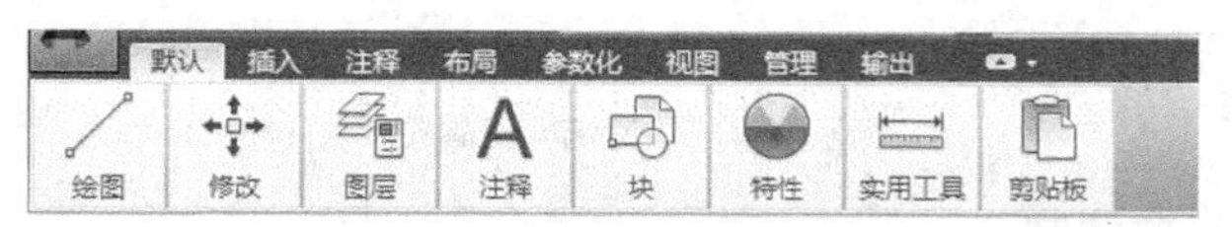

（c）最小化为选项卡的功能区

图 1-9 功能区的展开与收缩

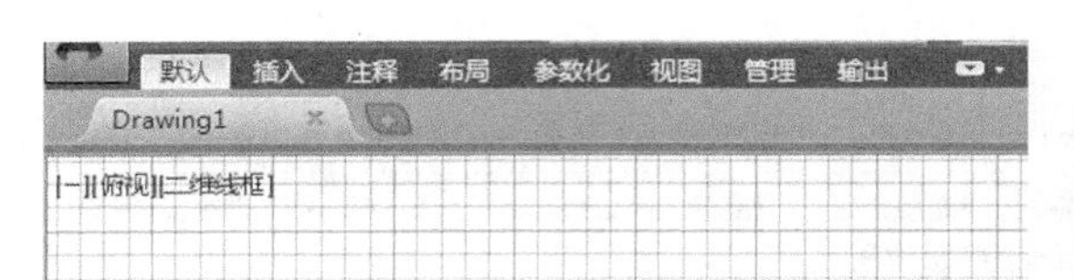

（d）最小化为面板标题的功能区

（e）最小化为面板按钮的功能区

图 1-9　功能区的展开与收缩（续）

5. 绘图区

AutoCAD 2014 中最大的空白区域叫绘图区，用户绘制的图形在这里显示。绘图区左下角有坐标系，默认是世界坐标系 WCS，用户可以根据需要设置用户坐标系 UCS。十字光标可在绘图区的任意位置移动，拖动滚动条可进行视图的上下和左右移动，以观察图纸的任意部位。绘图区的默认颜色是黑色，用户可以根据需要更改。在应用程序菜单栏中单击【选项】按钮，弹出【选项】对话框；也可以单击【视图】功能选项卡的【用户界面】面板右下角的小箭头 ，打开【选项】对话框。在对话框的【显示】选项卡中单击【颜色】按钮，在弹出的【图形窗口颜色】对话框中进行设置，如图 1-10 所示，单击【应用并关闭】按钮退出对话框，再单击【确定】按钮退出【选项】对话框。

6. 命令行

命令行是用户和 AutoCAD 2014 对话的窗口，在命令行中可以直接输入操作命令进行相应的操作，同时 AutoCAD 2014 的操作提示、错误信息也在这里显示。初始状态下，命令行位于绘图区内的正下方，如图 1-11（a）所示。可根据习惯，将命令行拖至布局标签下方，如图 1-11（b）所示。

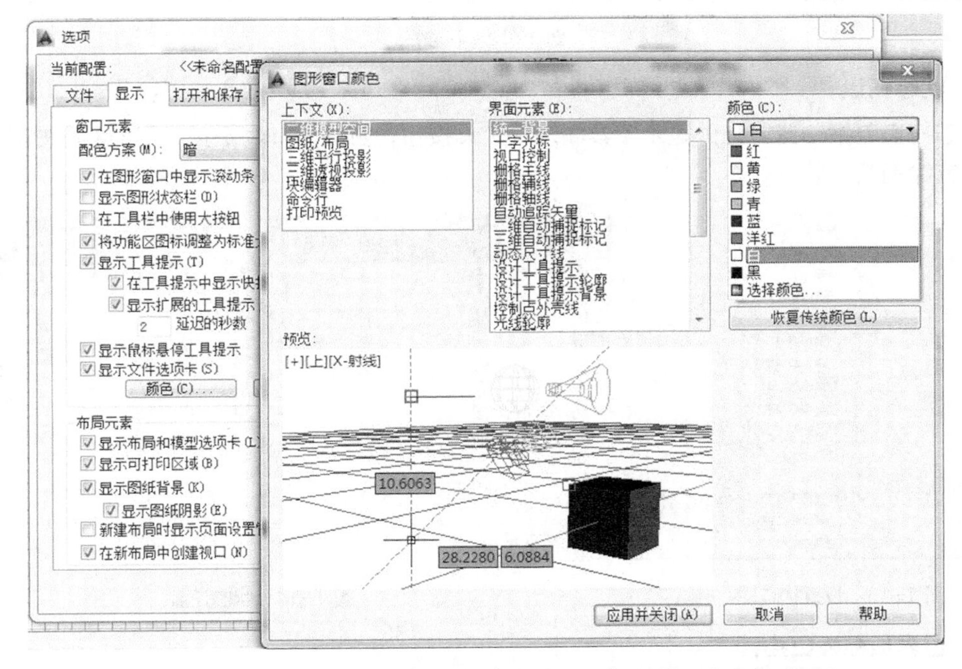

图 1-10　【选项】对话框中的【显示】选项卡和【图形窗口颜色】对话框

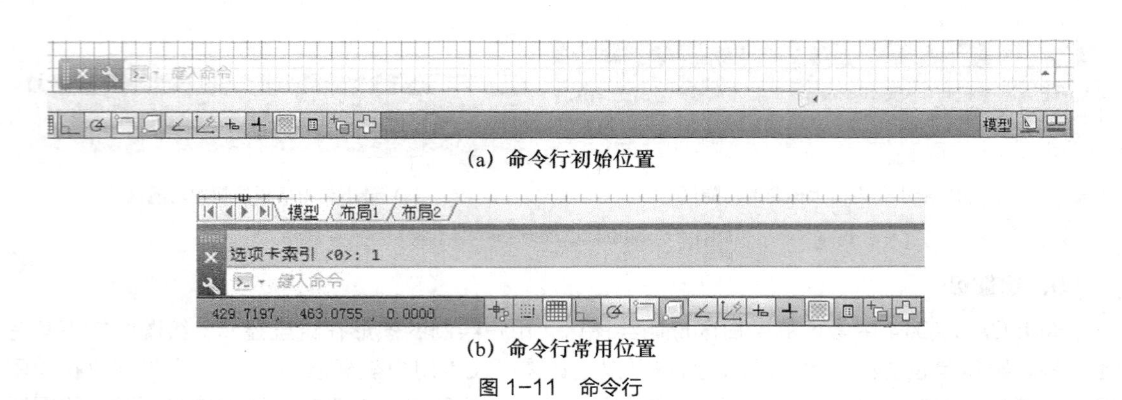

(a) 命令行初始位置

(b) 命令行常用位置

图 1-11 命令行

7. 状态栏

状态栏显示当前十字光标的三维坐标和 AutoCAD 2014 绘图辅助工具的切换按钮，如图 1-12 所示。状态栏包括【推断约束】(Ctrl+Shift+I)、【捕捉模式】F9、【栅格显示】F7、【正交模式】F8、【极轴追踪】F10、【对象捕捉】F3、【三维对象捕捉】F4、【对象捕捉追踪】F11、【允许/禁止动态 UCS】F6、【动态输入】F12、【显示/隐藏线宽】、【显示/隐藏透明度】、【快捷特性】(Ctrl+Shift+P)、【选择循环】(Ctrl+W)、【注释监视器】共 15 个状态按钮，单击按钮或者用相应的快捷键，即可开启或关闭相应状态。灰色表示关闭，浅蓝色表示开启。在状态按钮上单击鼠标右键，在弹出的快捷菜单中选择【显示】选项可设置状态按钮是否出现在状态栏上，如图 1-13 所示。鼠标光标移动到状态栏的坐标值处单击鼠标右键，可控制坐标的显示与关闭。

图 1-12 状态栏

8. 状态托盘

状态托盘包括一些常见的显示工具和注释工具按钮，如图 1-14 所示，通过这些按钮可以控制图形或绘图区的状态。

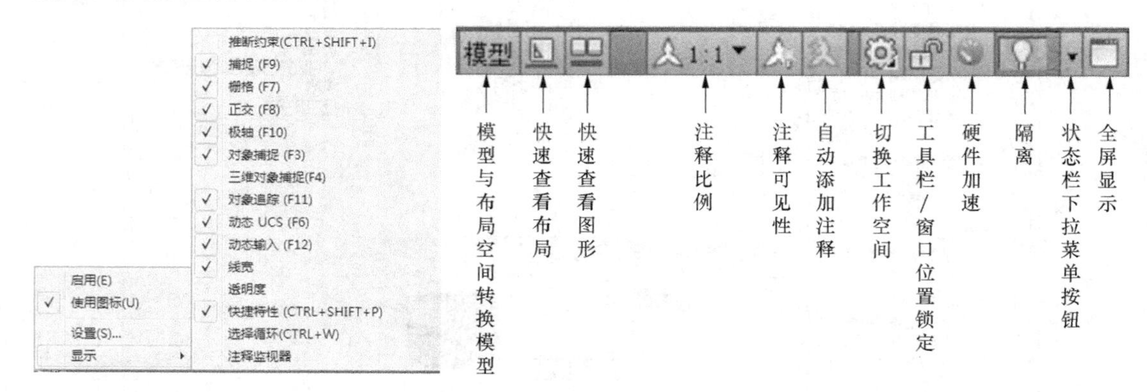

图 1-13 设置状态栏

图 1-14 状态托盘

9. 世界坐标视口控件

世界坐标视口控件位于绘图区左上角，实际包含三个控件，即【视口控件】、【视图控件】、【视觉样式控件】，其功能如图 1-15 所示。控件主要用于三维绘图中，平常不用时，可将其关闭，具体方法为：打开【选项】对话框，找到对话框的【三维建模】选项卡中左下角的【在视口中显示工具】选项组，将【显示视口控件】复选框取消勾选，即可关闭世界坐标视口控件在绘图区的显示，如图 1-16 所示。若需显示，则勾选该复选框即可。

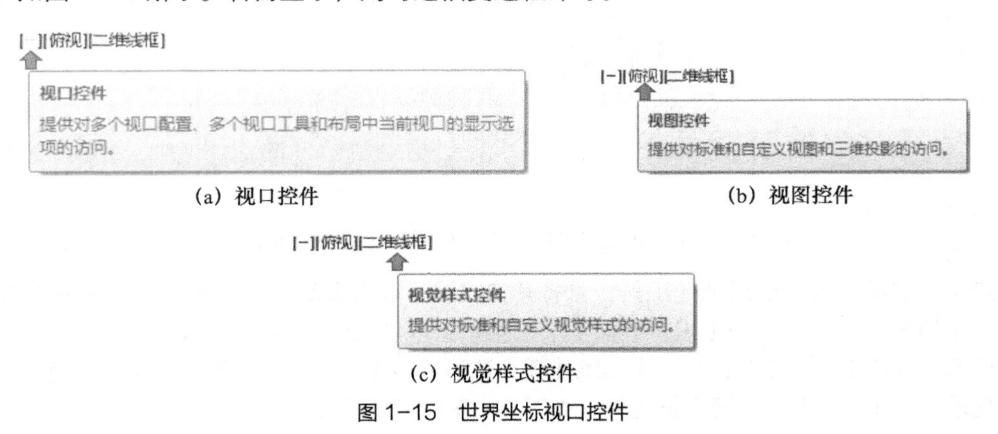

(a) 视口控件　　(b) 视图控件

(c) 视觉样式控件

图 1-15　世界坐标视口控件

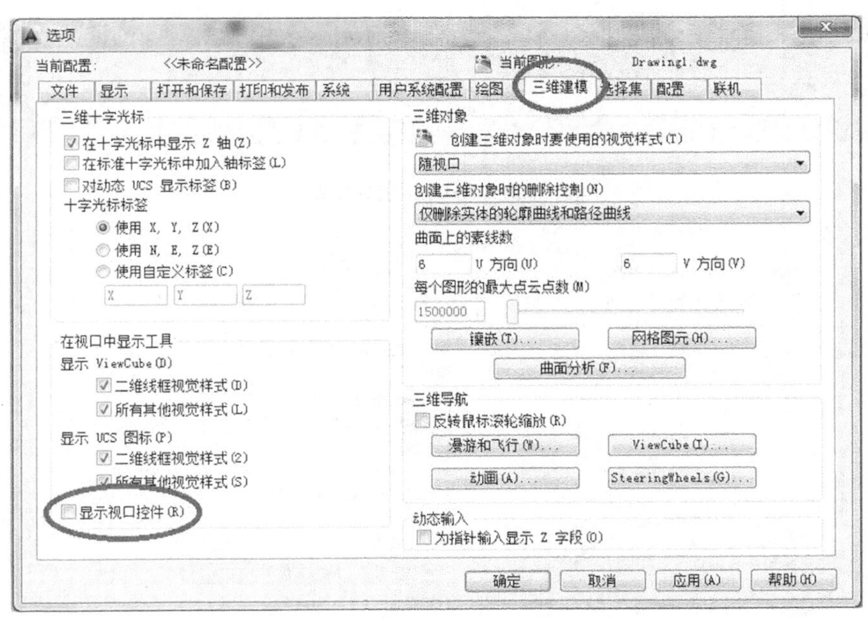

图 1-16　关闭视口控件方法

10. ViewCube 工具

ViewCube 是在二维模型空间或三维视觉样式中处理图形时显示的导航工具。通过 ViewCube 工具，可以在标准视图和等轴测视图间切换。

ViewCube 是持续存在的、可单击和可拖动的界面。显示 ViewCube 时，它将显示在模型绘图区域中的一个角上，且处于非活动状态，如图 1-17 所示。ViewCube 工具将在视图更改时提供有关模型当前视点的直观反映。当鼠标光标放置在 ViewCube 工具上时，它将变为活动状态。用户可以拖动或单击 ViewCube，切换至可用预设视图之一，滚动当前视图或更改为模型的主视图。

例如，图 1-17 中的东、南、西、北称为指南针，鼠标单击后，视图将分别转换到初始预设的右视图、主视图、左视图、后视图。单击图 1–17 中左上方的图标，视图将转到正等轴测图方向，如图 1–18 所示。单击图 1–17 中右上方的图标，可以将视图沿箭头所示方向旋转 90°。

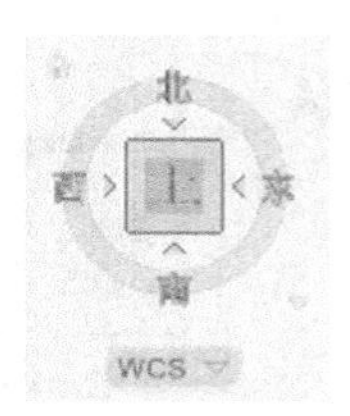

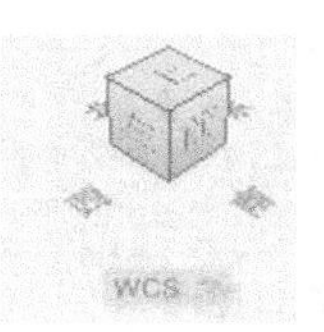

图 1–17　ViewCube 工具　　　　图 1–18　正等轴测图方向

如果不需要使用 ViewCube 工具，可将其在绘图区域内隐藏，具体方法为：【视图】功能选项卡→【用户界面】面板→【用户界面】下拉菜单→取消勾选【ViewCube】选项，如图 1–19（a）所示；或者【选项】对话框→【三维建模】选项卡→【在视口中显示工具】选项组→取消勾选【显示 ViewCube】下的两个复选框，如图 1–19（b）所示。

(a) 隐藏 ViewCube 工具方法一

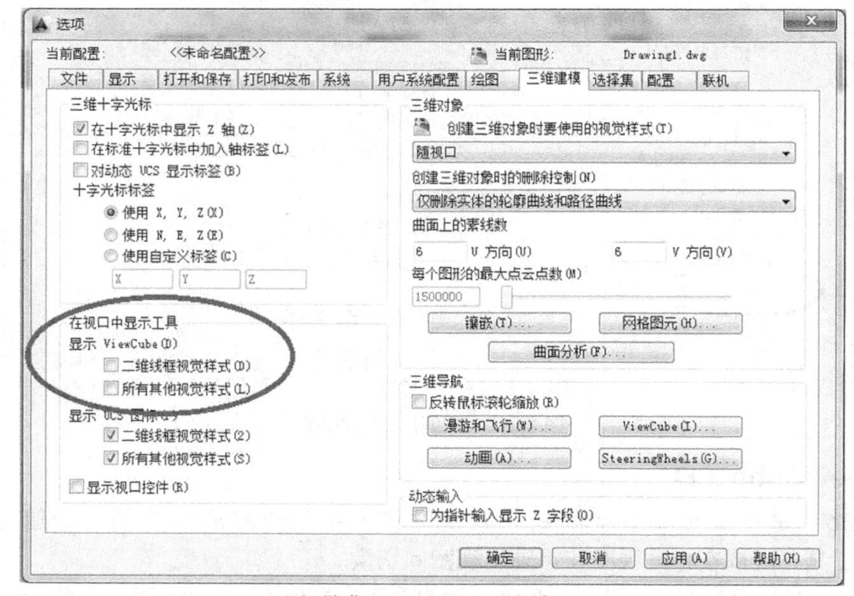

(b) 隐藏 ViewCube 工具方法二

图 1–19　隐藏 ViewCube 工具

11. 导航栏

通过导航栏可以访问通用导航工具和特定于产品的导航工具，常用的包括【导航控制盘】、

【平移】、【缩放工具】、【动态观察工具】、【Show Motion】，如图 1–20 所示。图标中带有 的，表示带有下拉菜单，里面还集成了其他相关功能，单击该按钮即可展开浏览和使用。导航栏在当前绘图区域的一个边的上方，并沿该边浮动。如果不需要使用导航栏，可直接单击导航栏右上角的图标 ，将其在绘图区域内隐藏。单击导航栏右下角的图标 ，展开下拉菜单，可以对导航栏上显示的功能图标进行筛选，如图 1–21 所示。

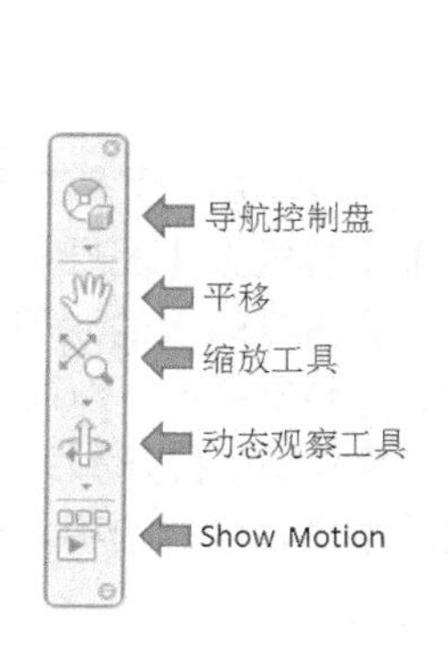

图 1–20　导航栏

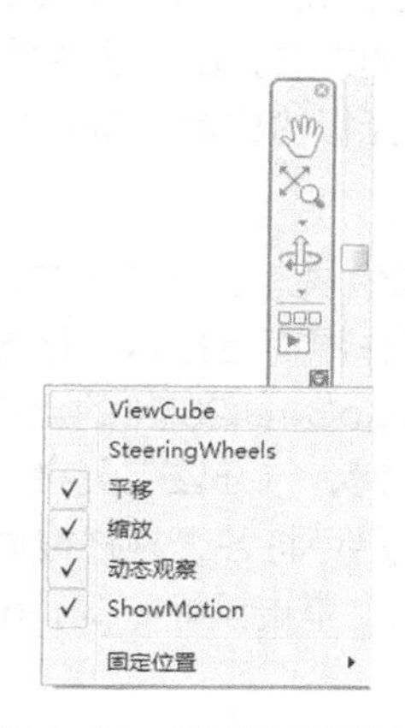

图 1–21　导航栏下拉菜单

1.2.2　AutoCAD 经典工作空间

单击快速访问工具栏上的【工作空间】按钮，出现下拉菜单，如图 1–22 所示，选择【AutoCAD 经典】选项即可将工作空间转换到【AutoCAD 经典】工作空间，如图 1–23 所示。

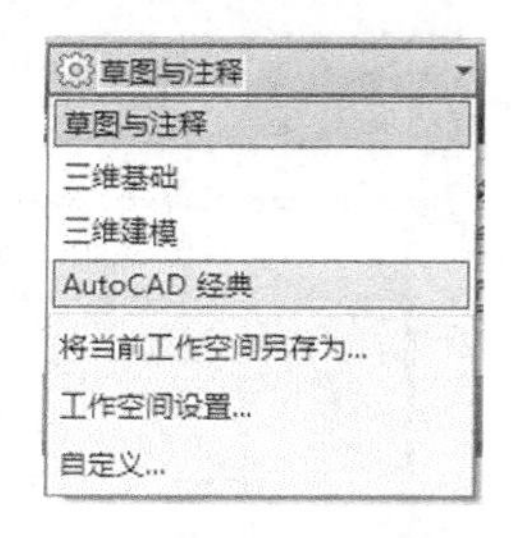

图 1–22　切换工作空间

图 1–23　【AutoCAD 经典】工作空间

【AutoCAD 经典】工作空间与【草图与注释】工作空间之间的区别在于菜单栏、工具栏及工具选项板的位置不同。

1．菜单栏

标题栏下面是 AutoCAD 2014 的菜单栏，可通过逐层选择相应的下拉菜单激活 AutoCAD 2014 的相应命令或弹出相应的对话框，如图 1–24 所示。下拉菜单中几乎包括了 AutoCAD 2014 的所有命令，用户可以方便地运用菜单中的命令进行绘图等操作。AutoCAD 2014 还提供了快捷菜单功能，可以用单击鼠标右键的方法弹出快捷菜单。快捷菜单上显示的选项是上下相关的，取决于当前的操作和单击鼠标右键时光标的位置，如图 1–25 所示。

2．工具栏

工具栏为用户提供快速执行命令的方法。AutoCAD 2014 中有众多工具栏，默认设置下，AutoCAD 2014 在工作界面上显示【标准】、【对象特性】、【样式】、【图层】、【绘图】和【修改】等工具栏。如果将 AutoCAD 2014 的全部工具栏都打开，会占据较大的绘图空间。通常，当需要频繁使用某一工具栏时，打开该工具栏，当不使用它时，可将其关闭。AutoCAD 2014 的所有工具栏都是浮动的，用户可将各工具栏拖放到工作界面的任意位置。打开和关闭工具栏的简便方法是在任意一个工具栏上单击鼠标右键，在弹出的快捷菜单中将相应的选项勾选或取消勾选，如图 1–26 所示。

图 1–24 下拉菜单

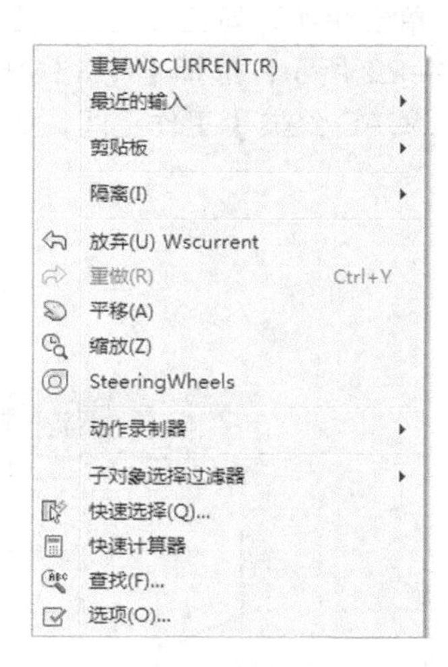

图 1–25 快捷菜单

3．工具选项板

工具选项板是【工具选项板】窗口中的选项卡形式区域，它提供了一种用来组织、共享和放置块、图案填充及其他工具的有效方法。工具选项板还可以包含由第三方开发人员提供的自定义工具。

除非特别注明，本书的内容均以【草图与注释】工作空间展开。

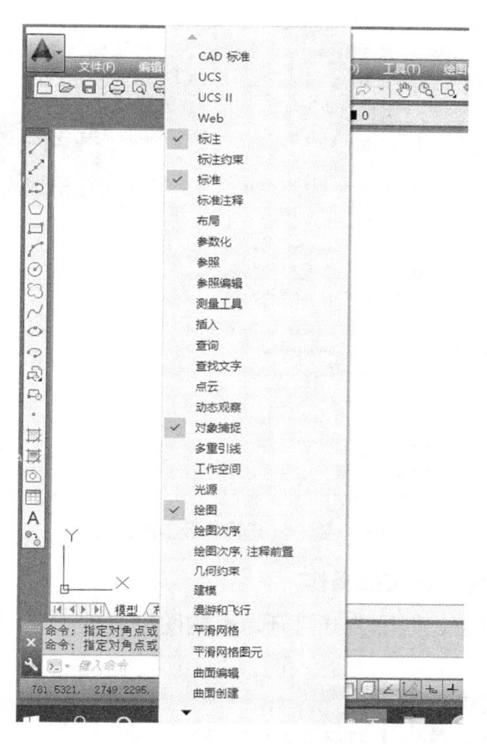

图 1-26 工具栏及【工具栏】快捷菜单

1.3 AutoCAD 2014 的基本操作

1.3.1 AutoCAD 2014 图形文件的管理

1. 建立新的图形文件

AutoCAD 2014 中可以通过以下方式建立新的图形文件。

- 命令行：new。
- 在应用程序菜单栏中单击图标 。
- 在快速访问工具栏中单击【新建】按钮 。
- 使用快捷键 Ctrl+N。

用上述任意一种方法激活新建命令后，弹出图 1-27 所示的【选择样板】对话框，在文件列表区选择需要的样板文件，单击【打开】按钮，即以所选文件为样板建立新的文件。样板文件是扩展名为“.dwt”的文件，文件中通常包含一些通用图形对象如图框、标题栏等，还包含一些与绘图相关的通用设置，如文字标注样式、尺寸标注样式设置等。建议初学者选用【acadiso.dwt】文件，【acadiso.dwt】是一个公制样板文件，相当于图形界限为 420mm×297mm 的 A3 图纸幅面，其有关设置比较接近我国的绘图标准。

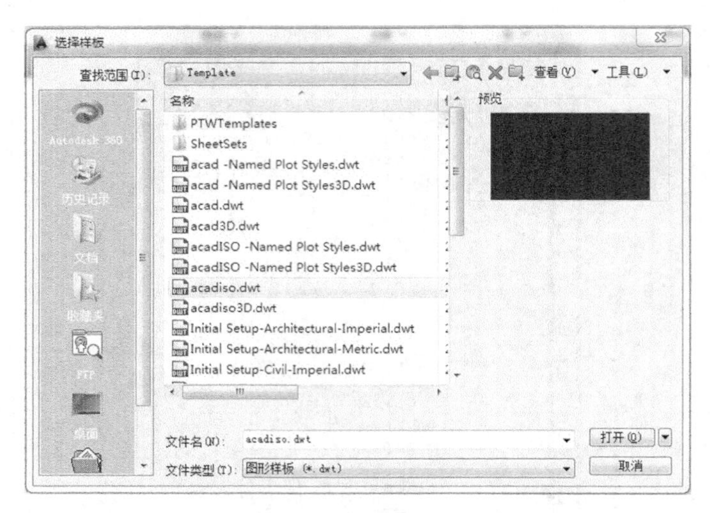

图 1-27 【选择样板】对话框

2. 打开已有的图形文件、多文档操作

AutoCAD 2014 中可以通过以下方式打开原有的图形文件。

- 命令行：open。
- 在应用程序菜单栏中单击图标 。
- 在快速访问工具栏中单击【打开】按钮 。
- 使用快捷键 Ctrl+O。

用上述任意一种方法激活打开命令后，弹出图 1-28 所示的【选择文件】对话框，在对话框中选择要打开的文件，单击【打开】按钮，或直接双击要打开的文件的图标，也可以在【文件名】文本框中输入要打开的文件名称，再单击【打开】按钮打开文件。

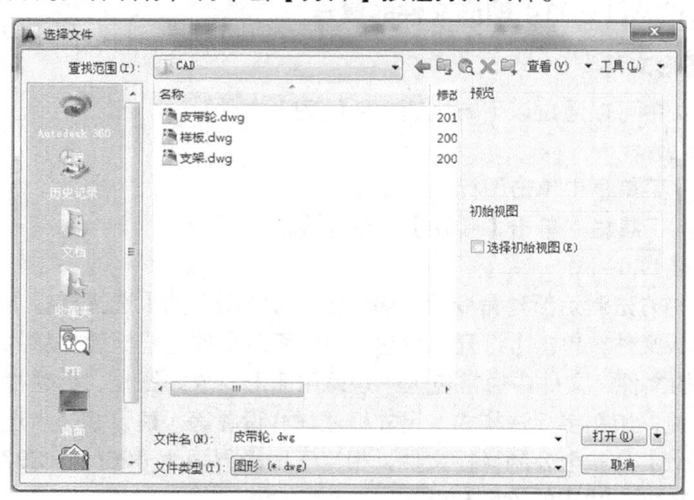

图 1-28 【选择文件】对话框

AutoCAD 2014 具有多文档设计功能，用户可同时打开多个图形文件，并且在保持图形文件

各自当前命令不中断的情况下，实现在多个图形文件之间的快速复制和粘贴，从而提高绘图效率。打开多个文件的方法：可以在选择文件时，同时选中所要打开的多个文件，再单击【打开】按钮，一次打开多个文件，也可依次打开单个文件。所有打开的文件名称均按顺序排列在功能区下方，可通过单击列表中的文件名来实现各个文件窗口之间的切换，也可通过按 Ctrl+F6 或 Ctrl+Tab 组合键来实现各个文件窗口之间的切换，如图 1-29 所示。

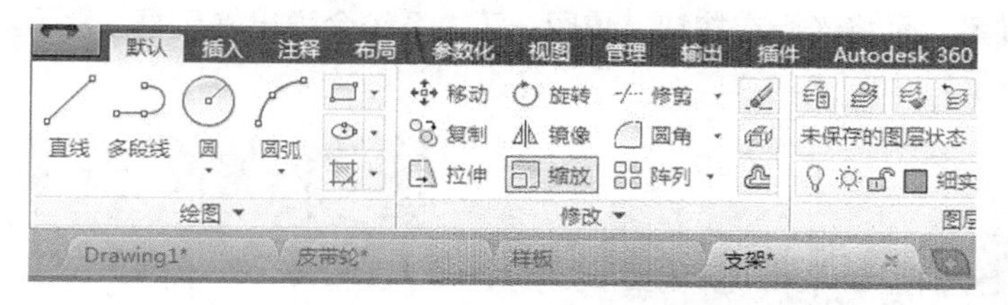

图 1-29 同时打开多个文件

3. 保存当前图形文件

AutoCAD 2014 中可以通过以下方式保存当前图形文件。

➤ 命令行：save 或 qsave。

➤ 在应用程序菜单栏中单击图标 保存。

➤ 在快速访问工具栏中单击【保存】按钮 。

➤ 使用快捷键 Ctrl+S。

用上述任意一种方法激活保存命令后，AutoCAD 2014 都会出现图 1-30 所示的【图形另存为】对话框，可在此对话框中设置文件存储的路径及名称。

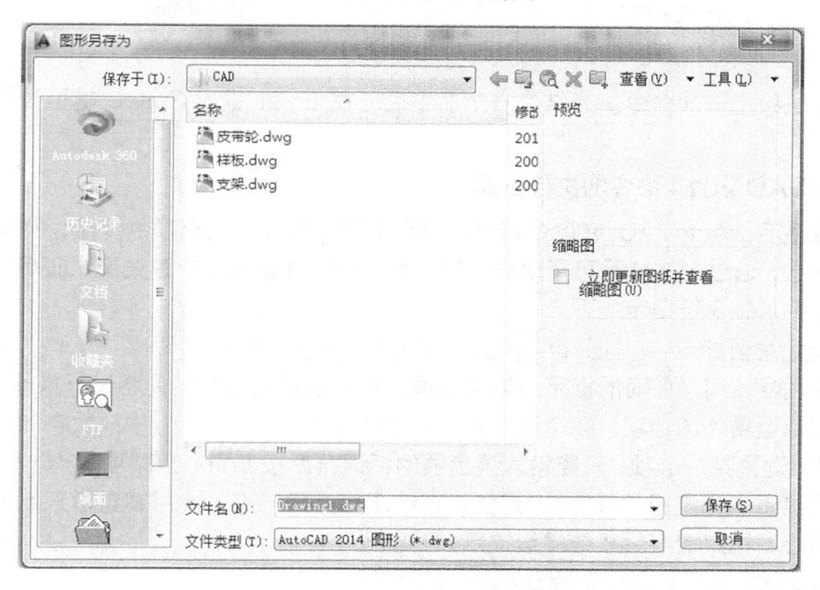

图 1-30 【图形另存为】对话框

1.3.2 AutoCAD 2014 命令的调用和执行方式

1. AutoCAD 2014 命令的调用

有多种方法可以调用 AutoCAD 2014 的命令。

（1）利用键盘输入命令名称或命令缩写字符。以画直线为例，当命令行出现输入命令提示后，利用键盘输入命令 line 或命令缩写字 l，并按 Enter 键，则命令立即被执行。AutoCAD 的命令字符不区分大小写。

（2）单击功能区中的对应图标。用鼠标单击工具栏中相应的图标按钮，即可执行命令。例如，单击【默认】选项卡【绘图】面板中的【直线】按钮 即可执行直线命令 line。初学者若对按钮对应的命令还不熟悉，可将光标在按钮上停留一下，系统会弹出提示框，提示其所对应的命令功能，如图 1–31 所示。

（a）功能提示

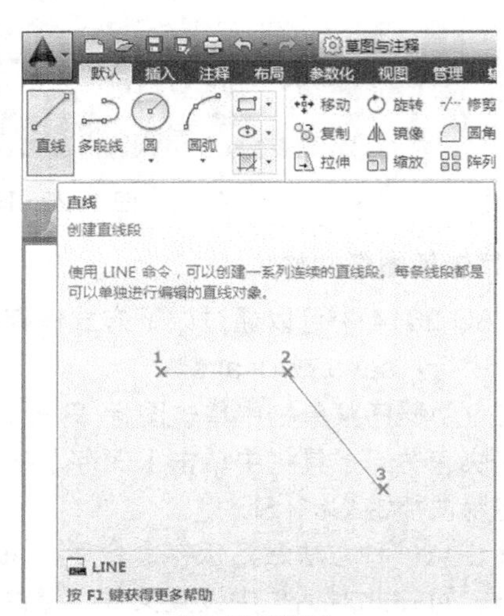

（b）详细提示

图 1–31　功能区中的按钮及其提示

（3）重复执行上一次命令。当结束一个命令后，按 Enter 键或 Space 键可重复执行上一个命令。

2. AutoCAD 2014 命令的执行方式

当命令激活后，AutoCAD 在命令行中会出现实时操作及有关选项的提示，初学者应特别注意这些提示信息，通过这些提示可了解命令的执行进程，并及时响应系统要求正确操作。如激活圆命令 circle 后，命令行提示如下。

```
Circle 指定圆的圆心或 [三点(3P)/两点(2P)/相切、相切、半径(T)]:
```

命令行中括号“[ ]”前面的提示为默认选项，可直接按其提示的内容进行操作。括号“[ ]”中的内容是默认选项外的选项，多个选项用“/”隔开，圆括号“(　)”中的数字和字母是该选项的标识符，如要选择某一选项，只需输入该选项的标识符后按 Enter 键即可，字母不区分大小写。此例中按照其提示“指定圆的圆心”，用鼠标在绘图区指定一点（或用键盘输入点的坐标）作为所要画圆的圆心。指定圆心后系统继续提示如下。

```
指定圆的半径或 [直径(D)] <10.0000>:
```

此时提示中的默认选项为“指定圆的半径”，可输入一个数值作为圆的半径，尖括号“< >”中的数值为上一次执行该命令时的数值，可直接按 Enter 键采用该默认值作为圆的半径。若要以直径画圆，可先输入“D”，按 Enter 键后再输入直径数值。

AutoCAD 2014 在命令执行的任一时刻都可以用键盘上的 Esc 键取消和终止命令的执行。

当需要撤销已经执行的命令时，可通过命令 undo 或 u，或者快速访问工具栏中的 按钮来依次撤销已经执行的命令。当使用命令 undo 或 u 后，紧接着可使用命令 redo 恢复已撤销的上一步操作，或者单击标准工具栏中的 按钮来恢复已撤销的上一步操作。

3. AutoCAD 2014 的透明命令

在执行某个命令的过程中，当需要用到其他命令，而又不希望退出当前执行的命令时，可以使用透明命令。透明命令是指在执行其他命令的过程中可以调用执行的命令，透明命令执行完成后，系统又回到原命令执行状态，不影响原命令继续执行。透明命令通常是一些绘图辅助命令，如缩放（zoom）、栅格（grid）、对象捕捉(snap)等。透明命令从键盘输入时，要在命令前加一个撇号“'”，透明命令的提示信息前有一个双折号“≫”。

1.3.3　AutoCAD 2014 数据输入方法

在执行 AutoCAD 命令时，有时要进行一些必要的数据输入，如点的坐标、距离（包括高度、宽度、半径、直径、行距/列距等）、角度等。数据输入方式如表 1–1 所示。

表 1-1　数据输入方式

数据类别	输入方式	输入格式		说明
点的坐标	键盘	绝对坐标	x,y,z	用坐标 x、y、z 确定的点，数值间用“，”分开。二维作图时不必输入 z，动态输入状态关闭时使用
		相对坐标	$@x,y,z$	@表示某点的相对坐标，x、y、z 是相对于前一点的坐标增量。动态输入状态开启时，不加@仍为相对坐标
		极坐标	$@l<\alpha$	l 表示输入点与前一点的距离，α 是输入点和前一点的连线与 x 轴正向的夹角
	鼠标	拾取光标或目标捕捉		用鼠标将光标移至所希望的位置，单击左键，就输入了该点的坐标。精确绘图时用捕捉特征点或目标追踪的方法进行数据输入
距离	键盘	数值方式		输入距离数值
	鼠标	位移方式		采用位移方式输入距离时，AutoCAD 会显示一条由基点出发的“橡皮筋”，移动鼠标光标至适当位置并单击，即输入了两点间的距离；若无明显的基点时，将要求输入第二点，以两点间的距离作为所需数据
角度	键盘	数值方式		输入角度数值，以度（°）为单位，且以 x 轴正向为基准零度，逆时针方向为正
	鼠标	指定点方式		采用指定点方式输入角度时，角度值由输入两点的连线与 x 轴正向的夹角确定

1.3.4　AutoCAD 2014 图形显示控制

在绘图的过程中，有时需要绘制细部结构，而有时又要观看图形的全貌，因为受到视窗显示大小的限制，需要频繁地缩放或移动绘图区域。AutoCAD 2014 提供了视窗缩放和平移功能，从而可以方便地控制图形的显示。

1. 窗口缩放

使用窗口缩放命令可以对图形的显示进行放大和缩小，而对图形的实际尺寸不产生任何影响。可以使用下列方法之一启动窗口缩放命令。

➤ 命令行：zoom。

➤ 单击【视图】功能选项卡【导航】面板中的按钮 范围 · 旁边的黑色下拉菜单按钮，弹出下拉菜单（见图 1-32），在菜单中选择【缩放】工具按钮。

➤ 导航栏：单击 的黑色下拉菜单按钮，弹出下拉菜单，内容与图 1-32 所示的一致。

➤ 快捷菜单：单击鼠标右键，在弹出的快捷菜单中选择【缩放】选项，如图 1-33 所示。

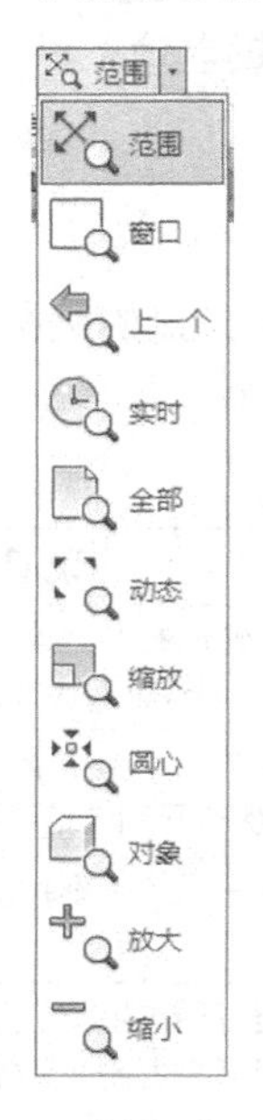

图 1-32 【范围】下拉菜单

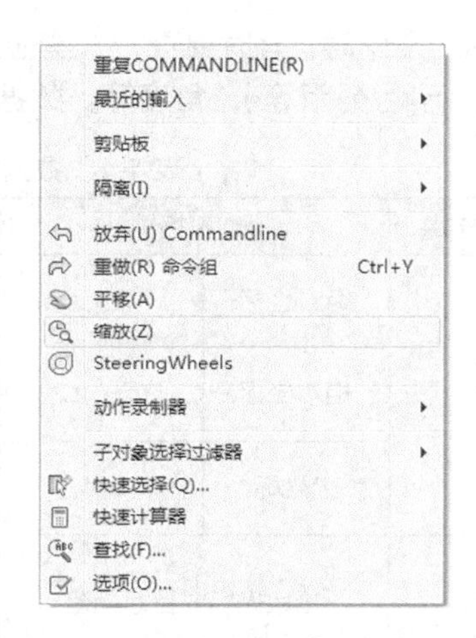

图 1-33 快捷菜单的【缩放】选项

执行窗口缩放命令后，命令行出现如下提示。

```
命令：zoom
指定窗口的角点，输入比例因子 (nX 或 nXP)，或者
[全部(A)/中心(C)/动态(D)/范围(E)/上一个(P)/比例(S)/窗口(W)/对象(O)] <实时>:
```

各选项说明如下。

[全部（A）]：以绘图范围显示全部的图形。

[中心（C）]：系统将按照用户指定的中心点、比例或高度进行缩放。

[动态（D）]：利用此选项可实现动态缩放及平移两个功能。

[范围（E）]：此选项可以使图形充满屏幕。与全部缩放不同的是，此项针对的是图形范围，而全部缩放针对的是绘图范围。

[上一个（P）]：显示上一次显示的视图。

[比例（S）]：按照输入的比例，以当前视图中心为中心缩放视图。

[窗口（W）]：把窗口内的图形放大到全屏显示。

[对象(O)]：系统将选取的对象放大使图形充满屏幕。

在实际操作中，实现图形缩放最简单、常用的方法是直接利用鼠标的滚轮。将光标移至视窗中某一点，向上滚动鼠标滚轮，则视图以光标所在点为中心放大；向下滚动鼠标滚轮，则视图以光标所在点为中心缩小。

2. 平移

平移用于移动视图而不对视图进行缩放。可以使用下列方法之一启动平移命令。

➤ 命令行：pan。

➤ 单击【视图】功能选项卡【导航】面板中的按钮 平移。

➤ 导航栏：单击 按钮。

➤ 快捷菜单：单击鼠标右键，在弹出的快捷菜单中选择【平移】选项，如图 1-34 所示。

平移分为实时平移和定点平移。

实时平移：光标变成手形，此时按住鼠标左键并移动，即可实现实时平移。

定点平移：用户指定两点，视图按照两点直线方向平移。

在实际操作中，实现图形平移最简单、常用的方法是实时平移。

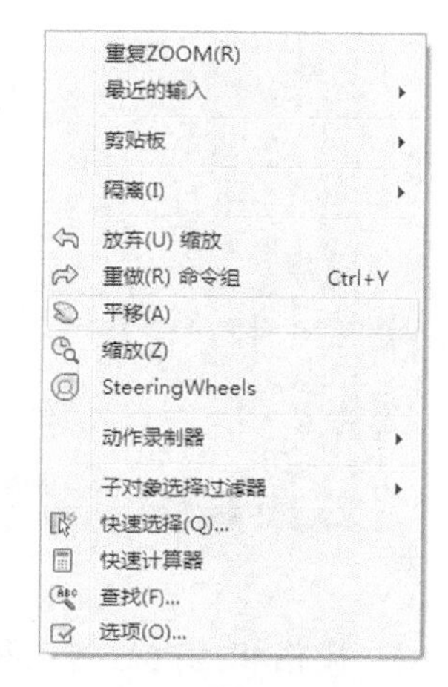

图 1-34 快捷菜单的【平移】选项

1.3.5 AutoCAD 2014 辅助绘图工具的设置

为了快速准确地绘图，AutoCAD 2014 提供了【捕捉模式】F9、【栅格显示】F7、【正交模式】F8、【极轴追踪】F10、【对象捕捉】F3、【对象捕捉追踪】F11、【动态输入】F12、【显示/隐藏线宽】、【快捷特性】(Ctrl+Shift+P)等多种辅助绘图工具供用户选择。可通过以下方法设置这些辅助绘图工具的状态和参数。

(1) 通过单击界面最底部状态栏中辅助绘图工具的相应按钮或者通过快捷键切换其开关状态，如图 1-35 所示。

图 1-35 状态栏的辅助绘图工具按钮

(2) 右键单击辅助绘图工具的相应按钮，在弹出的快捷菜单中选择【设置】选项，在弹出的【草图设置】对话框中设置相应的参数。

常用辅助绘图工具的功能如下。

1. 捕捉和栅格

捕捉：约束鼠标每次移动的步长。使用命令 snap 或单击状态栏上的【捕捉】按钮 ，或按快捷键 F9 可控制捕捉的开启或关闭。

栅格：栅格是覆盖用户坐标系(UCS)的整个 *xy* 平面的直线或点的矩形图案。使用栅格类似于在图形下放置一张坐标纸。利用栅格可以对齐对象并直观显示对象之间的距离，如图 1-36 所示。如与捕捉功能配合使用，对提高绘图精度及绘图速度作用更大。使用命令 grid 或直接用鼠标单击状态栏上的【栅格】按钮 ，或按快捷键 F7 可控制栅格的开启或关闭。栅格不属于图形的一部分，不会被打印出来。

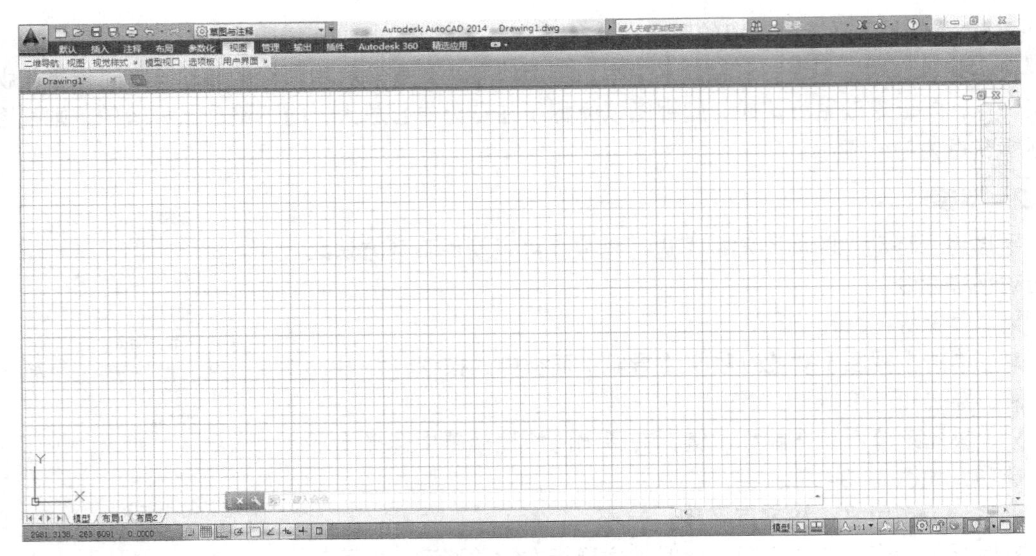

图 1-36　栅格

栅格和捕捉是各自独立的设置，但经常同时打开。

右键单击【捕捉】或【栅格】按钮，选择【设置】选项，弹出【草图设置】对话框，在【捕捉和栅格】选项卡中，如图 1-37 所示，可设置捕捉和栅格的开关状态，以及捕捉和栅格的间距、捕捉的类型和栅格的样式等。

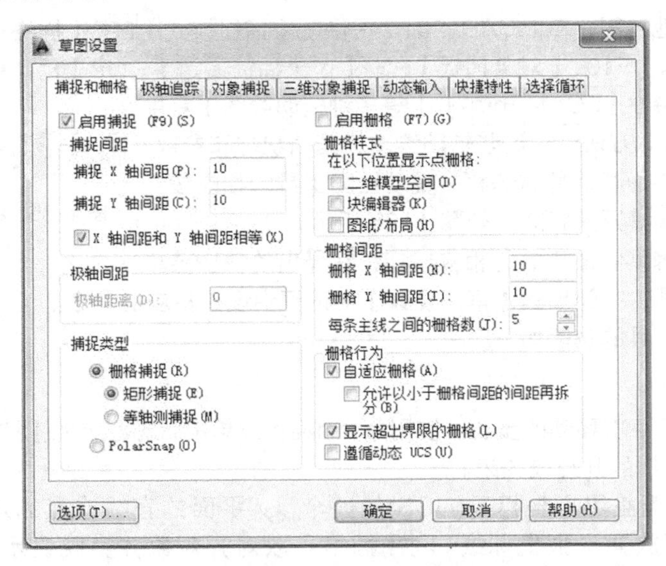

图 1-37　【草图设置】对话框中的【捕捉和栅格】选项卡

2. 正交

使用正交模式可以将光标限制在水平或垂直方向上移动，以便于精确地创建和修改对象。使用命令 ortho 或直接单击状态栏上的【正交】按钮，或按快捷键 F8 可控制正交模式的开启或关闭。

3. 极轴和极轴追踪

使用“极轴”功能可以方便快捷地绘制一定角度的直线。使用“极轴追踪”功能，可按指定的极轴角或极轴角的倍数对齐要指定点的路径。“极轴追踪”必须配合“极轴”功能和“对象捕捉追踪”功能一起使用，即同时打开【极轴】开关和【对象捕捉追踪】开关。

单击状态栏上的【极轴】按钮，或按快捷键 F10 可控制“极轴追踪”的开启或关闭；单击状态栏上的【对象捕捉追踪】按钮，或按快捷键 F11 可控制“对象捕捉追踪”的开启或关闭。

右键单击状态栏中的【极轴】按钮，选择【设置】选项，弹出【草图设置】对话框，在【极轴追踪】选项卡中，如图 1-38 所示，可设置极轴追踪的各项参数。

【启用极轴追踪】复选框：打开或关闭极轴追踪功能。

【增量角】下拉列表：设置极轴夹角的递增值，当极轴夹角为该值倍数时，显示辅助线。

【附加角】复选框：当【增量角】下拉列表中的角不能满足需要时，可先勾选该项，再通过新建命令增加特殊的极轴夹角。

也可以直接在右键单击后出现的快捷菜单中选择要设置的极轴增量角，如图 1-39 所示。

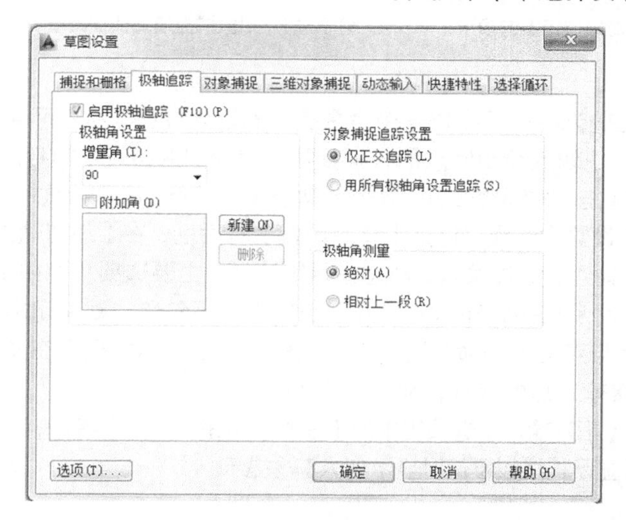

图 1-38 【草图设置】对话框中的【极轴追踪】选项卡

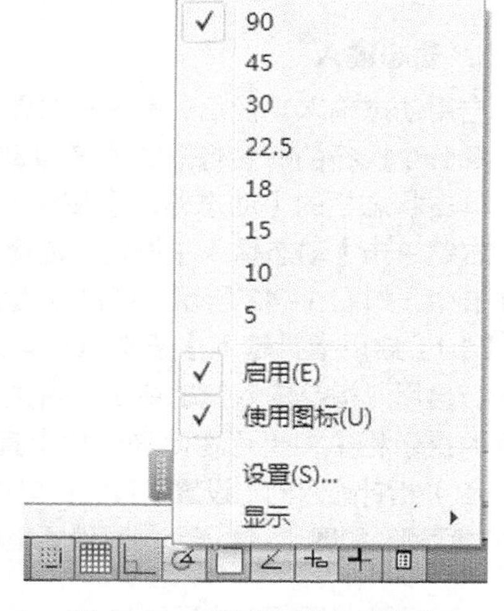

图 1-39 极轴增量角快捷菜单

4. 对象捕捉和对象捕捉追踪

使用“对象捕捉”功能可以快速、准确地捕捉到一些特殊的点，例如圆心、切点、线段的端点、中点等。使用“对象捕捉追踪”功能，可捕捉到特殊位置的点作为基点，按指定的极轴角或极轴角的倍数对齐要指定点的路径。“对象捕捉追踪”必须配合“对象捕捉”功能一起使用，即同时打开【对象捕捉】开关和【对象捕捉追踪】开关。

用鼠标单击状态栏上的【对象捕捉】按钮，或按快捷键 F3 可控制“对象捕捉”功能的开启或关闭。

右键单击状态栏中的【对象捕捉】按钮，选择【设置】选项，弹出【草图设置】对话框，在【对象捕捉】选项卡中，如图 1-40 所示，可设置对象捕捉的模式。【对象捕捉模式】选项组中有很多选项，应根据绘图需要合理选择，过多地选择不仅不能提高绘图速度，反而会影响绘图效率，或不能有效地拾取所需要的点。

也可以直接在右键单击后出现的快捷菜单中选择要设置的对象捕捉的模式，如图 1-41 所示。

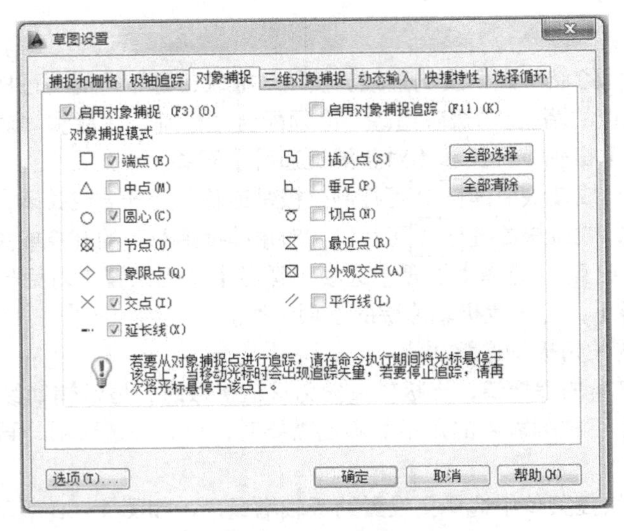

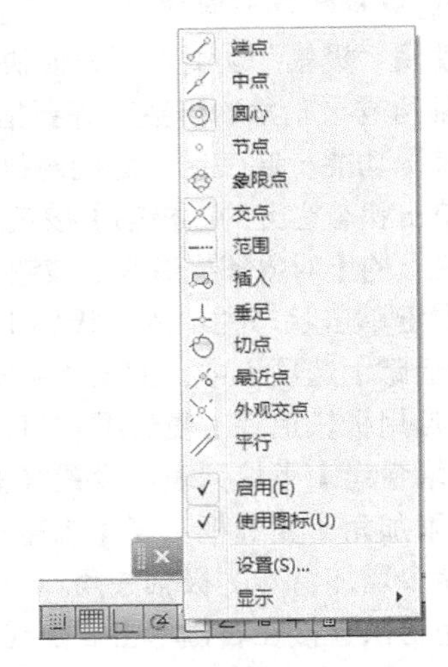

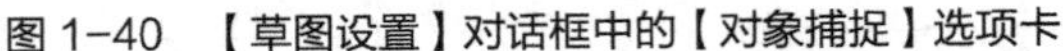
图 1-40 【草图设置】对话框中的【对象捕捉】选项卡

图 1-41 对象捕捉模式快捷菜单

5. 动态输入

启用动态输入功能后，系统在绘图区的光标附近提供一个命令提示和输入界面，用户可直观地了解命令执行的有关信息并可直接动态地输入绘制对象的各种参数，使绘图变得直观简捷。

单击状态栏的【动态输入】按钮 或按快捷键 F12 可以控制动态输入功能的开关状态。

右键单击【动态输入】按钮，选择【设置】选项，打开【草图设置】对话框，在【动态输入】选项卡中，如图 1-42 所示，可设置指针输入、标注输入、动态提示等选项。主要选项功能如下。

（1）【启用指针输入】复选框：勾选时启用指针输入并打开动态输入；不勾选，则关闭指针输入。启用“指针输入”功能后，当执行与点有关的命令时，十字光标的位置坐标将显示在光标附近的提示栏中，也可在此提示栏中直接输入点的坐标，如图 1-43 所示。

（2）指针输入的【设置】按钮：单击【指针输入】选项组中的【设置】按钮，弹出【指针输入设置】对话框，如图 1-44 所示，可设置坐标显示格式以及何时显示坐标工具提示。

图 1-42 【草图设置】对话框中的【动态输入】选项卡

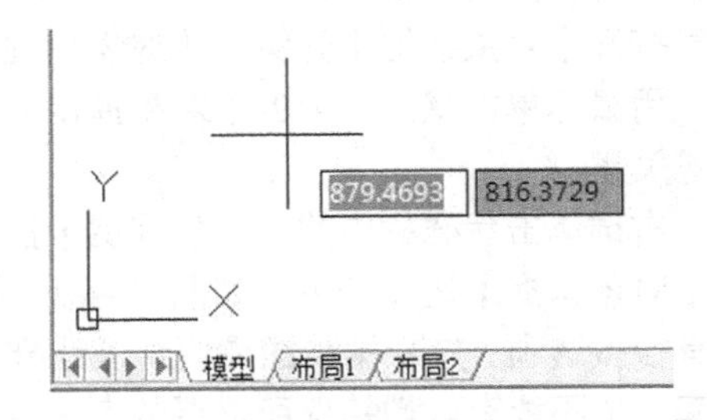

图 1-43 启用指针输入时的动态提示

（3）【可能时启用标注输入】复选框：勾选时启用标注输入并启动动态输入。启用标注输入后，在默认设置下，当命令提示输入下一点时，光标提示栏将显示“橡皮筋”的长度和极角，也可以在提示栏中输入长度和极角值，而不需要在命令行上输入值。输入时按 Tab 键可在长度与极角输入字段之间切换，如图 1-45 所示。

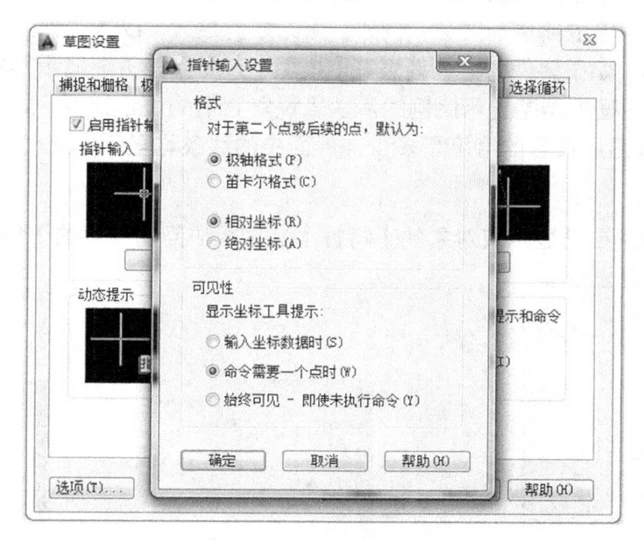

图 1-44 【指针输入设置】对话框

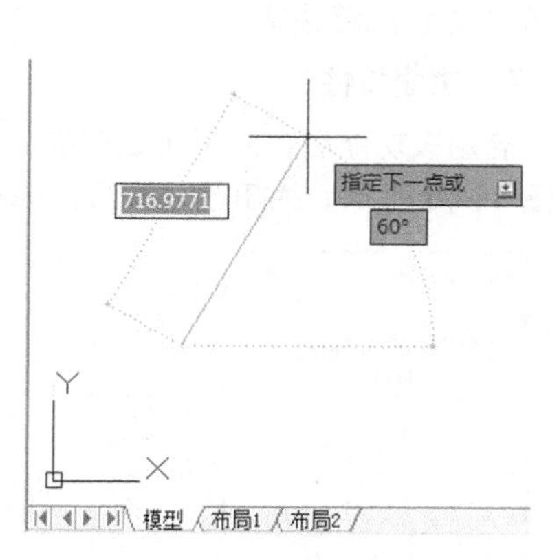

图 1-45 启用标注输入时的动态提示

（4）标注输入的【设置】按钮：单击【标注输入】选项组中的【设置】按钮，弹出【标注输入的设置】对话框，如图 1-46 所示，可设置提示栏提示的格式。

（5）【动态提示】选项组中的【在十字光标附近显示命令提示和命令输入】复选框：可设置是否在光标提示栏中显示命令提示。

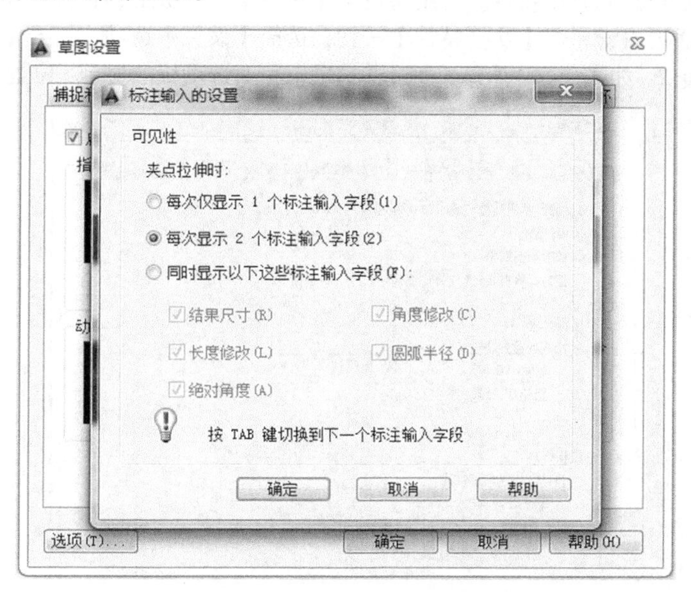

图 1-46 【标注输入的设置】对话框

6. 显示/隐藏线宽

通过单击状态栏上的【显示/隐藏线宽】按钮可以打开或关闭线宽的显示。此设置不影响线宽打印。当该功能开启时，界面中的线型宽度将根据图层的设置显示。通过右键单击【显示/隐藏线宽】按钮，选择【设置】选项，打开【线宽设置】对话框，如图 1–47 所示，可设置线宽的显示像素。在模型空间中显示的线宽不随缩放比例而变化。例如，无论如何放大，以 4 个像素的宽度表示的线宽值总是用 4 个像素显示。如果要使对象的线宽在【模型】布局标签页上显示得更厚些或更薄些，可拖动【线宽设置】对话框中调整显示比例的滑块来设置它们的显示比例。如果关闭“显示/隐藏线宽”功能，则无论其图层设置的宽度是多少，界面中的线条均显示为细线。

7. 快捷特性

启用该功能后，对于选定对象，系统自动显示该对象的【特性】选项板访问的特性的子集，如图 1–48 所示。关闭该功能后，则不会显示。

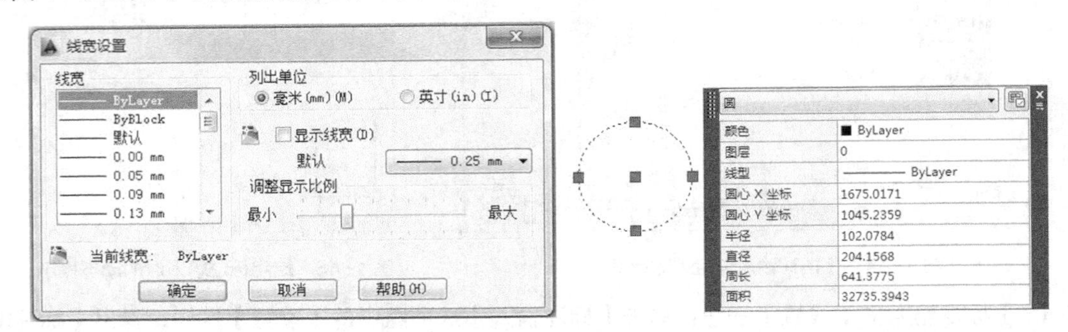

图 1–47 【线宽设置】对话框　　图 1–48 对象【特性】选项板

用户可以自定义显示在【特性】选项板上的特性。选定对象后所显示的特性是所有对象类型的共通特性，也是选定对象的专用特性。可用特性与【特性】选项板上的特性以及用于鼠标悬停工具提示的特性相同。通过右键单击【快捷特性】按钮，选择【设置】选项，打开【草图设置】对话框的【快捷特性】选项卡，如图 1–49 所示，通过该选项卡可对选项板的显示、位置、行为等进行设置。

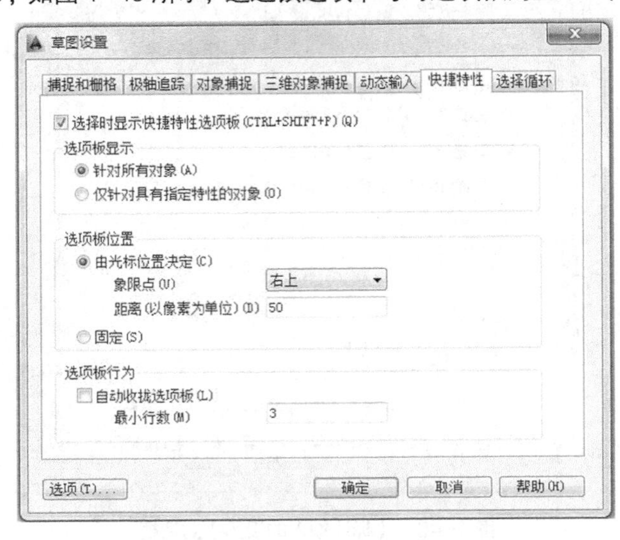

图 1–49 【快捷特性】选项卡

1.4 基本绘图及系统设定

在开始绘图之前一般需要对基本绘图环境进行设置，就像在图纸上绘图一样，必须先根据图形的大小，准备好合适大小的图纸，根据不同的线型要求准备好粗细不同的绘图笔。设置好 AutoCAD 的绘图环境，可以大大提高用户的绘图效率，而且使不同的图形文件具有统一的设置，这对于绘制机械图样尤其重要。

1.4.1 基本绘图设定

1. 设置图幅尺寸

图纸幅面在 AutoCAD 2014 中是通过“图形界限”来设置的，图形界限是 AutoCAD 2014 绘图空间中的一个假想矩形绘图区域，默认值是左下角点（0，0），右上角点（420，297），相当于 A3 图纸幅面。可通过以下方式修改图纸幅面。

➤ 命令行：limits。

➤ 下拉菜单：选择【格式】/【图形界限】菜单命令（AutoCAD 经典）。

执行命令后系统提示如下。

```
指定左下角点或[开(ON)/关(OFF)] <0.0000,0.0000>:
```

按 Enter 键使用默认值<0,0>或输入新的坐标值。

```
指定右上角点<420.0000,297.0000>:
```

输入右上角点的坐标。

例如，要设定 A4 图纸幅面，则左下角点为<0, 0>，右上角点为<210, 297>。

其中选项［开（ON）/关（OFF）］的含义如下。

［开（ON）］：打开图形界限检查。此状态下不允许在图形界限外绘图。

［关（OFF）］：关闭图形界限检查，此状态下允许在图形界限外绘图，系统默认设置为关。

2. 设定绘图单位

可通过以下方式设定长度单位和角度单位。

➤ 命令行：ddunits。

➤ 下拉菜单：选择【格式】/【单位】菜单命令（AutoCAD 经典）。

执行命令后 AutoCAD 2014 会弹出图 1-50 所示的【图形单位】对话框，各选项含义如下。

【长度】：设置长度单位的类型和精度。

【角度】：设置角度单位的类型和精度。

【插入时的缩放单位】：设置插入块的图形单位。

【输出样例】：显示当前设置的单位和角度的举例。

【光源】：选择指定光源强度的单位。

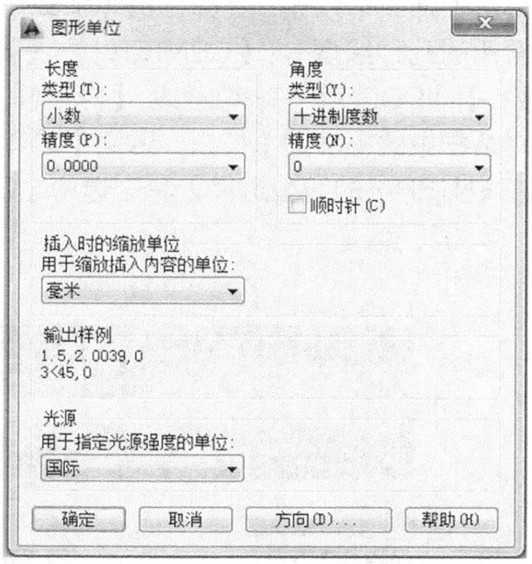

图 1-50 【图形单位】对话框

3. 设置图层

在绘制机械图样时，需要用不同的线型和图线宽度来表达机件的结构形状，AutoCAD 2014 通过图层来控制线型、线宽和颜色等内容，在绘图前应按国家标准创建必需的图层。

可通过以下方式激活图层管理命令。

➤ 命令行：layer。

➤ 下拉菜单：选择【格式】/【图层】菜单命令（AutoCAD 经典）。

➤ 单击【默认】功能选项卡【图层】面板中的【图层特性管理器】按钮 。

图层设置

执行图层管理命令后，AutoCAD 2014 弹出【图层特性管理器】对话框，如图 1-51 所示，系统默认建立了 1 个图层。下面以定义【点画线】层为例说明具体过程。

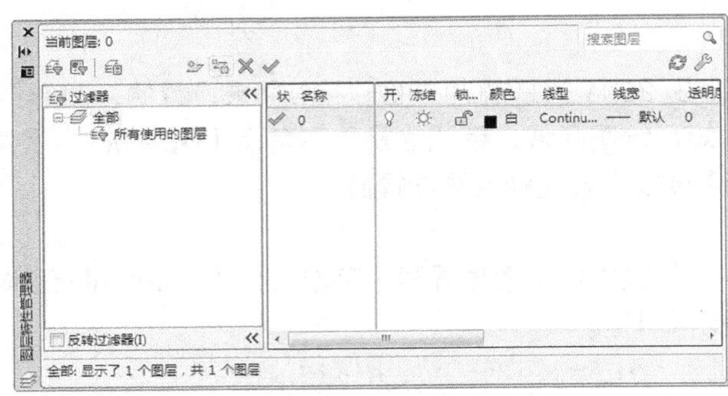

图 1-51 【图层特性管理器】对话框

（1）单击对话框中的【新建】按钮 ，系统自动建立名为【图层 1】的图层，将【图层 1】改为【点画线】，按 Enter 键即新建了【点画线】层。

（2）单击【点画线】层中的【白色】项，在弹出的【选择颜色】对话框中选择红色方块后单击对话框中的【确定】按钮，完成颜色的设定，如图 1-52 所示。

（3）单击【点画线】层中的【Continuous】项，弹出图 1-53 所示的【选择线型】对话框，单击【加载】按钮，在弹出的【加载或重载线型】对话框中选择需要的线型，如图 1-54 所示。常用的几种线型有：【CENTER】——单点画线、【Continuous】——实线、【DASHED】——虚线、【HIDDEN】——隐藏线、【PHANTOM】——双点画线。在对话框中选择【CENTER】，单击对话框中的【确定】按钮，返回【选择线型】对话框。此时，对话框如图 1-55 所示，多了一个【CENTER】的线型选择，单击选中【CENTER】，再单击【确定】按钮即可完成线型的设置。

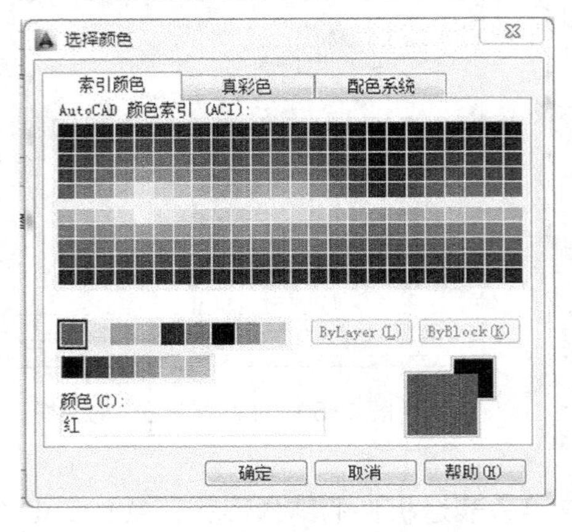

图 1-52 【选择颜色】对话框

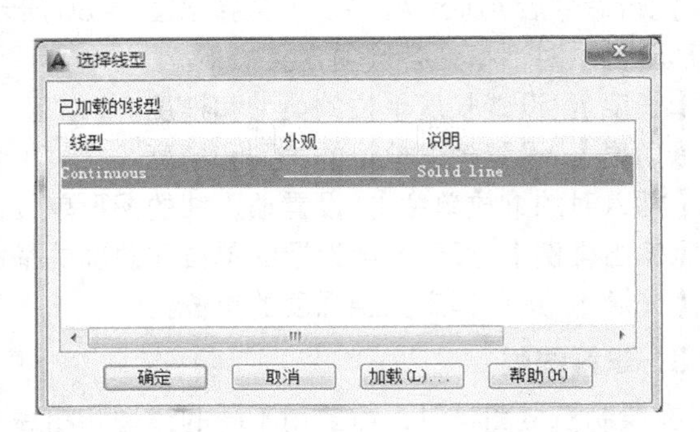

图 1-53 【选择线型】对话框

（4）单击【点画线】层中的【——默认】项，弹出 【线宽】对话框，如图 1-56 所示。在对话框中选择【0.25mm】，单击【确定】按钮即设定了中心线的线宽。

（5）用类似的方法，定义其他常用的图层，如图 1-57 所示。单击左上角的【关闭】按钮 ×，关闭【图层特性管理器】对话框。

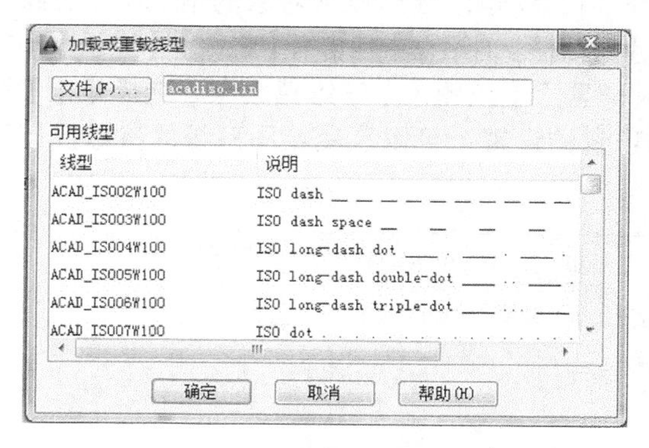

图 1-54 【加载或重载线型】对话框

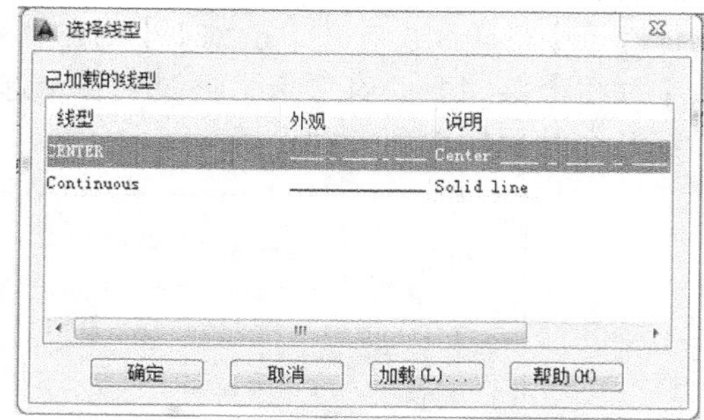

图 1-55 加载线型

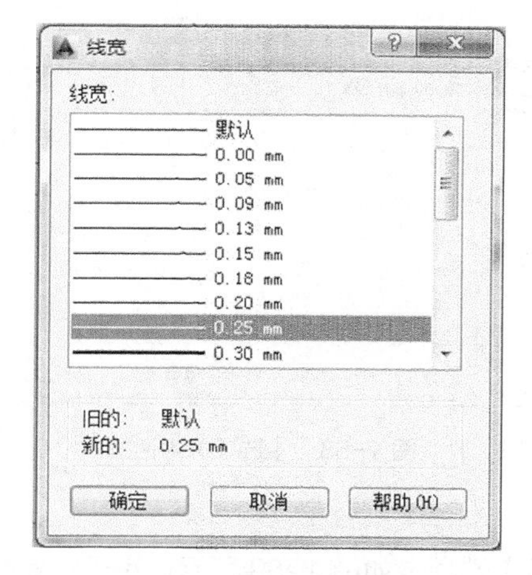

图 1-56 【线宽】对话框

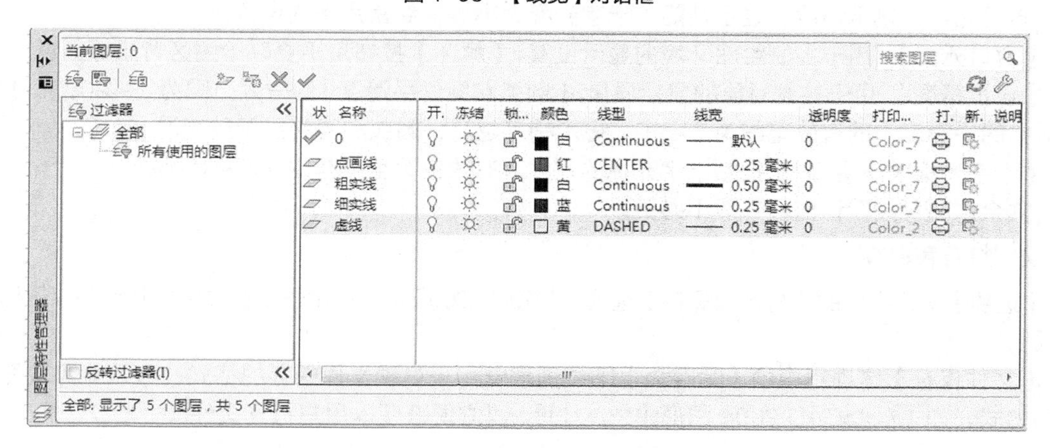

图 1-57 已定义好的图层

1.4.2 系统设定

AutoCAD 2014 允许用户对系统环境进行设置，在应用程序菜单栏中单击【选项】按钮，弹出【选项】对话框。也可以单击【视图】功能选项卡的【窗口】面板右下角的小箭头 ↘，或在命令行输入命令 options，或者（在未运行任何命令也未选择任何对象的情况下）在绘图区单击鼠标右键，均可打开图 1-58 所示的【选项】对话框。对话框中包含有【文件】、【显示】、【打开和保存】、【打印和发布】、【系统】、【用户系统配置】、【绘图】、【三维建模】、【选择集】、【配置】、【联机】共 11 个选项卡，通过对各个选项卡的设置，可以改变绘图系统的参数。以下仅介绍几个常用的选项卡的设置。

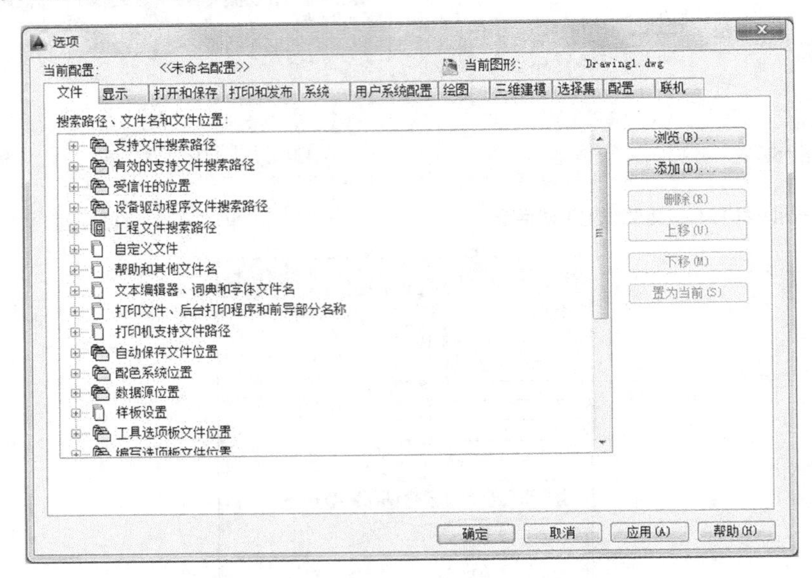

图 1-58 【选项】对话框

1. 显示

【选项】对话框中的【显示】选项卡如图 1-59 所示，用于设置绘图环境的显示属性，如窗口元素、布局元素、显示精度、显示性能、十字光标大小等，经常用到的设置如下。

【窗口元素】：用于控制绘图环境的显示设置，【颜色】按钮用于更改绘图区背景等颜色。

【显示精度】：用于控制对象的显示质量。【圆弧和圆的平滑度】的有效范围为 1～20000，【渲染对象的平滑度】的有效范围为 1～10，显示精度越高，圆弧和圆的显示越光滑。

【十字光标大小】：用于控制十字光标的尺寸。有效值为全屏幕的 1%～100%。

其余选项可按默认值，一般不必更改。

2. 打开和保存

【选项】对话框中的【打开和保存】选项卡如图 1-60 所示，可用于设置文件打开和保存的相关选项。

【文件保存】选项组中的【另存为】下拉列表框用于设置文件保存的格式，可设置为较低版本的格式，如【AutoCAD 2004 图形（*.dwg）】，以方便低版本用户打开文件。

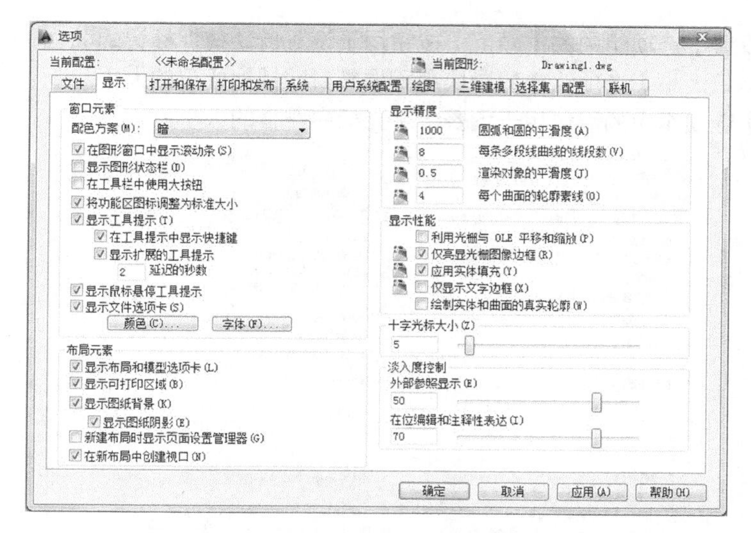

图 1-59 【选项】对话框的【显示】选项卡

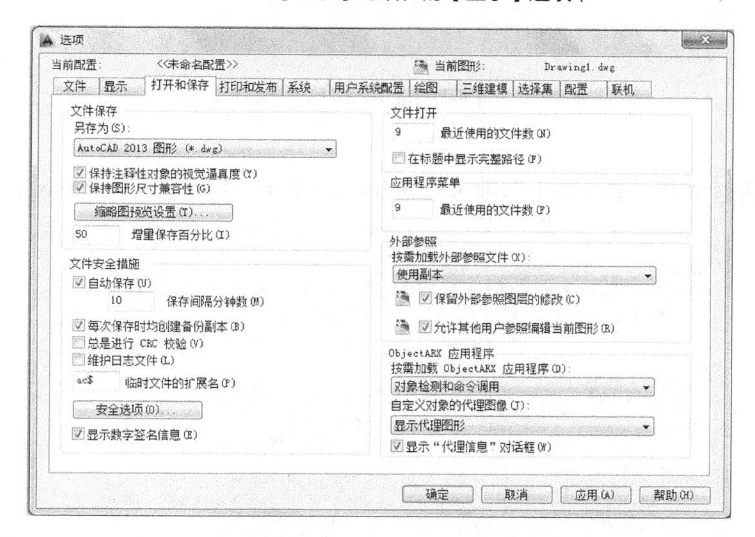

图 1-60 【选项】对话框的【打开和保存】选项卡

【文件安全措施】选项组中的【自动保存】复选框用于设置是否自动保存，【保存间隔分钟数】前的文本框用于设置自动保存时间间隔。选用此项功能可避免意外断电或死机造成的工作成果丢失。

只有在文件至少保存过一次后，自动保存功能才起作用。

3. 绘图

【选项】对话框中的【绘图】选项卡如图 1-61 所示，可用于指定多个基本编辑选项，包括自动捕捉、自动追踪（Auto Track）、对齐点获取、靶框大小、设计工具提示等多项内容的设置。

【自动捕捉设置】选项组中的【颜色】按钮用于设置自动捕捉标记的颜色。

【自动捕捉标记大小】选项组中的滑块用于调整自动捕捉标记的大小。

【靶框大小】选项组中的滑块用于调整十字光标中靶框的大小。

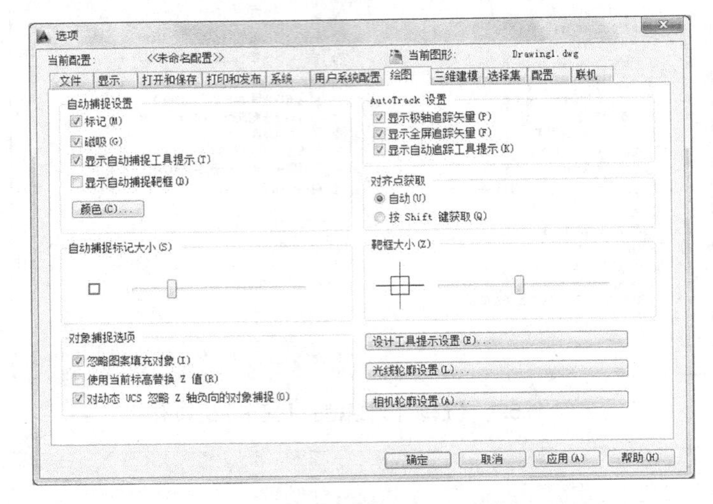

图 1-61 【选项】对话框的【绘图】选项卡

4. 选择集

【选项】对话框中的【选择集】选项卡如图 1-62 所示，可用于设置选择对象时的相关参数。

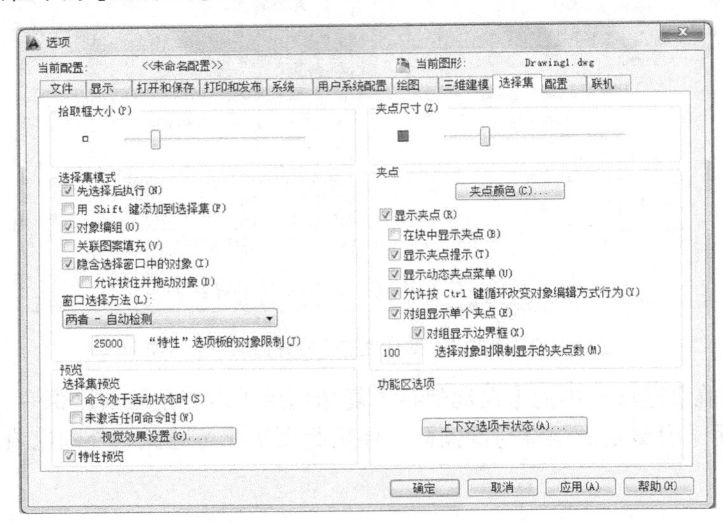

图 1-62 【选项】对话框的【选择集】选项卡

【拾取框大小】选项组中的滑块用于调整选择对象时拾取框的大小。

【夹点尺寸】选项组中的滑块用于调整夹点显示的大小。

当勾选【夹点】选项组中的【显示夹点】复选框后，被选中的对象上会以小方块显示夹点，如图 1-63 所示。

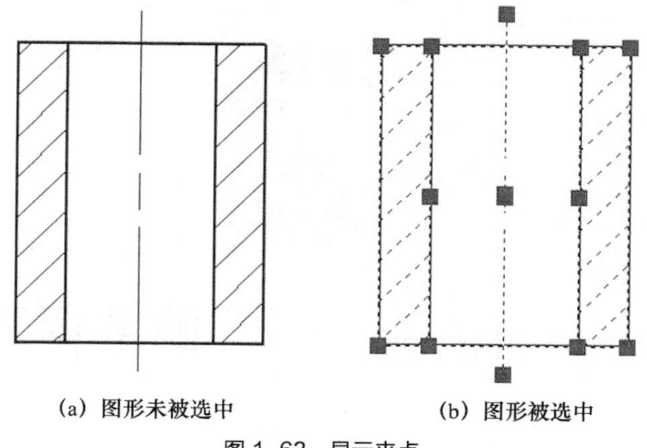

（a）图形未被选中　　（b）图形被选中

图 1-63　显示夹点

思考与练习

1. 启动 AutoCAD 2014 的方法有哪几种?
2. AutoCAD 2014 的工作界面由哪几部分组成? 各部分的主要功能是什么?
3. 有哪几种方法可以调用 AutoCAD 2014 的圆（circle）命令?
4. 在 AutoCAD 2014 中，表示点的坐标有哪几种格式?
5. 以“acadiso”为样板，新建一文件，并按以下要求设置绘图及系统环境。

（1）设置图形界限为 A3（420mm×297mm）。

（2）设置以下图层及线型。

名称	颜色	线型	线宽/mm
粗实线	白色	Continuous	0.5
细实线	绿色	Continuous	0.25
单点画线	红色	CENTER	0.25
双点画线	洋红	PHANTOM	0.25
虚线	黄色	DASHED	0.25

（3）启用对象捕捉，并将“中点”“端点”“圆心”“交点”对象捕捉模式设置为“开”；启用极轴追踪，并设置“增量角”为 15°。

Chapter

2

第二章 简单平面图形绘制

使用 AutoCAD 可以方便地绘制各种二维平面图形，绘图时一般先对作图对象进行分析，设置合适的绘图环境，再合理选用 AutoCAD 中的绘图、编辑等命令绘制图样。本章结合常见的简单平面图形的绘制实例，分析 AutoCAD 2014 提供的二维绘图、编辑命令的功能、输入方式及应用。

2.1 简单平面图形绘制实例 1——轴端挡圈

轴端挡圈用于轴上零件的轴向固定和定位，图 2-1 所示为《螺栓紧固轴端挡圈》(GB 892—1986) 中的一个视图。通过本例将学习直线 (line) 命令、圆 (circle) 命令、绘图环境设置、夹点编辑的应用，以及线型比例因子的设定方法。

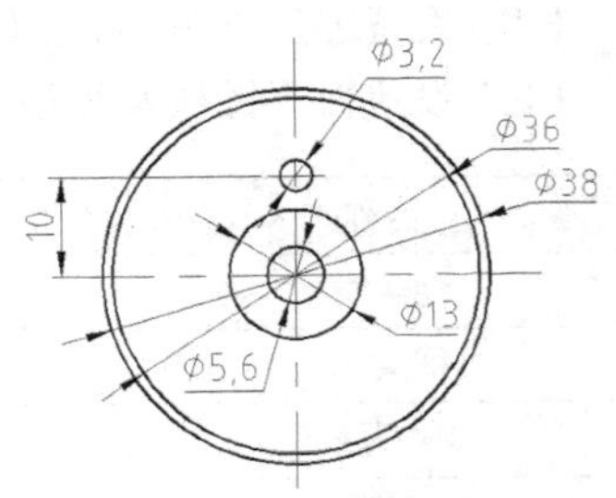

图 2-1 轴端挡圈

2.1.1 基本绘图命令

1. 直线命令

该命令用于绘制直线段，可以使用下列方法之一启动直线命令。

- 命令行：line 或 l。
- 下拉菜单：选择【绘图】/【直线】菜单命令 (AutoCAD 经典)。
- 单击【默认】功能选项卡【绘图】面板中的按钮 ⁄。

2. 圆命令

该命令用于绘制圆，可以使用下列方法之一启动圆命令。

- 命令行：circle 或 c。
- 下拉菜单：选择【绘图】 /【圆】菜单命令 (AutoCAD 经典)。
- 单击【默认】功能选项卡【绘图】面板中的按钮 ⊘。

3. 夹点编辑

AutoCAD 在图形对象上定义了一些特殊点，用以反映图形对象的特征，称为夹点。可以通过【选项】对话框【选择集】选项卡【夹点】选项组中的【显示夹点】复选框控制夹点的显示，勾选该复选框，则图形对象被选中时，夹点以带颜色的小方框表示，如图 2-2 所示。利用夹点编辑可以方便地进行拉伸、移动、旋转、比例缩放和镜像操作。

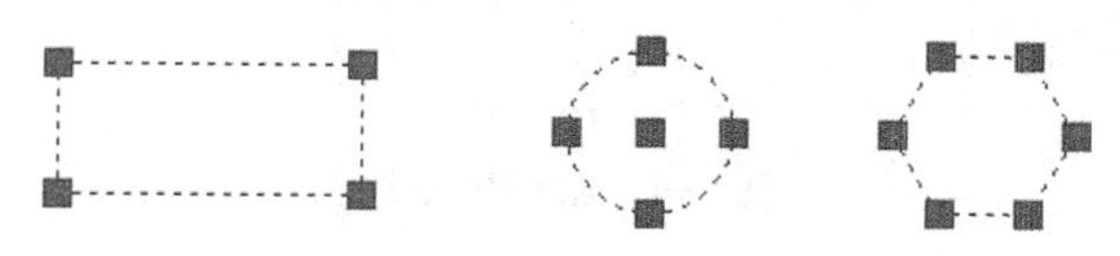

图 2-2　对象的夹点

4. 设置线型比例因子

在命令行输入命令 ltscale（缩写“lts”），则系统会提示“输入新线型比例因子〈1.0000〉:”，输入新的比例因子可改变线型的比例。

2.1.2　绘制步骤

1. 创建图形文件

利用新建命令，创建一个新的图形文件。

2. 设置绘图环境

绘图环境设置包括系统环境设置和基本绘图设置。系统环境设置是根据需要对【工具】功能选项卡中的各个选项进行设置，本例中采用默认设置。基本绘图设置如下。

（1）设置图形界限为 A4 图纸幅面（210mm × 297mm）。

（2）图层应包含以下几层：【粗实线】层，颜色为黑色，线型为 Continuous，线宽为 0.5mm；【点画线】层，颜色为红色，线型为 CENTER，线宽为 0.25mm。

（3）将【对象捕捉】设置为启用状态，并选用“端点”“中点”“交点”等对象捕捉模式。将【DYN】和【极轴】设置为“开”。

3. 绘制中心线

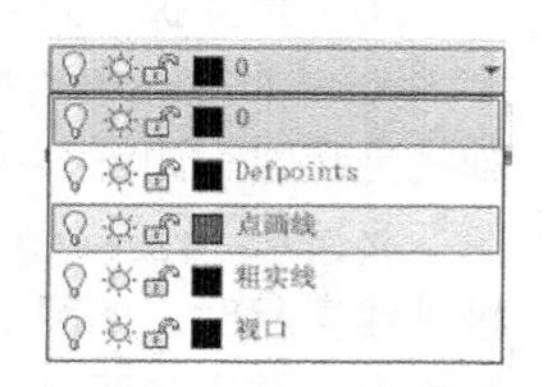

图 2-3　将【点画线】层设置为当前图层

（1）单击【默认】功能选项卡【图层】面板中【图层】工具栏中的按钮，打开图层下拉列表框，选中【点画线】层，如图 2-3 所示，将其设置为当前图层。

（2）单击按钮，系统提示如下。

命令：_line 指定第一点：用鼠标在作图区适当位置选取一点。

指定下一点或[放弃(U)]：直接输入坐标（48,0），或向右移动鼠标指针，当极轴线亮起时，如图 2-4（a）所示，输入 48。

指定下一点或[放弃(U)]：按 Enter 键退出直线命令，画出一长度 48 的水平中心线，如图 2-4（b）所示。

（3）图 2-4（b）所示的中心线的线型比例不符合要求，应更改线型比例设置，可在命令行中输入“ltscale”，则系统提示如下。

命令：ltscale

输入新线型比例因子<1.0000>：输入新的比例因子 0.4，则该图形文件中所有的图线及以后要画的图线将按此比例生成，如图 2-4（c）所示。

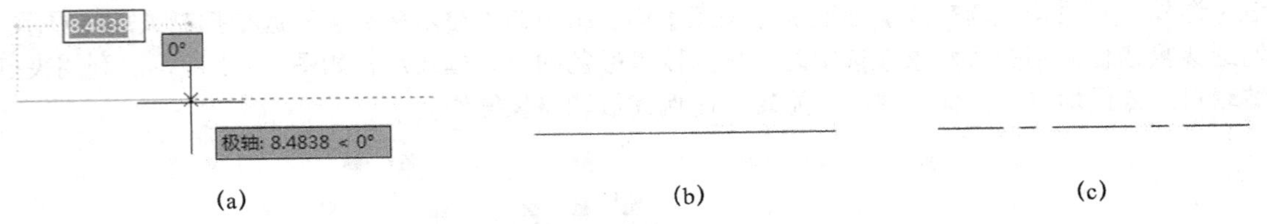

图 2-4 画水平中心线

（4）按 Enter 键，重复执行直线命令，系统提示如下。

命令：_line 指定第一点：用鼠标捕捉到水平中心线的中点 A，并向下移动鼠标指针，当垂直极轴线亮起时，如图 2-5（a）所示，输入 24 确定直线的第一点。

指定下一点或[放弃(U)]：直接输入相对坐标（0, 48），或向上移动鼠标指针，当极轴线亮起时，如图 2-5（b）所示，输入 48。

指定下一点或[放弃(U)]：按 Enter 键，退出直线命令，画出一长度 48 的垂直中心线，如图 2-5（c）所示。

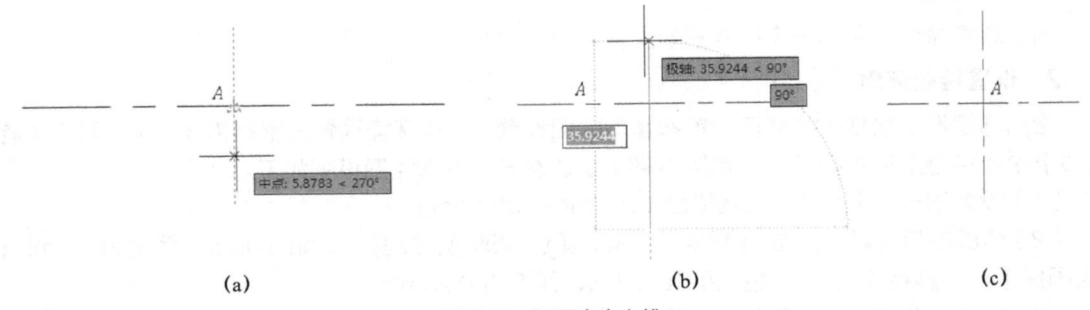

图 2-5 画垂直中心线

（5）重复执行直线命令，系统提示如下。

命令：_line 指定第一点：用鼠标捕捉到水平中心线的端点 B，向上移动鼠标指针，当垂直极轴线亮起时，如图 2-6（a）所示，输入 10 确定直线的第一点。

指定下一点或[放弃(U)]：向下移动鼠标指针，并捕捉到水平中心线的另一个端点 B，当两条极轴线亮起时，如图 2-6（b）所示，单击确定直线的第二个端点。按 Enter 键或 Esc 键退出直线命令，结果如图 2-6（c）所示。

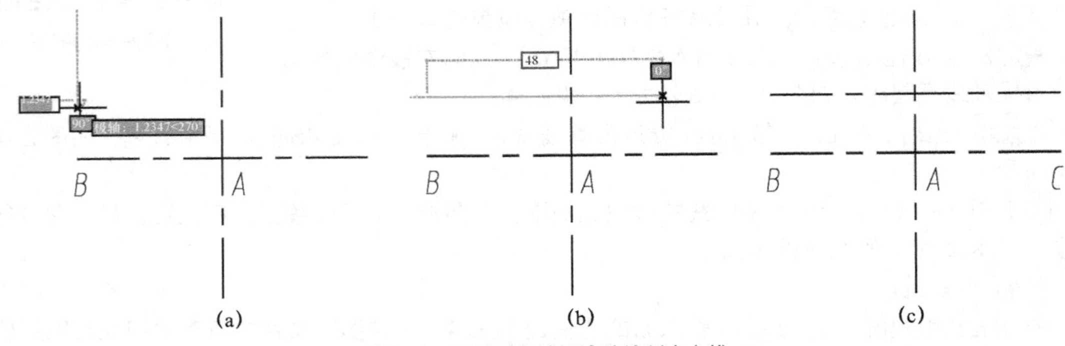

图 2-6 利用对象捕捉追踪绘制中心线

4. 绘制圆

（1）将【粗实线】层设置为当前图层。

（2）单击 按钮，激活圆命令后，系统提示如下。

命令：_circle 指定圆的圆心或[三点(3P)/两点(2P)/相切、相切、半径(T)]：捕捉到交点 *A*，单击确定圆的圆心，系统提示如下。

指定圆的半径或[直径(D)]<25.0000>：输入 19，按 Enter 键，确定圆的半径，画出直径为ϕ38 的圆，如图 2–7（a）所示。

按 Enter 键可重复执行圆命令，同样捕捉到 *A* 点为圆心，分别输入不同的半径值，画出ϕ36、ϕ13 和ϕ5.6 三个圆，如图 2–7（b）所示。

再次按 Enter 键，重复执行圆命令，捕捉到 *D* 点作为圆心，输入半径 1.6，画出ϕ3.2 的圆，结果如图 2–7（c）所示。

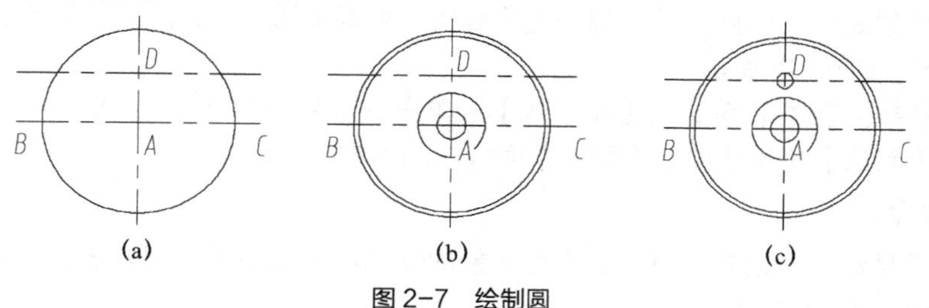

图 2–7　绘制圆

5. 调整直线 L_2 长度

利用夹点编辑功能调整中心线 *EF* 的长度。选中直线 *EF*，单击直线左端夹点 *E*，该夹点被激活，显示为高亮色（红色），如图 2–8（a）所示，系统提示如下。

拉伸

指定拉伸点或[基点(B)/复制(C)/放弃(U)/退出(X)]：向右移动鼠标指针改变左端夹点 *E* 至合适位置，再单击鼠标确定，在调整时应注意捕捉水平极轴。用同样的方法调整右端夹点 *F* 的位置，从而改变直线 *EF* 的长度，结果如图 2–8（b）所示。

单击状态栏【线宽】按钮，显示图线宽度，完成作图，结果如图 2–9 所示。

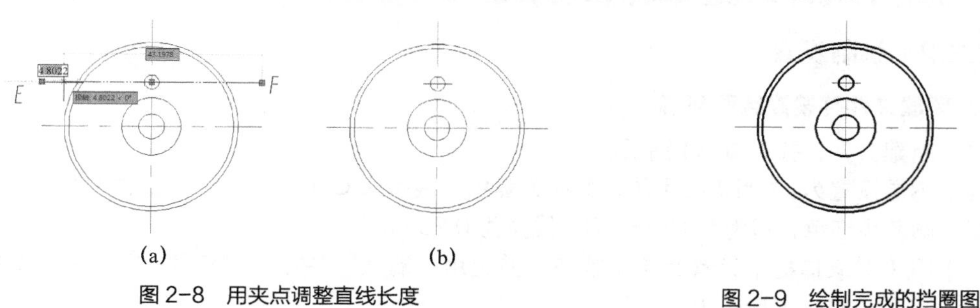

图 2–8　用夹点调整直线长度

图 2–9　绘制完成的挡圈图

2.2　简单平面图形绘制实例 2——圆头普通平键

圆头普通平键用于轴上零件的周向固定和定位，图 2–10 所示为《普通型 平键》（GB/T 1096—2003）中 16mm × 10mm × 56mm 的圆头普通平键的一个视图。通过本例将学习多段线命令 pline、移动命令 move 和偏移命令 offset 等。

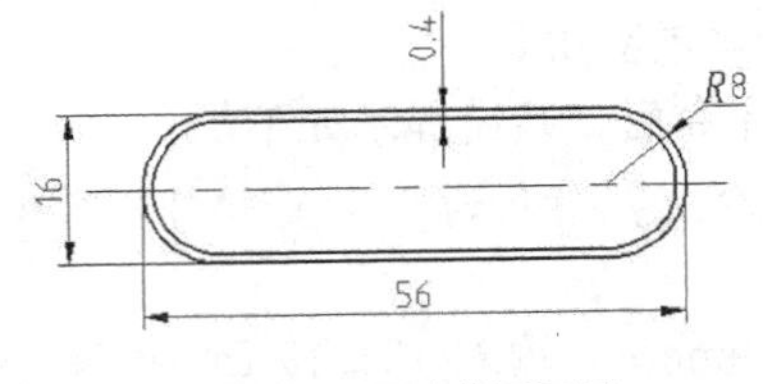

图 2-10 圆头普通平键

2.2.1 基本绘图命令

1. 多段线命令

该命令用于绘制多段线。多段线由相连的多段直线和圆弧线段组成，不同线段可以有不同的宽度，整条多段线是一个整体，可以统一进行编辑。可以使用下列方法之一启动多段线命令。

- 命令行：pline 或 pl。
- 下拉菜单：选择【绘图】/【多段线】菜单命令（Auto CAD 经典）。
- 单击【默认】功能选项卡【绘图】面板中的按钮 。

2. 移动命令

该命令用于移动一个或多个对象，调整对象的位置。可以使用下列方法之一启动移动命令。

- 命令行：move 或 m。
- 下拉菜单：选择【修改】/【移动】菜单命令（AutoCAD 经典）。
- 单击【默认】功能选项卡【修改】面板中的按钮 。

3. 偏移命令

该命令用于将对象按指定距离进行平行复制，或通过指定点进行平行复制。可以使用下列方法之一启动偏移命令。

- 命令行：offset。
- 下拉菜单：选择【修改】/【偏移】菜单命令（AutoCAD 经典）。
- 单击【默认】功能选项卡【修改】面板中的按钮 。

2.2.2 绘制步骤

1. 新建文件并设置绘图环境

（1）新建文件，并设置 A4 图幅。

（2）图层设置为：【粗实线】层，颜色为黑色，线型为 Continuous，线宽为 0.5mm；【点画线】层，颜色为红色，线型为 CENTER，线宽为 0.25mm。

（3）将【对象捕捉】设置为启用状态，并选用“端点”“中点”“交点”等对象捕捉模式。将【DYN】和【极轴】设置为“开”。

2. 绘制中心线

（1）将【点画线】层设置为当前图层。

（2）单击 按钮，系统提示如下。

命令：_line 指定第一点：用鼠标在作图区适当位置选取一点。

指定下一点或[放弃(U)]：利用极轴功能，输入 66，确定直线的第二点。

指定下一点或[放弃(U)]：按 Enter 键，退出直线命令。

画出的水平中心线如图 2-11 所示。

图 2-11　绘制水平中心线

3. 绘制轮廓线

（1）将【粗实线】层设置为当前图层。

（2）单击 按钮，系统提示如下。

命令：_pline

指定起点：捕捉到中心线的左端点，向上移动鼠标指针，当垂直极轴线亮起时输入 8，并按 Enter 键确定起点，系统提示如下。

当前线宽为 0.0000

指定下一个点或[圆弧(A)/半宽(H)/长度(L)/放弃(U)/宽度(W)]：向右移动鼠标指针，当水平极轴线亮起时输入 40 并按 Enter 键确定直线的第二点，如图 2-12（a）所示，系统提示如下。

指定下一点或[圆弧(A)/闭合(C)/半宽(H)/长度(L)/放弃(U)/宽度(W)]：输入选项“A”，并按 Enter 键，开始画圆弧，系统提示如下。

指定圆弧的端点或[角度(A)/圆心(CE)/闭合(CL)/方向(D)/半宽(H)/直线(L)/半径(R)/第二个点(S)/放弃(U)/宽度(W)]：向下移动鼠标指针，当垂直极轴线亮起时输入 16，并按 Enter 键确定圆弧的第二点，如图 2-12（b）所示，系统提示如下。

指定圆弧的端点或[角度(A)/圆心(CE)/闭合(CL)/方向(D)/半宽(H)/直线(L)/半径(R)/第二个点(S)/放弃(U)/宽度(W)]：输入选项 “L”，并按 Enter 键，系统改为画直线，系统提示如下。

指定下一点或[圆弧(A)/闭合(C)/半宽(H)/长度(L)/放弃(U)/宽度(W)]：向左移动鼠标指针，当水平极轴线亮起时输入 40 并按 Enter 键确定直线的第二点，如图 2-12（c）所示，系统提示如下。

指定下一点或[圆弧(A)/闭合(C)/半宽(H)/长度(L)/放弃(U)/宽度(W)]：输入选项“A”，并按 Enter 键，开始画圆弧，系统提示如下。

指定圆弧的端点或[角度(A)/圆心(CE)/闭合(CL)/方向(D)/半宽(H)/直线(L)/半径(R)/第二个点(S)/放弃(U)/宽度(W)]：捕捉到多段线的起点确定圆弧的第二个端点，如图 2-12（d）所示，系统提示如下。

指定圆弧的端点或[角度(A)/圆心(CE)/闭合(CL)/方向(D)/半宽(H)/直线(L)/半径(R)/第二个点(S)/放弃(U)/宽度(W)]：按 Esc 键结束多段线命令，结果如图 2-13（a）所示。

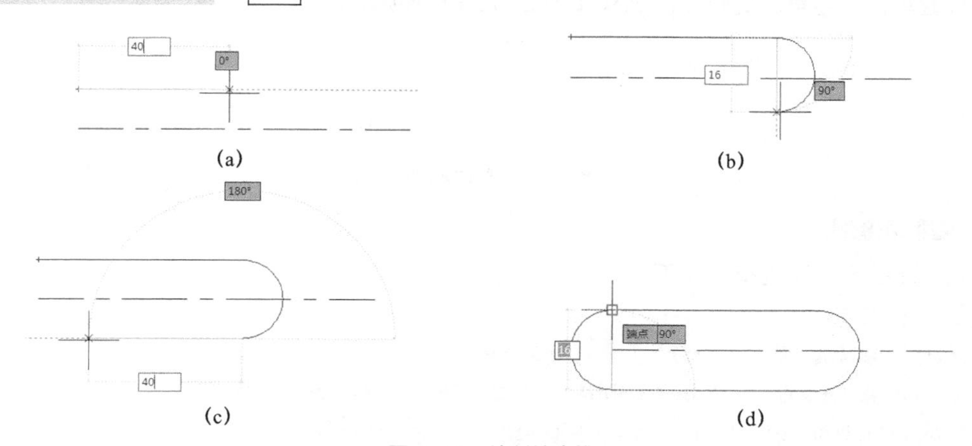

图 2-12　绘制轮廓线

由上述几步作出的多段线可以看出，用多段线命令作出的多段线是一个对象，一个多段线对象可由多段直线和多段圆弧组成。激活多段线命令后，系统默认画直线段，可连续画多段直线，输入选项“A”可切换为画圆弧，可连续画多段圆弧，输入选项“L”可切换为画直线段。

画直线段时系统提示如下。

指定下一点或 [圆弧(A)/闭合(C)/半宽(H)/长度(L)/放弃(U)/宽度(W)]：

其中部分选项的含义如下。

[半宽（H）]：指定从宽多段线线段的中心到其一边的宽度。

[长度（L）]：在与上一线段相同的角度方向上绘制指定长度的直线段。

[宽度（W）]：指定下一条直线段的宽度。

[闭合（C）]：从指定的最后一点到多段线的起点作直线段使图形成为封闭图形，并结束多段线命令。必须指定两个点以上才有此选项。

画圆弧时系统提示如下。

指定圆弧的端点或[角度(A)/圆心(CE)/闭合(CL)/方向(D)/半宽(H)/直线(L)/半径(R)/第二个点(S)/放弃(U)/宽度(W)]：

其中部分选项的含义如下。

[角度（A）]：指定弧线段的包含角。

[圆心（CE）]：指定弧线段的圆心。

[半径（R）]：指定弧线段的半径。

[方向（D）]：指定弧线段的起始方向。

[第二个点（S）]：指定弧线段的第二个点，指定第二个点后系统会提示指定第三个点。

[闭合（CL）]：从指定的最后一点到多段线的起点画圆弧使图形成为封闭图形，并结束多段线命令。必须指定两个点以上才有此选项。

（3）单击 ✥ 按钮，系统提示如下。

命令：_move

选择对象：选中前面画的轮廓线，单击鼠标右键确定，系统提示如下。

指定基点或[位移(D)]<位移>：指定一个点作为基点，系统提示如下。

指定第二个点或<使用第一个点作为位移>：向右移动鼠标指针捕捉到水平极轴，输入移动距离或在适当位置单击确定第二定位点。结果如图2-13（b）所示。

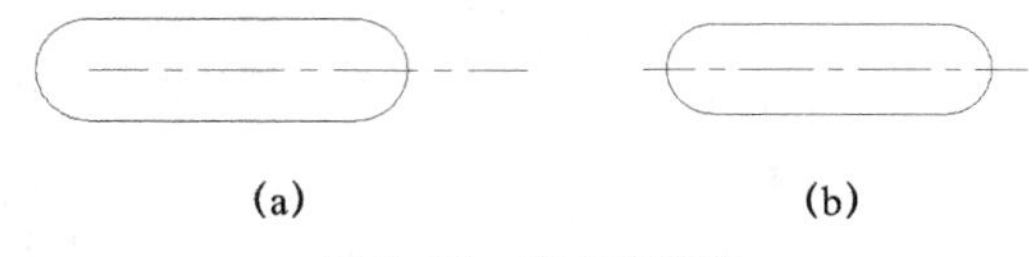

(a)　　(b)

图2-13　移动轮廓线

4. 偏移轮廓线

单击 按钮，系统提示如下。

命令：_offset

当前设置：删除源=否　图层=源　OFFSETGAPTYPE=0

指定偏移距离或[通过(T)/删除(E)/图层(L)]<1.0000>：输入偏移距离0.4。

选择要偏移的对象，或[退出(E)/放弃(U)]<退出>：选择多段线。

指定要偏移的那一侧上的点，或[退出(E)/多个(M)/放弃(U)]<退出>：点选多段线内部。

选择要偏移的对象，或[退出(E)/放弃(U)]<退出>：按 Enter 键结束命令

打开“线宽”显示，结果如图 2–14 所示，完成作图。

图 2–14　偏移轮廓线并显示线宽

2.3　简单平面图形绘制实例 3——密封垫

图 2–15 所示是在齿轮油泵泵体和泵盖之间起密封调节作用的密封垫的视图。通过本例将学习复制命令 copy、镜像命令 mirror、修剪命令 trim、特性匹配命令 matchprop。

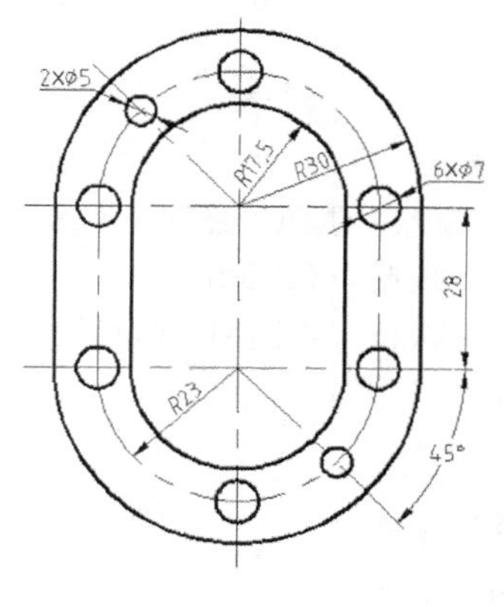

图 2–15　密封垫

2.3.1　基本绘图命令

1. 复制命令

该命令用于将绘图区中已有的一个或多个图形对象复制到绘图区的其他位置，并保持源对象不变。可以使用下列方法之一启动复制命令。

➤　命令行：copy 或 co 或 cp。
➤　下拉菜单：选择【修改】/【复制】菜单命令（AutoCAD 经典）。
➤　单击【默认】功能选项卡【修改】面板中的按钮 。

2. 镜像命令

该命令用于把选择的图形对象围绕一条对称线作对称复制。镜像操作完成后，可以保留源对象也可以将其删除。可以使用下列方法之一启动镜像命令。

➤　命令行：mirror 或 mi。
➤　下拉菜单：选择【修改】/【镜像】菜单命令（AutoCAD 经典）。
➤　单击【默认】功能选项卡【修改】面板中的按钮 。

3. 修剪命令

该命令用于将图形对象在一条或多条边界上进行修剪。直线、圆弧、圆、椭圆弧、开放的二维和三维多段线、构造线、样条曲线等都可以修剪，而文字、块、轨迹线不能修剪。可以使用下

列方法之一启动修剪命令。

➤ 命令行：trim 或 tr。

➤ 下拉菜单：选择【修改】/【修剪】菜单命令（AutoCAD 经典）。

➤ 单击【默认】功能选项卡【修改】面板中的按钮 -/--。

4. 特性匹配命令

该命令用于把对象的特性（如线型、颜色、图层等）复制给其他对象，使这些对象的某些或全部特性与源对象特性相同。可以使用下列方法之一启动特性匹配命令。

➤ 命令行：matchprop 或 ma。

➤ 下拉菜单：选择【修改】/【特性匹配】菜单命令（AutoCAD 经典）。

➤ 单击【默认】功能选项卡【剪贴板】面板中的按钮。

2.3.2 绘制步骤

1. 新建文件并设置绘图环境

（1）新建文件，并设置 A4 图幅。

（2）图层设置为【粗实线】层，颜色为黑色，线型为 Continuous，线宽为 0.5mm；【点画线】层，颜色为红色，线型为 CENTER，线宽为 0.25mm。

（3）将【对象捕捉】设置为启用状态，并选用“端点”“中点”“交点”“圆心”等对象捕捉模式。将【DYN】和【极轴】设置为“开”。

2. 画作图基准线

（1）将【点画线】层设置为当前图层。

（2）单击 按钮，系统提示如下。

命令：_line 指定第一点：用鼠标在作图区适当位置选取一点。

指定下一点或[放弃(U)]：直接输入坐标（70，0）按 Enter 键；或向右移动鼠标，捕捉到水平极轴时输入 70，按 Enter 键，确定直线的第二点，系统提示如下。

指定下一点或[放弃(U)]：按 Enter 键结束直线命令，画出一长度 70 的水平中心线 *AB*，如图 2-16（a）所示。

（3）按 Enter 键重复执行直线命令，系统提示如下。

命令：_line 指定第一点：捕捉到直线左端点 *A* 和垂直极轴，如图 2-16（b）所示，输入数值 28，按 Enter 键确定直线的第一个端点 *C*，系统提示如下。

指定下一点或[放弃(U)]：向右移动鼠标指针捕捉到水平极轴，再捕捉到直线右端点 *B* 和垂直极轴，得到两极轴的交点 *D*，如图 2-16（c）所示，单击确定直线的第二点。

指定下一点或[放弃(U)]：按 Enter 键结束直线命令。画出水平中心线 *CD*，结果如图 2-16（d）所示。

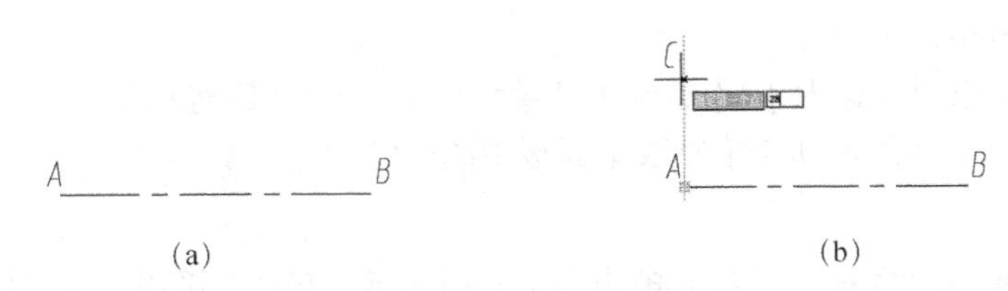

图 2-16 画水平中心线

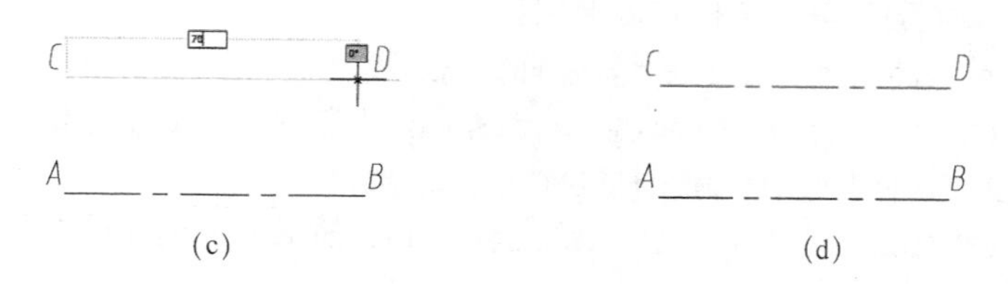

图 2-16　画水平中心线（续）

（4）按 Enter 键重复执行直线命令，系统提示如下。

命令：_line 指定第一点：捕捉到直线 *AB* 的中点 *E*，向下移动鼠标指针到合适位置（移动至坐标 35 左右）并捕捉到垂直极轴，单击确定直线的第一点 *F*，如图 2-17（a）所示，系统提示如下。

指定下一点或 [放弃(U)]：向上移动鼠标指针到合适位置（移动至坐标 98 左右）并捕捉到垂直极轴，单击确定直线的第二点 *G* ，如图 2-17（b）所示，系统提示如下。

指定下一点或 [放弃(U)]：按 Enter 键结束直线命令，结果如图 2-17（c）所示。

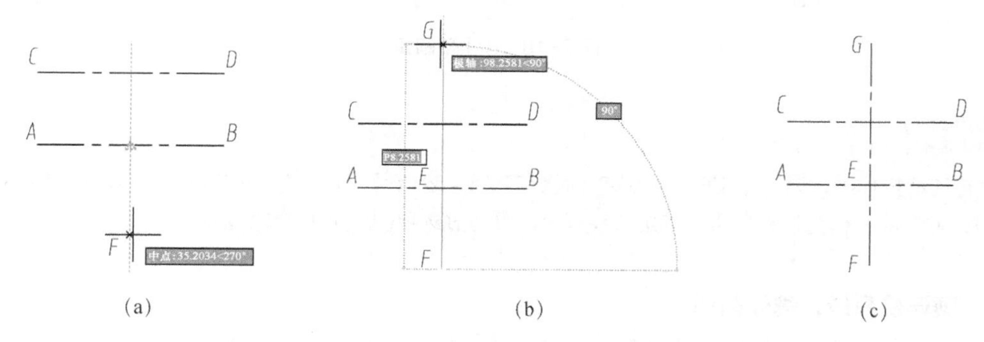

图 2-17　画垂直中心线

3. 画一侧 *R*30、*R*23、*R*17.5 圆弧

（1）将【粗实线】层设置为当前图层。

（2）单击 ◎ 按钮，系统提示如下。

命令：_circle 指定圆的圆心或[三点(3P)/两点(2P)/相切、相切、半径(T)]：捕捉到交点 O_1，单击确定圆心。

指定圆的半径或[直径(D)]<25.0000>：输入 30 确定圆的半径，画出半径 *R*30 的圆，如图 2-18（a）所示。

按 Enter 键重复执行圆命令，画出 *R*23 和 *R*17.5 的圆，如图 2-18（b）所示。

（3）单击 -/-- 按钮，系统提示如下。

命令：_trim

当前设置：投影=UCS，边=无　显示当前设置，可通过选项［投影（P）］和［边（E）］更改设置。

选择剪切边...

选择对象或<全部选择>：找到 1 个　选中用于修剪的界线 *CD*。

选择对象：按 Enter 键或单击鼠标右键确定。
选择要修剪的对象，或按住 Shift 键选择要延伸的对象，或
[栏选(F)/窗交(C)/投影(P)/边(E)/删除(R)/放弃(U)]：选中 3 个圆下半部分。
选择要修剪的对象，或按住 Shift 键选择要延伸的对象，或
[栏选(F)/窗交(C)/投影(P)/边(E)/删除(R)/放弃(U)]：按 Enter 键或单击鼠标右键确定。
结果如图 2-18（c）所示。

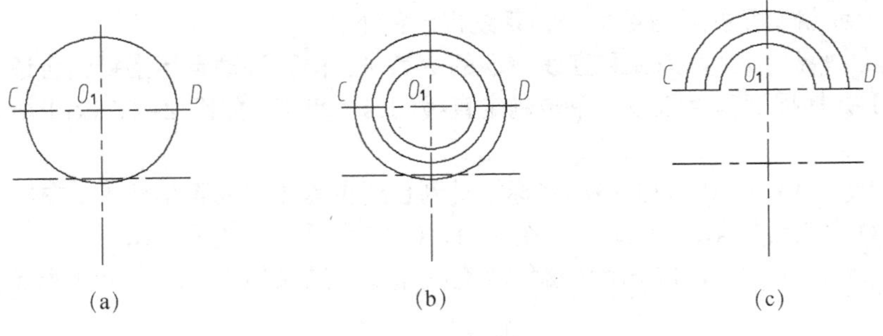

图 2-18　画上部圆弧

提 示

在进行修剪操作时，要注意[边（E）]选项的状态，当“边=无”时，作为边界的边，其延长线无效，当“边=延伸”时，作为边界的边，其延长线有效。可通过选项[边（E）]更改设置。

4. 画连接直线，镜像圆弧

（1）单击 按钮，系统提示如下。

命令：_line 指定第一点：捕捉到 *R*30 圆弧的一个端点并单击指定直线第一点。
指定下一点或[放弃(U)]：向下捕捉到垂直极轴与水平中心线的交点，单击指定直线第二点。
指定下一点或[放弃(U)]：按 Enter 键结束直线命令，如图 2-19（a）所示。

（2）单击 按钮，系统提示如下。

命令：_copy
选择对象：找到一个　选中刚绘制的垂直线。
选择对象：按 Enter 键或单击鼠标右键确定。
当前设置：复制模式=多个　显示系统当前设置，可以通过选项 [模式（O）] 改变。
指定基点或[位移(D)/模式(O)]<位移>：捕捉到直线上部端点。
指定第二个点或<使用第一个点作为位移>：捕捉到 *R*23 圆弧左端点，系统重复提示指定点，分别指定各圆弧的端点，最后按 Enter 键结束复制命令，结果如图 2-19（b）所示。

（3）单击 按钮，系统提示如下。

选择对象：指定对角点：找到 3 个　选择 3 段圆弧。
选择对象：按 Enter 键。
指定镜像线的第一点：捕捉到左边垂直线中点 *M* 并单击确定镜像线第一点。

指定镜像线的第二点：捕捉到右边垂直线中点 N 并单击确定镜像线第二点，如图 2-19（c）所示。

要删除源对象吗？[是(Y)/否(N)]<N>：按 Enter 键，默认选项不删除源对象并退出镜像命令，结果如图 2-19（d）所示。

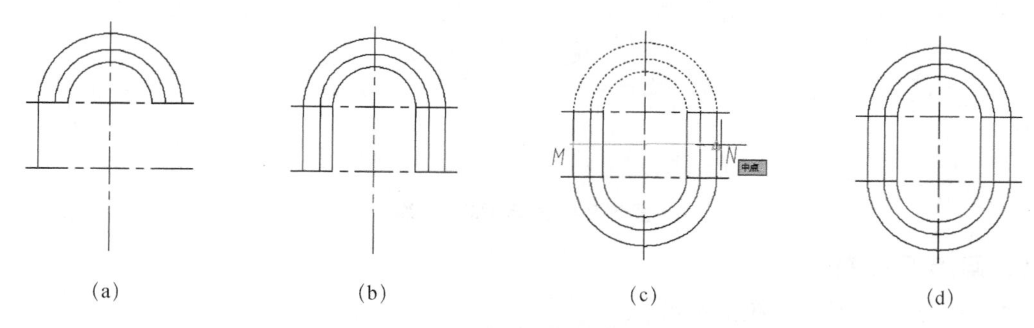

图 2-19 画连接直线及镜像圆弧

5. 画 2×ϕ5 圆的基准线

（1）在【草图设置】对话框中的【极轴追踪】选项卡中，将极轴角的【角增量】设置为 45°。

（2）单击 ⁄ 按钮，系统提示如下。

命令：_line 指定第一点：捕捉到上方水平中心线和垂直中心线的交点 O_1，单击确定直线的第一点。

指定下一点或[放弃(U)]：向左上角方向移动鼠标指针，捕捉到 135° 极轴后输入 35，或在极轴长度约 35 的位置单击鼠标左键，确定直线的第二点，如图 2-20（a）所示。

指定下一点或[放弃(U)]：按 Enter 键结束直线命令。

（3）按 Enter 键，重复执行直线命令，系统提示如下。

命令：_line 指定第一点：捕捉到下方水平中心线和垂直中心线的交点 O_2，单击确定直线的第一点。

指定下一点或[放弃(U)]：向右下角方向移动鼠标指针，捕捉到 45° 极轴后输入 35，或在极轴长度约 35 的位置单击鼠标左键，确定直线的第二点，如图 2-20（b）所示。

指定下一点或[放弃(U)]：按 Enter 键，结束直线命令，结果如图 2-20（c）所示。

（4）单击 按钮，系统提示如下。

命令：_matchprop

选择源对象：选择水平（或垂直）中心线。

当前活动设置：显示当前活动设置（颜色、图层、线型、线型比例、线宽、厚度），可以通过选项［设置（S）］更改。

选择目标对象或[设置(S)]：分别点选各中心线。

选择目标对象或[设置(S)]：按 Enter 键结束命令。

通过此操作将两个 R23 圆弧及连接线、ϕ5 圆的基准线改为点画线，结果如图 2-20（d）所示。也可以先选择要更改的对象，再单击图层工具栏中的 按钮，打开图层下拉列表框，选中【点画线】层，将图选对象改为当前图层。

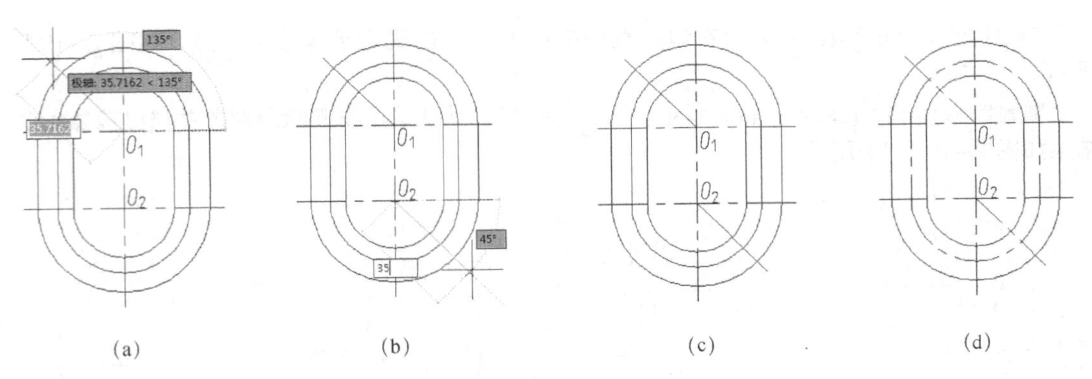

(a) (b) (c) (d)

图 2-20 画ϕ5 圆的基准线

6. 画ϕ5 及ϕ7 圆

（1）单击 按钮，系统提示如下。

命令：_circle 指定圆的圆心或[三点(3P)/两点(2P)/相切、相切、半径(T)]：捕捉到 45° 中心线与 R23 圆弧的交点，单击鼠标左键，确定圆心位置。

指定圆的半径或[直径(D)]<25.0000>：输入 2.5 确定圆的半径，画出直径ϕ5 的圆。

按 Enter 键重复执行圆命令，画出另一个ϕ5 的圆，结果如图 2-21（a）所示。

按 Enter 键，重复执行圆命令。

命令：_circle 指定圆的圆心或[三点(3P)/两点(2P)/相切、相切、半径(T)]：捕捉到水平中心线与 R23 圆弧的交点，单击鼠标左键，确定圆心位置。

指定圆的半径或[直径(D)]<25.0000>：输入 3.5 确定圆的半径，画出一个直径ϕ7 的圆，结果如图 2-21（b）所示。

（2）单击 按钮，系统提示如下。

选择对象：找到一个。单击选择上步绘制的ϕ7 圆。

选择对象：按 Enter 键确定。

当前设置：复制模式=多个

指定基点或[位移(D)/模式(O)]<位移>：捕捉到ϕ7 圆的圆心。

指定第二个点或<使用第一个点作为位移>：分别捕捉到各中心线相应的交点，复制多个ϕ7 圆。

指定第二个点或[退出(E)/放弃(U)]<退出>：按 Enter 键结束命令，结果如图 2-21（c）所示。

打开线宽显示，完成密封垫作图，结果如图 2-22 所示。

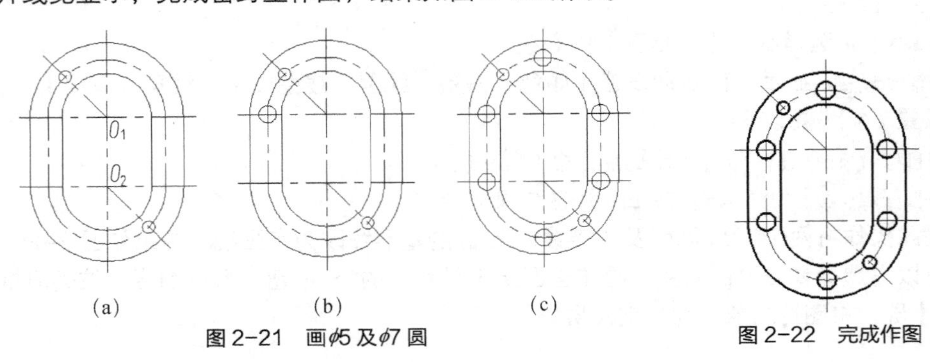

(a) (b) (c)

图 2-21 画ϕ5 及ϕ7 圆

图 2-22 完成作图

2.4 简单平面图形绘制实例 4——圆锥销

圆锥销用于零件的定位，图 2-23 所示为《圆锥销》(GB/T 117—2000) 中ϕ10mm×40mm 的圆锥销的一个视图。通过本例将学习圆弧命令 arc、延伸命令 extend、删除命令 erase。

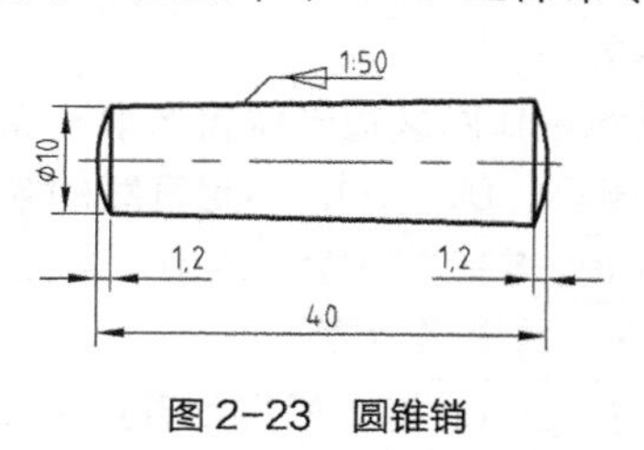

图 2-23 圆锥销

2.4.1 基本绘图命令

1. 圆弧命令

该命令用于绘制圆弧。可以使用下列方法之一启动圆弧命令。

- 命令行：arc 或 a。
- 下拉菜单：选择【绘图】/【圆弧】菜单命令（AutoCAD 经典）。
- 单击【默认】功能选项卡【绘图】面板中的按钮 。

2. 延伸命令

该命令用于将选定的对象延伸到指定的边界上。可以使用下列方法之一启动延伸命令。

- 命令行：extend 或 ex。
- 下拉菜单：选择【修改】/【延伸】菜单命令（AutoCAD 经典）。
- 单击【默认】功能选项卡【修改】面板中的按钮 。

提示

【修改】面板中默认显示【修剪】按钮 ，当需要使用【延伸】按钮 时，单击【修剪】按钮右边的下拉菜单按钮 ，即可在弹出的下拉菜单 中单击选择显示在面板中的按钮，并激活该命令。

3. 删除命令

该命令用于将错误或多余的对象删除。可以使用下列方法之一启动删除命令。

- 命令行：erase 或 e。
- 下拉菜单：选择【修改】/【删除】菜单命令（AutoCAD 经典）。
- 单击【默认】功能选项卡【修改】面板中的按钮 。
- 右键快捷菜单：鼠标右键单击绘图区，在快捷菜单中选择【删除】选项。

2.4.2 绘制步骤

1. 新建文件并设置绘图环境

（1）新建文件，并设置 A4 图幅。

（2）图层设置为：【粗实线】层，颜色为黑色，线型为 Continuous，线宽为 0.5mm；【点画线】

层，颜色为红色，线型为 CENTER，线宽为 0.25mm。

（3）将【对象捕捉】设置为启用状态，并选用“端点”“中点”等对象捕捉模式。

2. 画作图基准线

（1）将【粗实线】层设置为当前图层。

（2）单击 ⁄ 按钮，系统提示如下。

命令：_line 指定第一点：用鼠标在作图区适当位置选取一点。

指定下一点或[放弃(U)]：输入坐标（0，10），确定直线的第二点。

指定下一点或[放弃(U)]：按 Enter 键结束命令，画出一垂直线，如图 2-24（a）所示。

（3）按 Enter 键重复直线命令，系统提示如下。

命令：_line 指定第一点：1.2 按 Enter 键，捕捉到直线中点后向左移动鼠标指针，当捕捉到水平极轴后输入 1.2，按 Enter 键，确定直线的第一点。

指定下一点或[放弃(U)]：40，0 按 Enter 键，输入坐标（40,0），确定直线的第二点。

指定下一点或[放弃(U)]：按 Enter 键结束命令，画出一长 40 的水平直线。

结果如图 2-24（b）所示。

3. 画小端圆弧

单击 ⌒ 按钮，系统提示如下。

命令：_arc 指定圆弧的起点或[圆心(C)]：捕捉到垂直直线的一个端点。

指定圆弧的第二个点或[圆心(C)/端点(E)]：捕捉到水平直线的左端点。

指定圆弧的端点：捕捉到垂直直线的另一端点。

结果如图 2-25 所示。

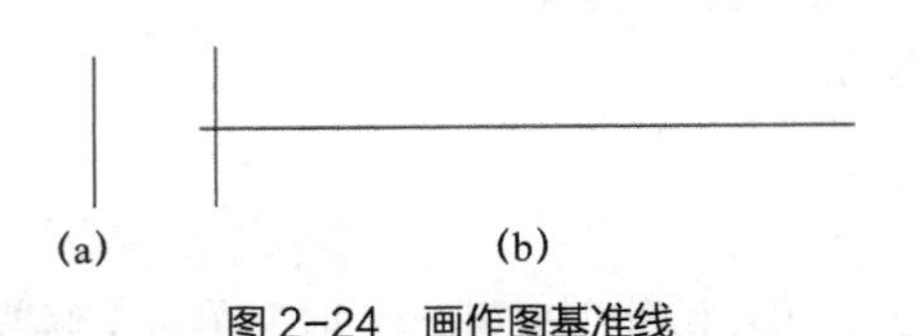

图 2-24　画作图基准线

图 2-25　画小端圆弧

4. 作锥面斜线

（1）单击 ⁄ 按钮，系统提示如下。

命令：_line 指定第一点：用鼠标在图形适当位置选取一点。

指定下一点或[放弃(U)]：输入坐标（50，0）。

指定下一点或[放弃(U)]：按 Enter 键确定。

画出水平辅助直线。

（2）按 Enter 键重复直线命令，系统提示如下。

命令：_line 指定第一点：捕捉到辅助直线右端点和向上垂直极轴后输入 0.5。

指定下一点或[放弃(U)]：向下捕捉到垂直极轴后输入 1。

指定下一点或[放弃(U)]：捕捉到刚画的水平辅助线的左端点，单击鼠标确定。

指定下一点或[放弃(U)]：捕捉到垂直辅助线的上端点单击鼠标确定。

指定下一点或[放弃(U)]：按 Enter 键确定结束命令。画出一辅助锥形，如图 2-26（a）所示。

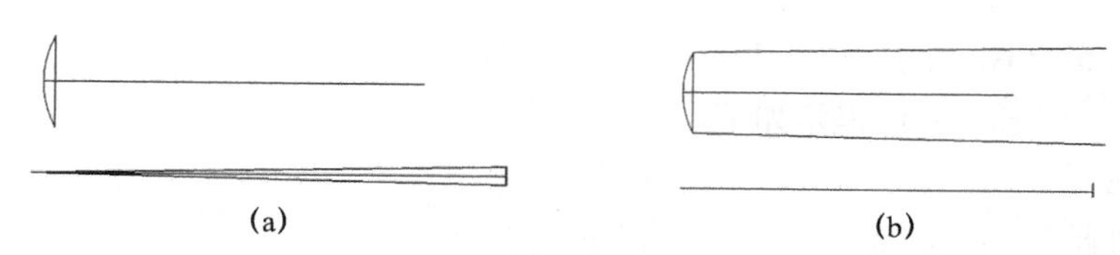

图 2-26　画锥面斜线

（3）单击按钮，系统提示如下。

命令：_move
选择对象：找到 1 个　选择图 2-26（a）中上面一条锥面线。
选择对象：按 Enter 键确定。
指定基点或［位移(D)］<位移>：捕捉到锥面线的左端点单击鼠标确定基点。
指定第二个点或<使用第一个点作为位移>：捕捉到圆弧上端点单击鼠标确定。

（4）按 Enter 键重复移动命令，系统提示如下。

命令：_move
选择对象：找到 1 个　选择另一条锥面线。
选择对象：按 Enter 键确定。
指定基点或［位移(D)］<位移>：捕捉到锥面线的左端点，单击鼠标确定基点。
指定第二个点或<使用第一个点作为位移>：捕捉到圆弧下端点单击鼠标确定。

结果如图 2-26（b）所示。

5. 绘制圆锥大端

（1）单击按钮，系统提示如下。

命令：_offset
当前设置：删除源=否　图层=源　OFFSETGAPTYPE=0
指定偏移距离或［通过(T)/删除(E)/图层(L)］<1.0000>：输入偏移距离 37.6。
选择要偏移的对象，或［退出(E)/放弃(U)］<退出>：选择小端长度为 10 的垂直直线段。
指定要偏移的那一侧上的点，或［退出(E)/多个(M)/放弃(U)］<退出>：单击垂直线右侧。
选择要偏移的对象，或［退出(E)/放弃(U)］<退出>：按 Enter 键确定。

结果如图 2-27（a）所示。

（2）单击 --/ 按钮，系统提示如下。

命令：_extend
当前设置：投影=UCS，边=无　显示当前系统设置，可通过选项［投影（P）］和［边（E）］更改设定。
选择边界的边...
选择对象或<全部选择>：找到 1 个　选择锥面线。
选择对象：找到 1 个，总计 2 个　选择另一条锥面线。
选择对象：按 Enter 键确定。
选择要延伸的对象，或按住 Shift 键选择要修剪的对象，或［栏选(F)/窗交(C)/投影(P)/边(E)/放弃(U)］：用鼠标单击大端要延伸的垂直线段的上部和下部。
选择要延伸的对象，或按住 Shift 键选择要修剪的对象，或
［栏选(F)/窗交(C)/投影(P)/边(E)/放弃(U)］：按 Enter 键确定。

结果如图 2-27（b）所示。

（3）单击 -/-- 按钮，系统提示如下。

命令：_trim

当前设置：投影=UCS，边=无

选择剪切边...

选择对象或<全部选择>：找到 1 个　选择右端垂直线。

选择对象：按 Enter 键。

选择要修剪的对象，或按住 Shift 键选择要延伸的对象，或[栏选(F)/窗交(C)/投影(P)/边(E)/删除(R)/放弃(U)]：在命令提示下选择两条锥面线。

选择要修剪的对象，或按住 Shift 键选择要延伸的对象，或

[栏选(F)/窗交(C)/投影(P)/边(E)/删除(R)/放弃(U)]：按 Enter 键确定。

结果如图 2-27（c）所示。

提示

AutoCAD 2014 提供了一种在修剪和延伸之间切换的简便方法。在进行修剪时，按住 Shift 键再选择对象，可延伸对象；同样，在进行延伸时，按住 Shift 键再选择对象，可修剪对象，放开 Shift 键后恢复到原修剪或延伸状态。

（4）单击 ⌒ 按钮，系统提示如下。

命令：_arc 指定圆弧的起点或[圆心(C)]：捕捉到大端垂直直线的一个端点。

指定圆弧的第二个点或[圆心(C)/端点(E)]：捕捉到水平直线右端点。

指定圆弧的端点：捕捉到大端垂直直线的另一端点。

结果如图 2-27（d）所示。

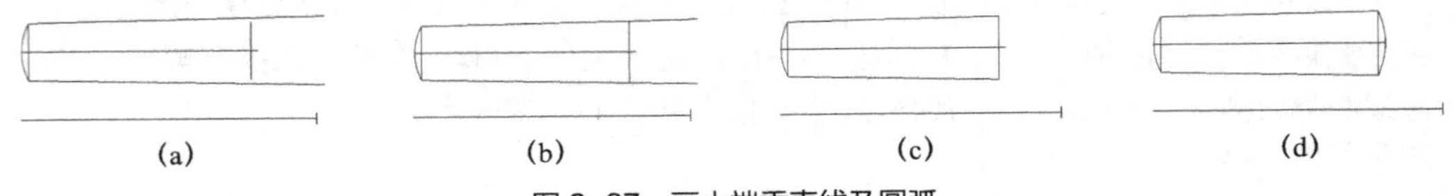

图 2-27　画大端垂直线及圆弧

6. 整理完成作图

（1）选中作图辅助线，单击鼠标右键，在弹出的快捷菜单中选择【删除】选择，删去作图辅助线。

（2）选中中心线，单击【图层特性管理器】工具栏中的 ▾，在下拉列表框中选择【点画线】，将中心线所在的图层改为【点画线】层。利用夹点编辑调整中心线至合适长度，结果如图 2-28 所示。

提示

在对图形对象进行复制、移动、镜像、旋转、删除等编辑操作时，可先激活相应命令，在提示选择对象时，选择要进行操作的对象，也可先选择对象后再激活命令，系统将对已选择的对象执行操作而不再提示选择对象。

AutoCAD 有多种选择对象的方法，常用的有以下几种。

① 单击法。用鼠标单击要选取的对象，该对象即变为以虚线方式显示，表明该对象已被选取。

② 实线框选取法。先单击指定左角点［图 2-29（a）中的 1 点］，然后向右拖出矩形框，此矩形框显示为实线，当将鼠标指针移动到合适位置时单击左键，确定矩形框右角点［图 2-29（a）中的 2 点］，此时完全处在矩形框内的图形对象将被选中，而处于框外或与矩形框相交的对象不被选中，如图 2-29（a）所示。

③ 虚线框选取法。先单击指定右角点［图 2-29（b）中的 1 点］，然后向左拖出矩形框，此矩形框显示为虚线，当将鼠标指针移动到合适位置时单击确定矩形框左角点［图 2-29（b）中的 2 点］，此时完全处在矩形框内的图形对象或者与矩形框相交（即部分在矩形框内）的图形对象均被选中，如图 2-29（b）所示。

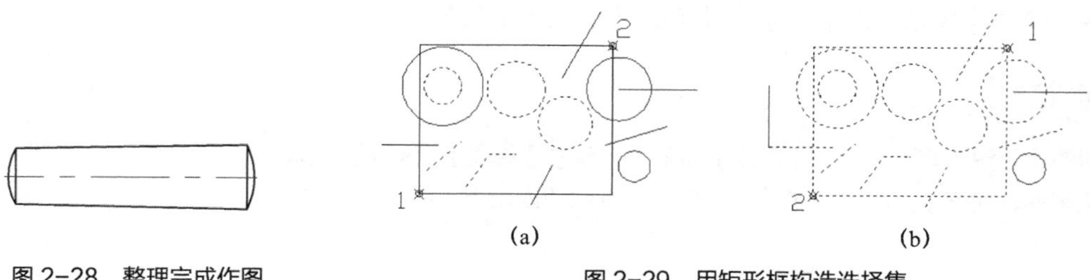

图 2-28　整理完成作图

图 2-29　用矩形框构造选择集

2.5　简单平面图形绘制实例 5——六角螺母

六角螺母是常用的螺纹连接件，图 2-30 所示为《1 型六角螺母》(GB/T 6170—2015）中螺母 M20 的视图。通过本例将学习正多边形命令 polygon、打断命令 break。

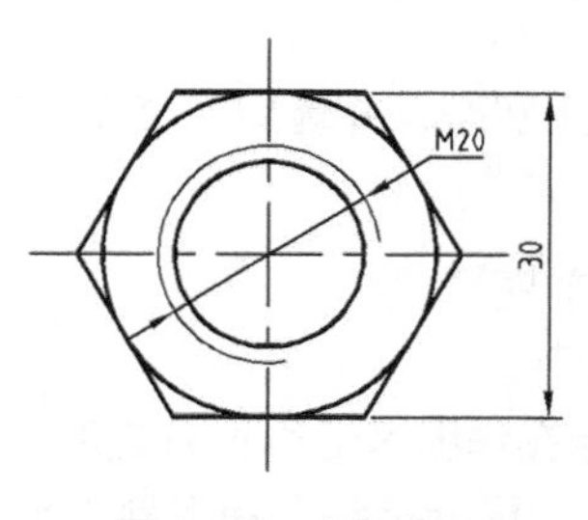

图 2-30　六角螺母

2.5.1　基本绘图命令

1. 正多边形命令

该命令用于绘制正多边形。可以使用下列方法之一启动正多边形命令。

➤ 命令行：polygon 或 pol。

➤ 下拉菜单：选择【绘图】/【正多边形】菜单命令（AutoCAD 经典）。

➤ 单击【默认】功能选项卡【绘图】面板中的按钮 ⬠。

提示

正多边形的功能按钮并不显示在【绘图】面板上，单击【绘图】面板右方的【矩形】图标 的下拉菜单按钮 ，即可弹出下拉菜单 ，单击【多边形】按钮 即可激活该命令。

2. 打断命令

该命令通过指定图形对象上的两点，将对象在指定两点之间的部分删除。可以使用下列方法之一启动打断命令。

- 命令行：break 或 br。
- 下拉菜单：选择【修改】/【打断】菜单命令（AutoCAD 经典）。
- 单击【默认】功能选项卡【修改】面板中的按钮 。

提示

打断的功能按钮并不显示在【修改】面板上，单击【修改】面板下方图标 修改 ▾ ，即可弹出下拉菜单，找到【打断】按钮 并单击即可激活该命令。

2.5.2 绘制步骤

1. 新建文件并设置绘图环境

（1）新建文件，并设置 A4 图幅。

（2）图层设置为：【粗实线】层，颜色为黑色，线型为 Continuous，线宽为 0.5mm；【点画线】层，颜色为红色，线型为 CENTER，线宽为 0.25mm；【细实线】层，颜色为绿色，线型为 Continuous，线宽为 0.25mm。

（3）将【对象捕捉】设置为启用状态，并选用“交点”“中点”等对象捕捉模式。

2. 画作图基准线

（1）将【点画线】层设置为当前图层。

（2）单击 按钮，系统提示如下。

命令：_line 指定第一点：用鼠标在作图区适当位置选取一点。

指定下一点或[放弃(U)]：向右移动鼠标指针，捕捉到水平极轴时输入 43。

指定下一点或[放弃(U)]：按 Enter 键确定，画一长 43 的水平中心线。

（3）按 Enter 键重复直线命令，系统提示如下。

命令：_line 指定第一点：捕捉到水平线中点并向上移动鼠标指针捕捉到垂直极轴后输入 20。

指定下一点或[放弃(U)]：向上移动鼠标指针捕捉到垂直极轴后输入 40。

指定下一点或[放弃(U)]：按 Enter 键确定，画一长 40 的垂直中心线。

结果如图 2-31 所示。

3. 画正六边形

（1）将【粗实线】层设置为当前图层。

（2）单击 ⬠ 按钮，系统提示如下。

命令：_polygon 输入边的数目<4>：输入多边形的边数 6。

指定正多边形的中心点或[边(E)]：捕捉到中心线交点，单击确定中心点。

输入选项[内接于圆(I)/外切于圆(C)]<I>：输入选项标识符“C”，以外切于圆的方式作多边形。

指定圆的半径：输入圆的半径 15。

结果如图 2-32 所示。

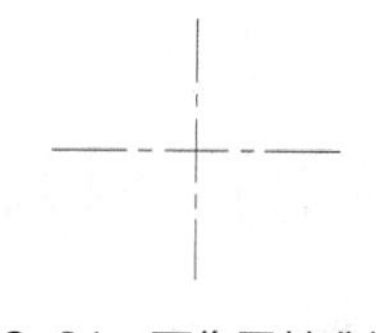

图 2-31 画作图基准线

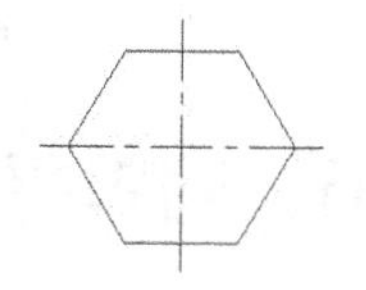

图 2-32 画正六边形

4. 绘制圆

单击 ⊘ 按钮，系统提示如下。

命令：_circle 指定圆的圆心或[三点(3P)/两点(2P)/相切、相切、半径(T)]：捕捉到中心线交点，单击确定圆心。

指定圆的半径或[直径(D)]<25.0000>：捕捉到正六边形任意一边的中点。按 Enter 键重复执行圆命令，分别画出 ϕ20 和 ϕ17 的圆，结果如图 2-33 所示。

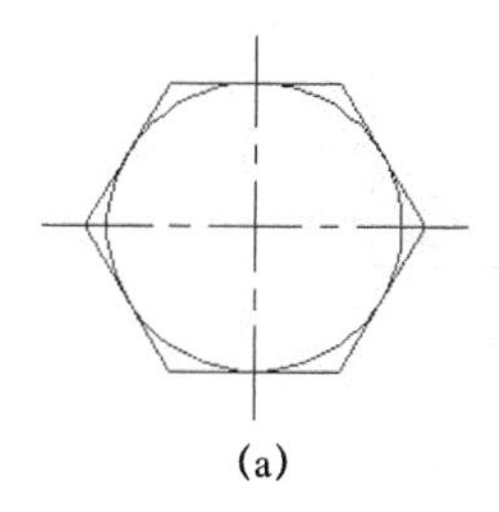

(a)

(b)

图 2-33 绘制圆

5. 修剪并调整螺纹线

（1）按 F3 键关闭对象捕捉功能，避免系统自动捕捉到交点。

（2）单击 ⌐¬ 按钮，系统提示如下。

命令：_break 选择对象：在 ϕ20 圆的 *A* 点处单击，如图 2-34（a）所示。

指定第二个打断点或[第一点(F)]：在 ϕ20 圆的 *B* 点处单击，如图 2-34（a）所示。

结果如图 2-34（b）所示。

提示

使用打断命令时，系统默认按逆时针方向旋转删除两点间的圆弧。

（3）选中 ϕ20 的圆弧，在图层特性下拉列表框中选择【细实线】层，将 ϕ20 圆弧所在的图层更改为【细实线】层。打开线宽显示，结果如图 2-34（c）所示，完成作图。

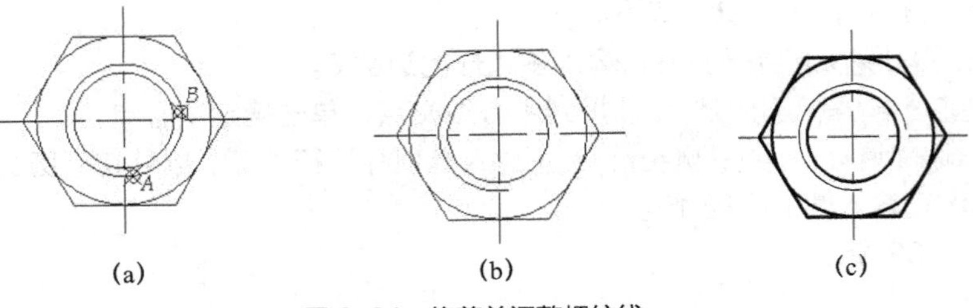

图 2-34　修剪并调整螺纹线

2.6　简单平面图形绘制实例 6——模板

动模座板是塑料模具中用于连接动模和注射机的零件（简称模板），图 2-35 所示为《碳素结构钢》（GB/T 700—2006）中模板 125mm × 160mm × 32mm 的视图。通过本例将学习矩形命令 rectang、矩形阵列命令 arrayrect。

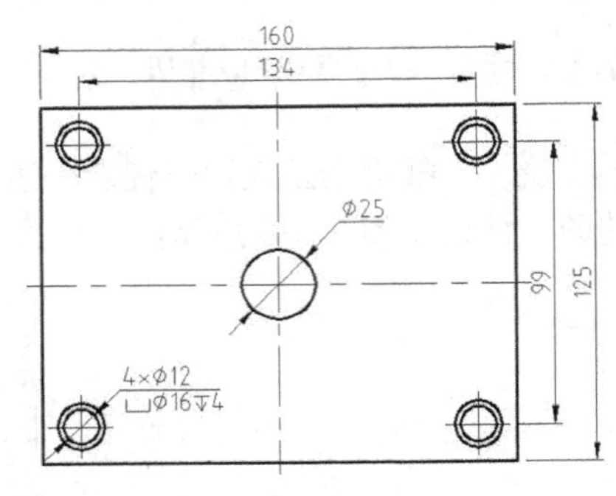

图 2-35　动模座板

2.6.1　基本绘图命令

1. 矩形命令

该命令用于绘制矩形。可以使用下列方法之一启动矩形命令。

- 命令行：rectang 或 rec。
- 下拉菜单：选择【绘图】/【矩形】菜单命令（AutoCAD 经典）。
- 单击【默认】功能选项卡【绘图】面板中的按钮 。

2. 矩形阵列命令

该命令可将已经绘制好的对象，使用环形、矩形或沿路线阵列的方式，复制建立一个源对象的阵列排列。图 2-35 使用的是矩形阵列，可以使用下列方法之一启动矩形阵列命令。

- 命令行：arrayrect。
- 下拉菜单：选择【修改】/【阵列】菜单命令（AutoCAD 经典）。
- 单击【默认】功能选项卡【修改】面板中的按钮 。

执行矩形阵列命令后，系统提示如下。

命令：_arrayrect
选择对象：在绘图区选择要进行阵列的图形要素，按 Enter 键确定。

选择对象：指定对角点：找到 4 个

选择对象：

类型=矩形 关联=是

此时，功能区多出一个选项卡【阵列创建】，如图 2-36 所示；绘图区的图形进入阵列夹点编辑状态。

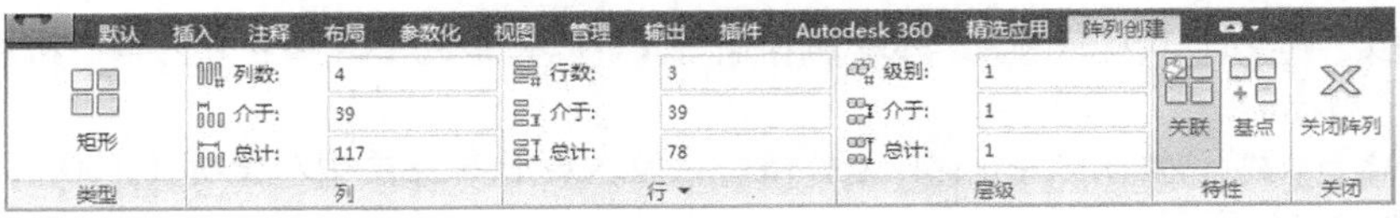

图 2-36 矩形阵列【阵列创建】选项卡

矩形阵列【阵列创建】选项卡中各选项的含义如下。

（1）【列】面板。

【列数】：设置阵列中的列数。

【介于】：设置列间距。

【总计】：设置第一列与最后一列之间的总距离。

（2）【行】面板。

【行数】：设置阵列中的行数。

【介于】：设置行间距。

【总计】：设置第一行与最后一行之间的总距离。

（3）【层级】面板：用于指定三维阵列的层数和层间距。

【级别】：用于指定阵列的层数。

【介于】：用于设置 z 轴方向的层间距。

【总计】：用于设置第一层与最后一层之间的总距离。

（4）【特性】面板。

【关联】：指定阵列中的对象是关联的还是独立的。点选后，命令行提示两个选项：[是]和[否]。[是]：包含单个阵列对象中的阵列项目，类似于块。使用关联阵列，可以通过编辑特性和源对象在整个阵列中快速传递更改。[否]：创建阵列项目作为独立对象，更改一个项目不影响其他项目。

【基点】：定义阵列基点和基点夹点的位置。点选后，命令行提示两个选项：[基点]和[关键点]。[基点]：指定在阵列中放置项目的基点。[关键点]：对于关联阵列，在源对象上指定有效的约束（或关键点）以与路径对齐。

（5）【关闭】面板。

设置好相应的阵列参数后，单击【关闭阵列】即可完成矩形阵列操作。

2.6.2 绘制步骤

1. 新建文件并设置绘图环境

（1）新建文件，并设置 A4 图幅。

（2）图层设置为：【粗实线】层，颜色为黑色，线型为 Continuous，线宽为 0.5mm；【点画线】层，颜色为红色，线型为 CENTER，线宽为 0.25mm。

（3）将【对象捕捉】设置为启用状态，并选用“交点”“中点”“端点”等对象捕捉模式。

2. 绘制矩形

（1）将【粗实线】层设置为当前图层。

（2）单击 按钮，系统提示如下。

命令：_rectang

指定第一个角点或[倒角(C)/标高(E)/圆角(F)/厚度(T)/宽度(W)]：输入点的坐标或用鼠标在适当位置指定左下角点。

指定另一个角点或[面积(A)/尺寸(D)/旋转(R)]：输入矩形右上角相对坐标（160,125）。

结果如图 2-37 所示。

提示

矩形命令中各选项的含义如下。

[倒角(C)]：用于指定矩形的倒角距离。

[标高(E)]：用于指定矩形的标高。

[圆角(F)]：用于指定矩形的圆角半径。

[厚度(T)]：用于指定矩形的厚度。

[宽度(W)]：为要绘制的矩形指定多段线的宽度。

[面积(A)]：以当前单位计算的矩形面积绘制矩形。

[尺寸(D)]：按指定矩形的长度和宽度尺寸绘制矩形。

[旋转(R)]：按指定的旋转角度创建矩形。

3. 画中心线

（1）将【点画线】层设置为当前图层。

（2）单击 按钮，系统提示如下。

命令：_line 指定第一点：捕捉到矩形左边线中点并向左捕捉水平极轴后输入数值 5。

指定下一点或[放弃(U)]：向右捕捉到水平极轴后输入数值 170。

指定下一点或[放弃(U)]：按 Enter 键结束命令。

（3）画出水平中心线，按 Enter 键，重复直线命令，系统提示如下。

命令：_line 指定第一点：捕捉到矩形下边线中点并向下捕捉垂直极轴后输入数值 5。

指定下一点或[放弃(U)]：向上捕捉到垂直极轴后输入数值 135。

指定下一点或[放弃(U)]：按 Enter 键结束命令。

结果如图 2-38 所示。

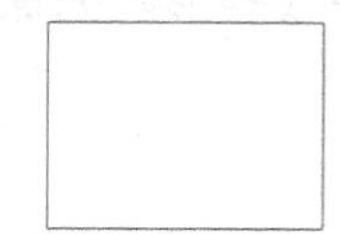

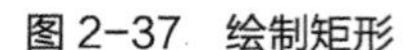

图 2-37 绘制矩形

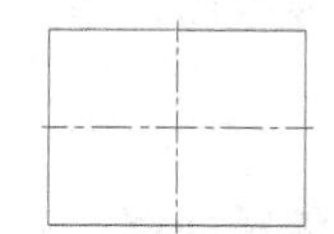

图 2-38 画中心线

4. 偏移中心线

（1）单击 按钮，系统提示如下。

命令：_offset

当前设置：删除源=否 图层=源 OFFSETGAPTYPE=0

指定偏移距离或[通过(T)/删除(E)/图层(L)]<49.5000>：输入偏移距离 49.5。

选择要偏移的对象，或[退出(E)/放弃(U)]<退出>：选择水平中心线。

指定要偏移的那一侧上的点，或[退出(E)/多个(M)/放弃(U)] <退出>：在水平中心线下方单击。

选择要偏移的对象，或[退出(E)/放弃(U)]<退出>：按 Enter 键结束命令。

（2）按 Enter 键，重复偏移命令，将垂直中心线向左平移 67，结果如图 2-39 所示。

5. 绘制圆

（1）将【粗实线】层设置为当前图层。

（2）单击 按钮，系统提示如下。

命令：_circle 指定圆的圆心或[三点(3P)/两点(2P)/相切、相切、半径(T)]：捕捉到中心线交点 *A*，单击鼠标左键确定圆心。

指定圆的半径或[直径(D)]<25.0000>：输入圆的半径 12.5。

画出直径ϕ25 的圆。

（3）按 Enter 键重复执行圆命令，捕捉到交点 *B* 作为圆心，分别画出ϕ16 和ϕ12 的圆，结果如图 2-40（a）所示。

（4）利用夹点编辑功能，调整ϕ16 圆的中心线至合适长度，结果如图 2-40（b）所示。

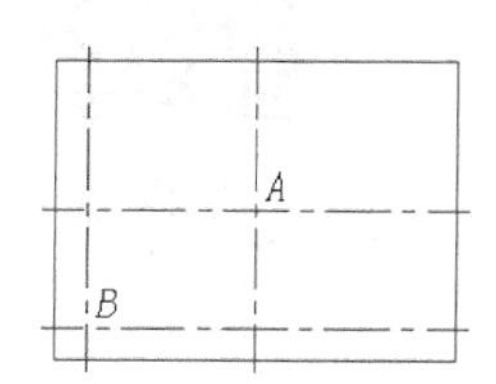

图 2-39 偏移中心线

A
B
(a)

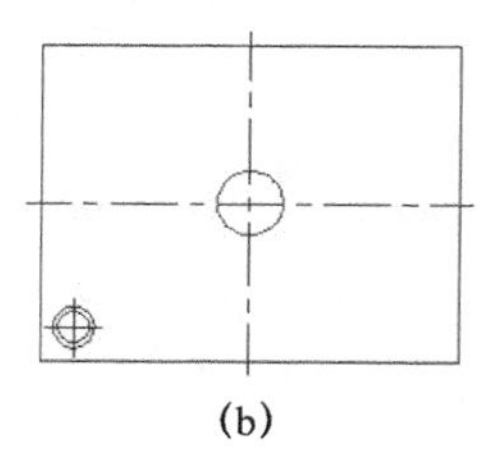

(b)

图 2-40 绘制圆

6. 阵列处理

单击 按钮，系统提示如下。

命令：_arrayrect

选择对象：在绘图区选中要复制的圆及其中心线，按 Enter 键确定。

选择对象：指定对角点：找到 4 个

选择对象：

类型=矩形 关联=是

此时，功能区弹出【阵列创建】选项卡，绘图区的图形进入阵列夹点编辑状态，如图 2-41 所示。更改【阵列创建】选项卡参数：【列数】——2、【介于】——134、【总计】——系统自动计算；【行数】——2、【介于】——99、【总计】——系统自动计算；鼠标单击 取消关联，如图 2-42 所示。随着参数的修改，绘图区的图形会随着变化。参数修改好后，单击【关闭阵列】，完成阵列操作，即完成图形绘制，打开线宽显示，结果如图 2-43 所示。

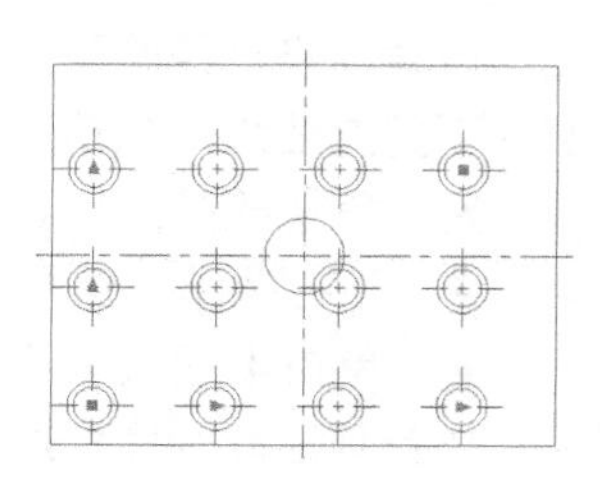

图 2-41 矩形阵列夹点编辑

图 2-42 修改【阵列创建】选项卡参数

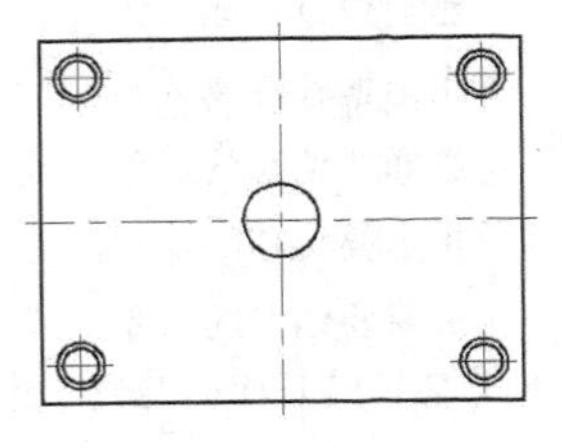

图 2-43 阵列结果

2.7 简单平面图形绘制实例 7——止动垫圈

圆螺母用止动垫圈用于防止螺纹连接松动，图 2-44 所示为《圆螺母用止动垫圈》(GB/T 858—1988) 中垫圈 20 的视图。通过本例将学习旋转命令 rotate、环形阵列命令 arraypolar。

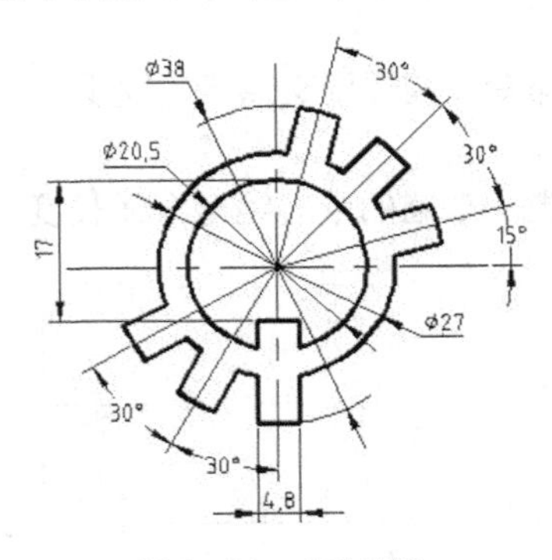

图 2-44 止动垫圈

2.7.1 基本绘图命令

1. 旋转命令

该命令将选中对象绕指定基点旋转指定角度。可以使用下列方法之一启动旋转命令。

- 命令行：rotate 或 ro。
- 下拉菜单：选择【修改】/【旋转】菜单命令（AutoCAD 经典）。
- 单击【默认】功能选项卡【修改】面板中的按钮 。

2. 环形阵列命令

该命令将已经绘制好的对象，使用环形阵列的方式，复制建立一个源对象的阵列排列，可以使用下列方法之一启动环形阵列命令。

- 命令行：arraypolar。
- 下拉菜单：选择【修改】/【阵列】/【环形阵列】菜单命令（AutoCAD 经典）。
- 单击【默认】功能选项卡【修改】面板中的按钮 。

执行环形阵列命令后，系统提示如下。

```
命令：_arraypolar
```

选择对象：在绘图区中选择要进行环形阵列复制的图形要素。

选择对象：找到 1 个

选择对象：找到 1 个，总计 2 个

选择对象：找到 1 个，总计 3 个

选择对象：按 Enter 键确定。

类型=极轴　关联=否

指定阵列的中心点或[基点(B)/旋转轴(A)]：移动鼠标指针在绘图区中捕捉到环形阵列的中心点并单击确认。

此时，绘图区的图形进入阵列夹点编辑状态，功能区多出一个选项卡【阵列创建】，如图 2-45 所示。

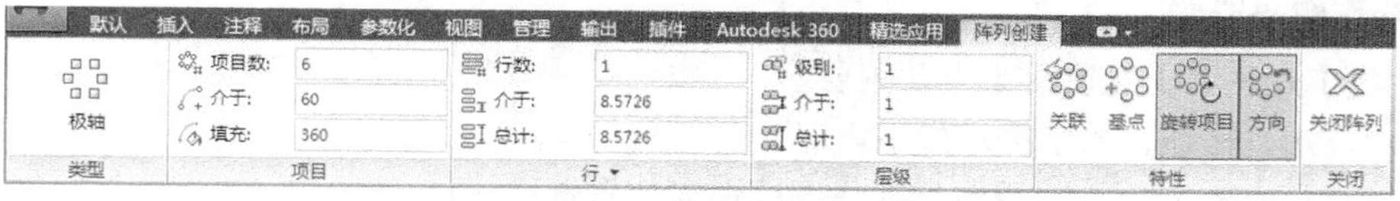

图 2-45　环形阵列【阵列创建】选项卡

环形阵列【阵列创建】选项卡中各选项的含义如下。

（1）【项目】面板。

【项目数】：用于设置阵列中的项目数。

【介于】：用于设置项目之间的夹角。

【填充】：用于设置第一个项目与最后一个项目之间的角度。

（2）【行】面板。

【行数】：用于设置行数。

【介于】：用于指定从每个对象的相同位置测量的每行之间的距离。

【总计】：用于指定从开始和结束对象上的相同位置测量的起点行和终点行之间的总距离。

（3）【层级】面板：用于指定三维阵列的层数和层间距。

【级别】：用于指定阵列的层数。

【介于】：用于指定 z 轴方向的层间距。

【总计】：用于指定第一层与最后一层之间的总距离。

（4）【特性】面板。

【关联】：用于指定阵列中的对象是关联的还是独立的。点选后，命令行提示两个选项：[是]和[否]。[是]：包含单个阵列对象中的阵列项目，类似于块。使用关联阵列，可以通过编辑特性和源对象在整个阵列中快速传递更改。[否]：创建阵列项目作为独立对象。更改一个项目不影响其他项目。

【基点】：定义阵列基点，指定用于在阵列中放置项目的基点。点选后，命令行提示两个选项：[关键点]和[基点]。其中，[关键点]：对于关联阵列，在源对象上指定有效的约束（或关键点）以与路径对齐。

【旋转项目】：控制在排列项目时是否旋转项目。

【方向】：用于设置阵列项目排列方向，系统默认逆时针方向为阵列正方向，如有需要，单击改变。

（5）【关闭】面板。

设置好相应的阵列参数后，单击【关闭阵列】即可完成环形阵列操作。

2.7.2 绘制步骤

1. 新建文件并设置绘图环境

（1）新建文件，并设置 A4 图幅。

（2）图层设置为【粗实线】层，颜色为黑色，线型为 Continuous，线宽为 0.5mm；【点画线】层，颜色为红色，线型为 CENTER，线宽为 0.25mm；【细实线】层，颜色为绿色，线型为 Continuous，线宽为 0.25mm。

（3）将【对象捕捉】设置为启用状态，并选用“交点”“中点”等对象捕捉模式。

2. 画作图基准线

（1）将【点画线】层设置为当前图层。

（2）单击 ⁄ 按钮，系统提示如下。

命令：_line 指定第一点：用鼠标在作图区适当位置选取一点。

指定下一点或[放弃(U)]：向右移动鼠标指针，捕捉到水平极轴时输入 48。

指定下一点或[放弃(U)]。按 Enter 键确定，画一长 48 的水平中心线。

（3）按 Enter 键重复直线命令，系统提示如下。

命令：_line 指定第一点：捕捉到水平线中点并向上移动鼠标指针，捕捉到垂直极轴后输入 24。

指定下一点或[放弃(U)]：向上移动鼠标指针捕捉到垂直极轴后输入 48。

指定下一点或[放弃(U)]：按 Enter 键确定，画一长 48 的垂直中心线。

结果如图 2-46 所示。

3. 绘制圆

（1）将【粗实线】层设置为当前图层。

（2）单击 ⊙ 按钮，系统提示如下。

命令_circle 指定圆的圆心或[三点(3P)/两点(2P)/相切、相切、半径(T)]：捕捉到中心线交点，单击确定圆心位置。

指定圆的半径或[直径(D)]<25.0000>：输入圆的半径 19，或先输入选项“D”后输入直径 38，画出直径ϕ38 的圆。

按 Enter 键重复执行圆命令，画出ϕ20.5 和ϕ27 的圆，结果如图 2-47 所示。

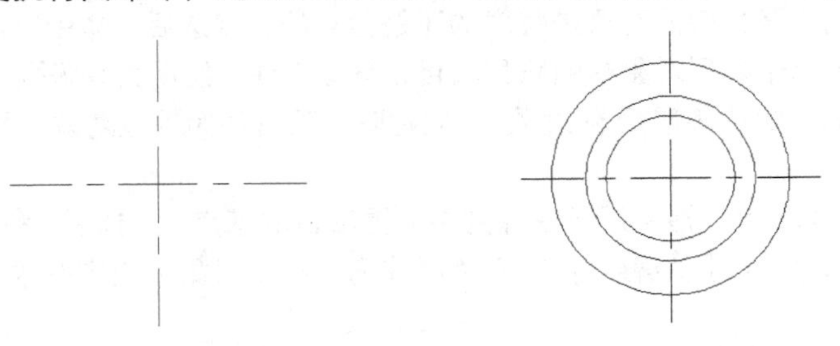

图 2-46　画作图基准线　　图 2-47　绘制圆

4. 偏移直线

（1）单击 按钮，系统提示如下。

命令：_offset

当前设置：删除源=否　图层=源　OFFSETGAPTYPE=0

指定偏移距离或[通过(T)/删除(E)/图层(L)]<6.7500>：输入选项“L”。

输入偏移对象的图层选项[当前(C)/源(S)]<源>：输入选项“C”。

通过以上两步操作，改变当前偏移设置，使偏移后的直线在当前图层——【粗实线】层上。

指定偏移距离或[通过(T)/删除(E)/图层(L)]<6.7500>：输入偏移距离 2.4。

选择要偏移的对象，或[退出(E)/放弃(U)]<退出>：选择垂直中心线。

指定要偏移的那一侧上的点，或[退出(E)/多个(M)/放弃(U)]<退出>：输入选项“M”。

指定要偏移的那一侧上的点，或[退出(E)/放弃(U)]<下一个对象>：在垂直中心线左侧单击。

指定要偏移的那一侧上的点，或[退出(E)/放弃(U)]<下一个对象>：在垂直中心线右侧单击。

指定要偏移的那一侧上的点，或[退出(E)/放弃(U)]<下一个对象>：输入“E”按 Enter 键结束命令。

（2）按 Enter 键重复偏移命令，系统提示如下。

命令：_offset

当前设置：删除源=否　图层=当前　OFFSETGAPTYPE=0

指定偏移距离或[通过(T)/删除(E)/图层(L)]<2.4000>：输入偏移距离 6.75。

选择要偏移的对象，或[退出(E)/放弃(U)]<退出>：选择水平中心线。

指定要偏移的那一侧上的点，或[退出(E)/多个(M)/放弃(U)]<退出>：在水平中心线下方单击。

选择要偏移的对象，或[退出(E)/放弃(U)]<退出>：按 Enter 键结束命令，结果如图 2-48 所示。

5. 修剪齿形

（1）单击 -/-- 按钮，系统提示如下。

命令：_trim

当前设置：投影=UCS，边=无

选择剪切边...

选择对象或<全部选择>：按 Enter 键选择所有对象，系统重复出现如下提示。

选择要修剪的对象，或按住 Shift 键选择要延伸的对象，或[栏选(F)/窗交(C)/投影(P)/边(E)/删除(R)/放弃(U)]：分别选择要修剪的各个图形对象，修剪出垫圈下部齿形，按 Enter 键结束命令，结果如图 2-49 所示。

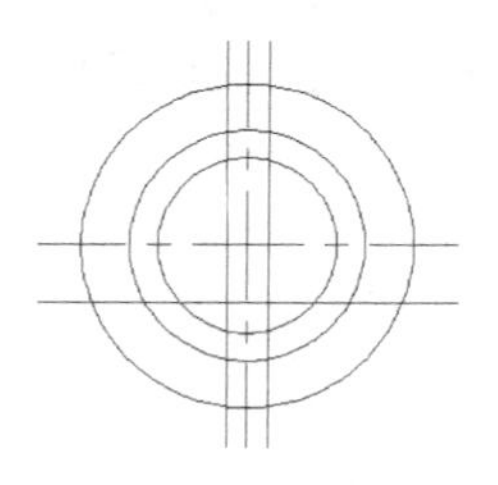

图 2-48　偏移直线

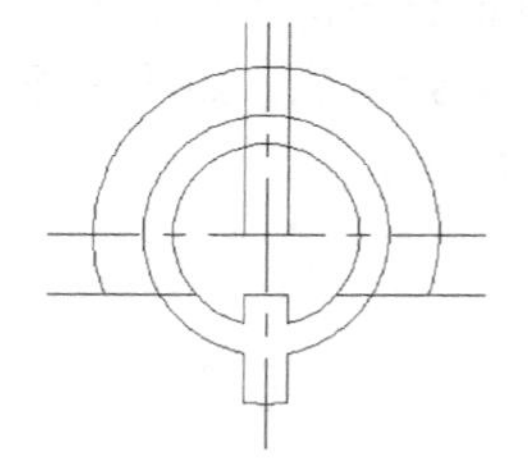

图 2-49　在轮廓线周围进行修剪

以上操作在所需保留的轮廓线周围进行修剪，修剪后再利用删除命令把多余线条删除。在修剪过程中如果发生误修剪，可以输入“U”后按 Enter 键，撤销错误操作。

（2）单击 按钮，系统提示如下。

命令：_erase

选择对象：找到 1 个，总计 5 个。选择要删除的对象，如图 2-50（a）所示。

选择对象：按 Enter 键结束命令，结果如图 2-50（b）所示。

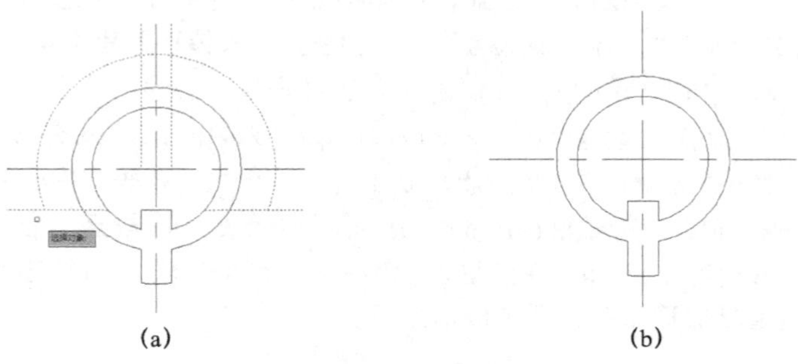

(a) (b)

图 2-50 修剪齿形

6. 阵列处理

单击【环形阵列】按钮 ，激活环形阵列命令，系统提示如下。

命令：_arraypolar

选择对象：在绘图区中选中要复制的齿形对象，如图 2-51 所示虚线部分。

选择对象：找到 1 个

选择对象：找到 1 个，总计 2 个

选择对象：找到 1 个，总计 3 个

选择对象：按 Enter 键确定。

类型=极轴 关联=否

指定阵列的中心点或[基点(B)/旋转轴(A)]：在绘图区中捕捉到中心线交点并按 Enter 键确定。

此时，绘图区的图形进入阵列夹点编辑状态，如图 2-52 所示；功能区多出一个选项卡【阵列创建】，如图 2-53（a）所示。

更改【阵列创建】选项卡参数：【项目数】——3、【介于】——30、【填充】——系统自动计算；系统默认逆时针方向为环形阵列方向，所以，鼠标单击【特性】面板的【方向】按钮 ，更改阵列方向，其余默认，如图 2-53（b）所示。单击【关闭阵列】，完成环形阵列操作，阵列结果如图 2-54 所示。

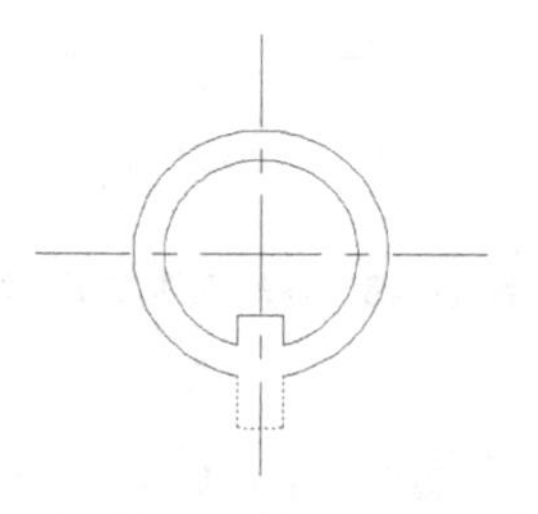

图 2-51 选择对象

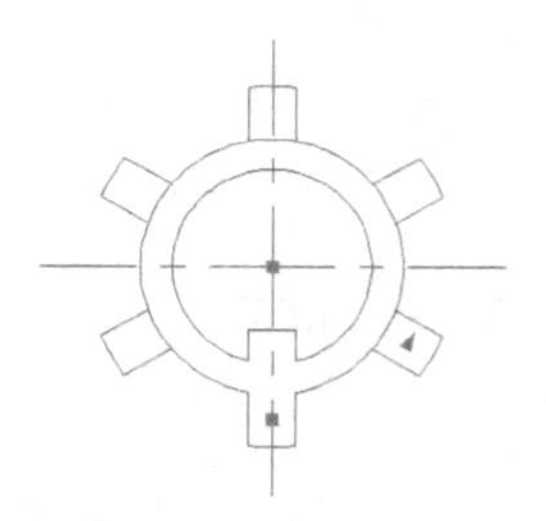

图 2-52 【环形阵列】夹点编辑

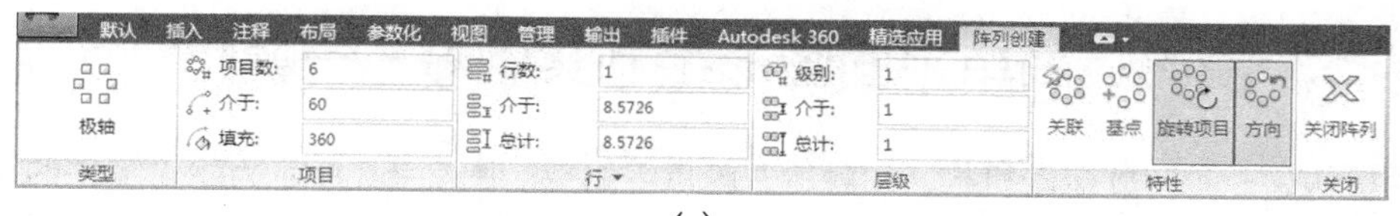

(a)

(b)

图 2-53 环形阵列【阵列创建】选项卡

7. 旋转处理

单击 按钮，系统提示如下。

命令：_rotate

UCS 当前的正角方向：ANGDIR=逆时针 ANGBASE=0

选择对象：选中要旋转的外齿形共 9 个对象，如图 2-55（a）所示。

选择对象：按 Enter 键确定。

指定基点：捕捉到中心线交点并单击。

指定旋转角度，或[复制(C)/参照(R)]<0>：输入复制选项“C”。

旋转一组选定对象。

指定旋转角度，或[复制(C)/参照(R)]<285>：输入旋转角度 165°，结果如图 2-55（b）所示。

图 2-54 阵列结果

8. 修剪多余图线，完成作图

单击 按钮，系统提示如下。

命令：_trim

选择对象或<全部选择>：按 Enter 键选择所有对象，系统提示如下。

选择要修剪的对象，或按住 Shift 键选择要延伸的对象，或[栏选(F)/窗交(C)/投影(P)/边(E)/删除(R)/放弃(U)]：将外齿形与圆之间的线条逐个剪去，然后按 Enter 键结束命令。

打开线宽显示，结果如图 2-55（c）所示。

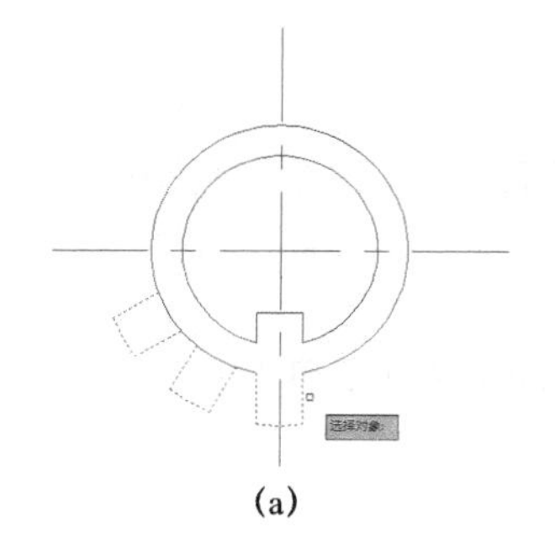

(a)

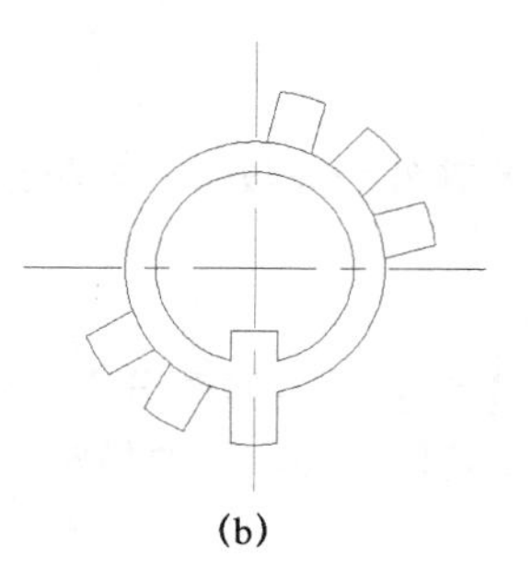

(b)

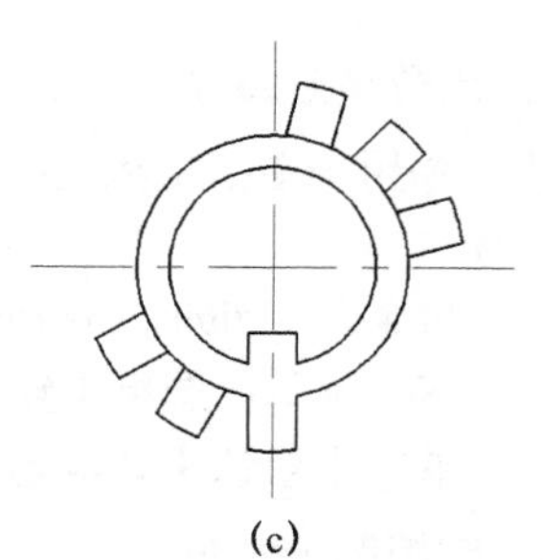

(c)

图 2-55 修剪多余图线

2.8 简单平面图形绘制实例 8——棘轮

棘轮机构是一种间歇运动机构，由棘轮、棘爪等组成。图 2-56 所示为棘轮零件的视图。通过本例将学习点命令 point 及其样式设置命令 ddptype，定数等分命令 divide 和定距等分命令 measure。

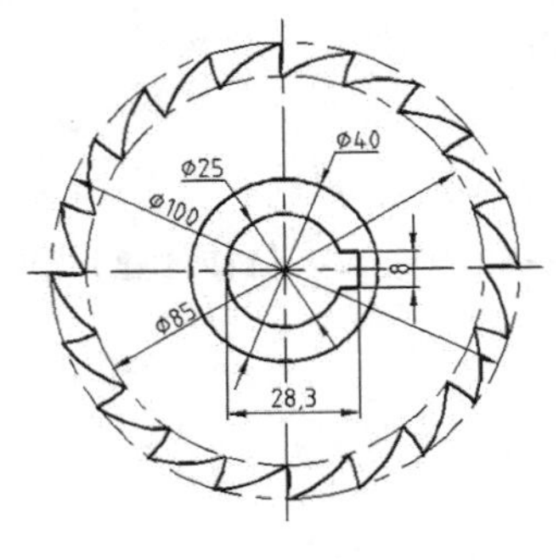

图 2-56 棘轮

2.8.1 基本绘图命令

在 AutoCAD 作图过程中，常用点来确定某些特定位置，点是一种图形实体，可以使用多种方法创建点对象。

1. 点命令

该命令用于绘制点。可以使用下列方法之一启动点命令。

- 命令行：point 或 po。
- 下拉菜单：选择【绘图】/【点】/【单点】菜单命令；或选择【绘图】/【点】/【多点】命令（AutoCAD 经典）。
- 单击【默认】功能选项卡【绘图】面板中的按钮 ·。

提示

点的功能按钮并不显示在【绘图】面板上，单击【绘图】面板下方图标 绘图 ▾ ，即可弹出下拉菜单，单击【点】按钮 · 即可。

2. 定数等分命令

该命令用于在指定线上按给定的等分线段数目设置等分点。可以使用下列方法之一启动定数等分命令。

- 命令行：divide 或 div。
- 下拉菜单：选择【绘图】/【点】/【定数等分】命令（AutoCAD 经典）。
- 单击【默认】功能选项卡【绘图】面板中的按钮 。

3. 定距等分命令

该命令用于在指定线上按给出的等分线段长度放置测量点。放置点的起始位置从距离选取点较近的端点开始。可以使用下列方法之一启动定距等分命令。

➤ 命令行：measure 或 me。
➤ 下拉菜单：选择【绘图】/【点】/【定距等分】命令（AutoCAD 经典）。
➤ 单击【默认】功能选项卡【绘图】面板中的按钮 。

4. 设置点的样式

在默认情况下，点对象显示为小圆点，绘图过程中应根据需要设置点的大小和显示样式。可以使用下列方法之一启动点样式命令。

➤ 命令行：ddptype。
➤ 下拉菜单：选择【格式】/【点样式】命令（AutoCAD 经典）。
➤ 单击【默认】功能选项卡【实用工具】面板下方的下拉菜单中的按钮 点样式...。

执行命令后，系统弹出【点样式】对话框，如图 2-57 所示。在对话框中列出了 20 种点的显示样式，可以任意选择。【点大小】文本框中输入的数值决定点的大小，下面两个单选框决定点大小的控制方法。

【相对于屏幕设置大小】：按屏幕尺寸的百分比设置点的显示大小。当进行视图缩放时，点的显示大小不变。

【按绝对单位设置大小】：按实际绘图单位的倍数设置点的显示大小。当进行视图缩放时，显示的点大小随之改变。

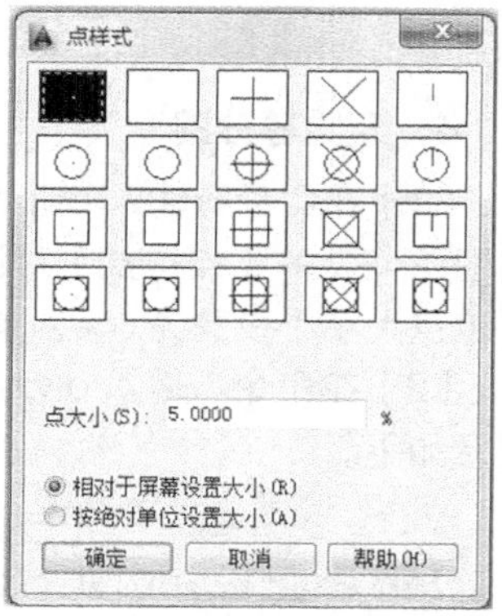

图 2-57 【点样式】对话框

2.8.2 绘制步骤

1. 新建文件并设置绘图环境

（1）新建文件，并设置 A4 图幅。

（2）图层设置为：【粗实线】层，颜色为黑色，线型为 Continuous，线宽为 0.5mm；【点画线】层，颜色为红色，线型为 CENTER，线宽为 0.25mm。

（3）将【对象捕捉】设置为启用状态，并选用“交点”“中点”“节点”等对象捕捉模式。

2. 画作图基准线

（1）将【点画线】层设置为当前图层。

（2）激活直线命令，系统提示如下。

命令：_line 指定第一点：用鼠标指针在作图区适当位置选取一点。

指定下一点或[放弃(U)]：向右捕捉到水平极轴后输入数值 110。

指定下一点或[放弃(U)]：按 Enter 键确定。

（3）按 Enter 键重复直线命令，系统提示如下。

命令：_line 指定第一点：捕捉到直线中点后向下（或向上）移动鼠标指针，捕捉到垂直极轴后输入数值 55。

指定下一点或[放弃(U)]：向上（或向下）移动鼠标指针，捕捉到垂直极轴后输入数值 110。

指定下一点或[放弃(U)]：按 Enter 键确定。

结果如图 2-58 所示。

3. 绘制圆

（1）将【粗实线】层设置为当前图层。

（2）激活圆命令，系统提示如下。

命令：_circle 按 Enter 键。

指定圆的圆心或[三点(3P)/两点(2P)/相切、相切、半径(T)]：捕捉到中心线交点并单击。

指定圆的半径或[直径(D)]<25.0000>：输入圆的半径 50，画出直径ϕ100 的圆。

按 Enter 键重复执行圆命令，画出ϕ85、ϕ40 和ϕ25 的圆，结果如图 2-59 所示。

图 2-58 画作图基准线

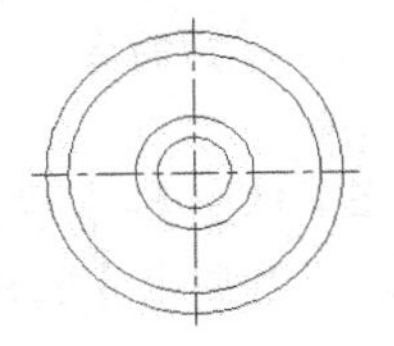

图 2-59 绘制圆

4. 定数等分圆

（1）在命令行输入 ddptype 或通过下拉菜单【格式】/【点样式】，激活点样式命令，系统弹出图 2-57 的【点样式】对话框，选择 ⊠ 为当前样式，选中【相对于屏幕设置大小】单选框，将【点大小】设置为 5%，单击【确定】按钮退出，完成点样式的设定。

（2）在命令行输入 divide 或通过下拉菜单【绘图】/【定数等分】，激活定数等分命令，系统提示如下。

命令：_divide 按 Enter 键。

选择要定数等分的对象：选中ϕ100 的圆。

输入线段数目或 [块(B)]：输入线段数目 20 在ϕ100 的圆上。

（3）按 Enter 键重复执行定数等分命令，在ϕ85 的圆上作出 20 个等分点，结果如图 2-60 所示。

5. 绘制棘轮齿形圆弧

（1）激活圆弧命令，系统提示如下。

命令：_arc 按 Enter 键。

指定圆弧的起点或[圆心(C)]：捕捉到 *A* 点并单击。

指定圆弧的第二个点或[圆心(C)/端点(E)]：捕捉到 *B* 点并单击。

指定圆弧的端点：捕捉到 *O* 点并单击，作出圆弧 *ABO*，如图 2-61（a）所示。

（2）按 Enter 键重复执行圆弧命令，分别捕捉到 *A*、*M*、*N* 点，画出另一段圆弧，结果如图 2-61（b）所示。

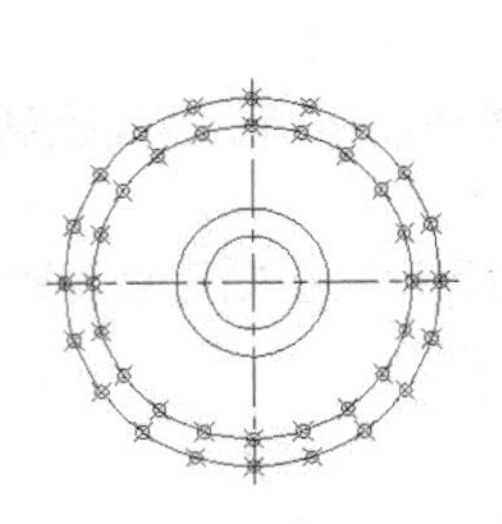

图 2-60 定数等分圆

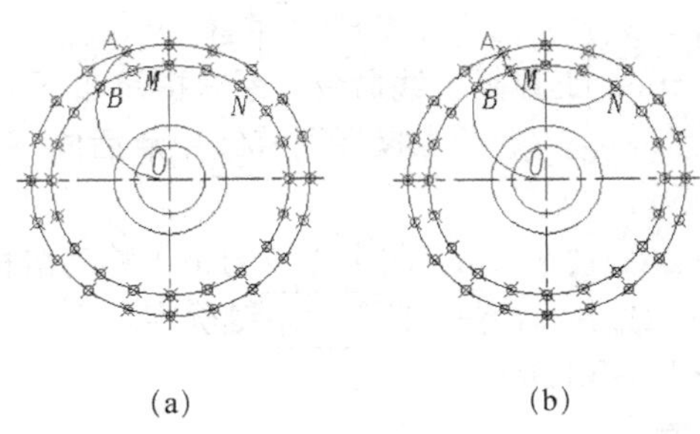

图 2-61 绘制棘轮齿形圆弧

6. 修剪齿形圆弧

激活修剪命令，系统提示如下。

命令：_trim 按 Enter 键。

当前设置：投影=UCS，边=无

选择剪切边...

选择对象或 <全部选择>：找到 1 个。选择ϕ85 圆。

选择对象：按 Enter 键确定。

选择要修剪的对象，或按住 Shift 键选择要延伸的对象，或

[栏选(F)/窗交(C)/投影(P)/边(E)/删除(R)/放弃(U)]：分别单击圆弧要修剪掉的部分。

选择要修剪的对象，或按住 Shift 键选择要延伸的对象，或

[栏选(F)/窗交(C)/投影(P)/边(E)/删除(R)/放弃(U)]：按 Enter 键确定，结果如图 2-62 所示。

7. 删除等分点并改变辅助圆的线型

（1）激活删除命令，系统提示如下。

命令：_erase 按 Enter 键。

选择对象：选中所有等分点。

选择对象：按 Enter 键确定，删去等分点，结果如图 2-63（a）所示。

（2）选中ϕ100 和ϕ85 圆，将其改为【点画线】层，结果如图 2-63（b）所示。

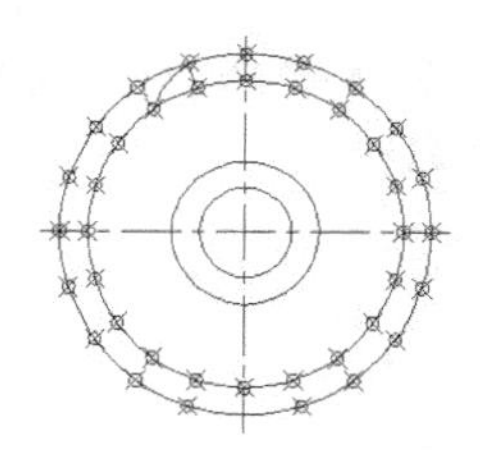

图 2-62 修剪齿形圆弧

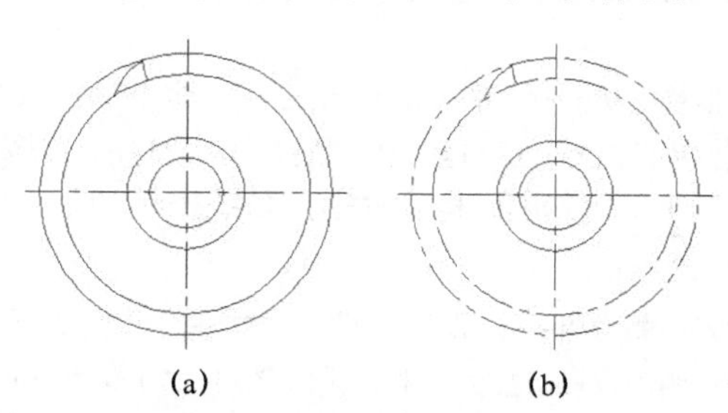

(a) (b)

图 2-63 删除等分点并调整线型

8. 阵列齿形

单击【环形阵列】按钮，激活环形阵列命令，系统提示如下。

命令：_arraypolar

选择对象：在绘图区中选择两段圆弧

选择对象：找到 1 个

选择对象：找到 1 个，总计 2 个

选择对象：按 Enter 键确定。

类型=极轴 关联=否

指定阵列的中心点或[基点(B)/旋转轴(A)]：在绘图区中捕捉到中心线交点并按 Enter 键确定。

此时，绘图区的图形进入阵列夹点编辑状态，更改【阵列创建】选项卡参数：【项目数】——20、【填充】——360；其余默认，如图 2-64 所示。单击【关闭阵列】，完成环形阵列操作，结果如图 2-65 所示。

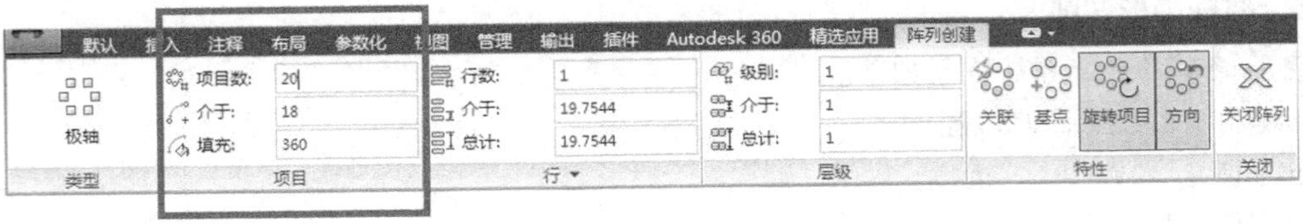

图 2-64　环形阵列设置

9. 画键槽

（1）激活偏移命令，系统提示如下。

命令：_offset 按 Enter 键。

当前设置：删除源=否　图层=源　OFFSETGAPTYPE=0

指定偏移距离或[通过(T)/删除(E)/图层(L)]<通过>：输入选项“L”。

输入偏移对象的图层选项[当前(C)/源(S)]<源>：输入选项“C”。

指定偏移距离或[通过(T)/删除(E)/图层(L)]<通过>：输入偏移距离 4。

选择要偏移的对象，或[退出(E)/放弃(U)]<退出>：选择水平中心线。

指定要偏移的那一侧上的点，或[退出(E)/多个(M)/放弃(U)]<退出>：在水平中心线上方单击。

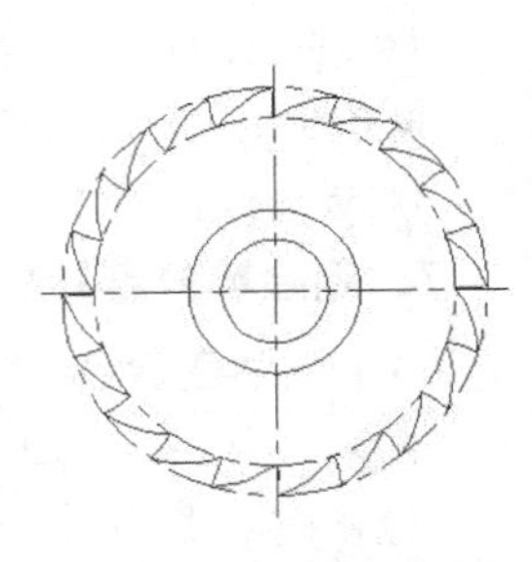

图 2-65　环形阵列齿形

选择要偏移的对象，或[退出(E)/放弃(U)]<退出>：再次选择水平中心线。

指定要偏移的那一侧上的点，或[退出(E)/多个(M)/放弃(U)]<退出>：在水平中心线下边单击。

选择要偏移的对象，或[退出(E)/放弃(U)]<退出>：按 Enter 键结束命令。

（2）按 Enter 键重复偏移命令，系统提示如下。

命令：_offset

当前设置：删除源=否　图层=当前　OFFSETGAPTYPE=0

指定偏移距离或[通过(T)/删除(E)/图层(L)]<4.0000>：输入偏移距离 15.8。

选择要偏移的对象，或[退出(E)/放弃(U)]<退出>：选择垂直中心线。

指定要偏移的那一侧上的点，或[退出(E)/多个(M)/放弃(U)]<退出>：在垂直中心线右侧单击。

指定要偏移的那一侧上的点，或[退出(E)/多个(M)/放弃(U)]<退出>：按 Enter 键结束命令。

结果如图 2-66 所示。

（3）激活修剪命令，系统提示如下。

命令：_trim 按 Enter 键。

当前设置：投影=UCS，边=无

选择剪切边...

选择对象或<全部选择>：分别选择 ϕ25 的圆及第（2）步中偏移的 3 条直线。

选择对象：按 Enter 键确定。

选择要修剪的对象，或按住 Shift 键选择要延伸的对象，或
[栏选(F)/窗交(C)/投影(P)/边(E)/删除(R)/放弃(U)]：分别选择要修剪掉的线段。

选择要修剪的对象，或按住 Shift 键选择要延伸的对象，或
[栏选(F)/窗交(C)/投影(P)/边(E)/删除(R)/放弃(U)]：按 Enter 键结束命令。

结果如图 2-67（a）所示。

打开线宽显示，结果如图 2-67（b）所示。

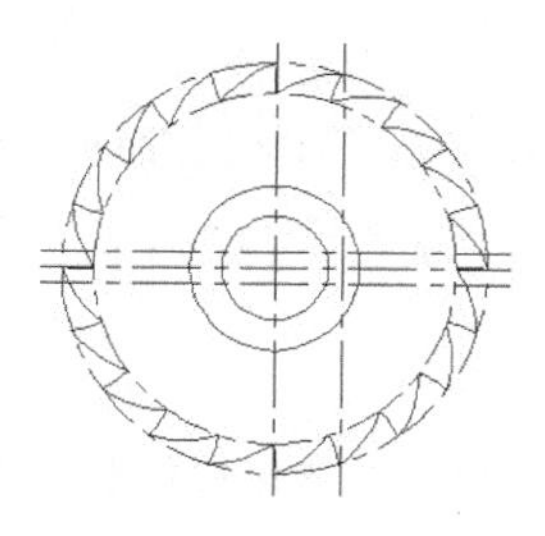

图 2-66　偏移直线

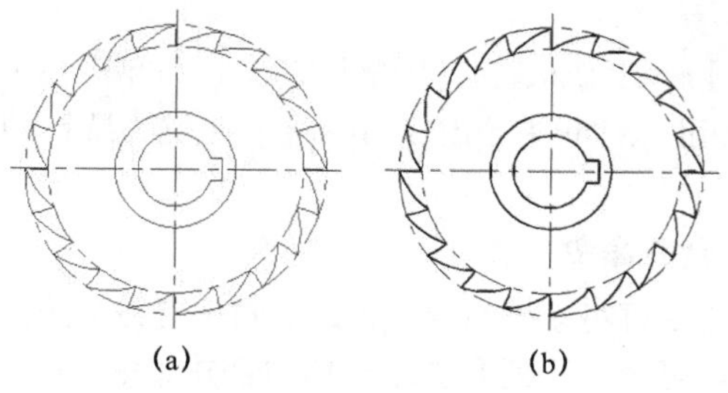

图 2-67　修剪键槽并显示线宽

2.9　简单平面图形绘制实例 9——芯轴

图 2-68 所示为一芯轴零件的视图。通过本例将学习圆角命令 fillet、倒角命令 chamfer、合并命令 join。

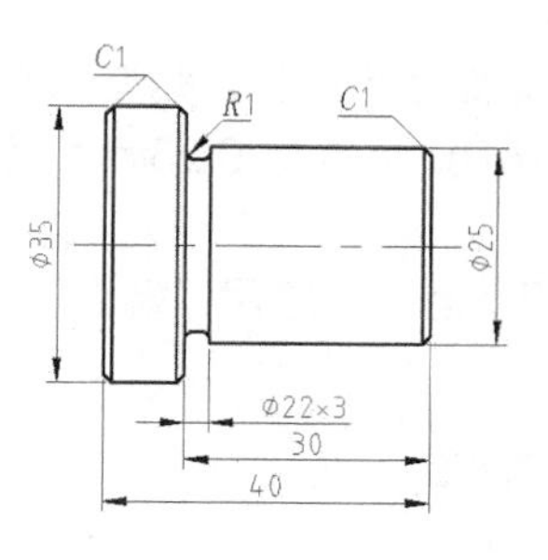

图 2-68　芯轴

2.9.1　基本绘图命令

1. 圆角命令

该命令通过一个指定半径的圆弧来光滑连接两个对象。可以使用下列方法之一启动圆角命令。

➤ 命令行：fillet 或 f。
➤ 下拉菜单：选择【修改】/【圆角】菜单命令（AutoCAD 经典）。
➤ 单击【默认】功能选项卡【修改】面板中的按钮。

2. 倒角命令

该命令用于为选定的两条直线或多段线的拐角处绘制斜线。可以使用下列方法之一启动倒角命令。

➤ 命令行：chamfer 或 cha。
➤ 下拉菜单：选择【修改】/【倒角】菜单命令（AutoCAD 经典）。
➤ 单击【默认】功能选项卡【修改】面板中的按钮。

注意

【修改】面板中默认显示【圆角】按钮，当需要使用【倒角】按钮时，单击【圆角】按钮右边的下拉菜单按钮，即可在弹出的下拉菜单中选择显示在面板中的按钮来激活该命令。

3. 合并命令

该命令可将多个对象，如处于同一直线上的多段直线、处于同一个圆上的多段圆弧合并为一个对象。可通过下列方法之一启动合并命令。

- 命令行：join 或 j。
- 下拉菜单：选择【修改】/【合并】菜单命令（AutoCAD 经典）。
- 单击【默认】功能选项卡【修改】面板下方的下拉菜单中的按钮。

2.9.2 绘制步骤

1. 新建文件并设置绘图环境

（1）新建文件，并设置 A4 图幅。

（2）图层设置为：【粗实线】层，颜色为黑色，线型为 Continuous，线宽为 0.5mm；【点画线】层，颜色为红色，线型为 CENTER，线宽为 0.25mm；【细实线】层，颜色为绿色，线型为 Continuous，线宽为 0.25mm。

（3）将【对象捕捉】设置为启用状态，并选用“端点”“中点”等对象捕捉模式。

2. 画作图基准线

（1）将【粗实线】层设置为当前图层。

（2）激活直线命令，系统提示如下。

命令：_line 按 Enter 键。
指定第一点：用鼠标在作图区适当位置选取一点。
指定下一点或[放弃(U)]：输入相对坐标（50，0）指定直线第二点。
指定下一点或[放弃(U)]：按 Enter 键结束直线命令。

（3）按 Enter 键重复直线命令，系统提示如下。

命令：_line 指定第一点：捕捉到直线端点和向右水平极轴后输入 5。
指定下一点或[放弃(U)]：向上捕捉到垂直极轴后输入 17.5。
指定下一点或[放弃(U)]：按 Enter 键结束直线命令，结果如图 2-69 所示。

3. 复制直线

（1）激活复制命令，系统提示如下。

命令：_copy
选择对象：选择垂直线。
选择对象：按 Enter 键结束对象选择。
当前设置：复制模式=多个
指定基点或[位移(D)/模式(O)]<位移>：指定任意点作为基点。
指定第二个点或<使用第一个点作为位移>：向右捕捉到水平极轴后输入 10，按 Enter 键。

指定第二个点或[退出(E)/放弃(U)]<退出>：输入 13，按 Enter 键，复制第二条直线。

指定第二个点或[退出(E)/放弃(U)]<退出>：输入 40，按 Enter 键，复制第三条直线。

指定第二个点或[退出(E)/放弃(U)]<退出>：按 Enter 键退出复制命令，结果如图 2-70（a）所示。

（2）按 Enter 键重复复制命令，系统提示如下。

命令：_copy

选择对象：选择水平直线。

选择对象：按 Enter 键结束对象选择。

当前设置：复制模式=多个

指定基点或[位移(D)/模式(O)]<位移>：指定任意点作为基点。

指定第二个点或<使用第一个点作为位移>：向上捕捉到垂直极轴后输入 17.5，按 Enter 键。

指定第二个点或[退出(E)/放弃(U)]<退出>：输入 12.5，按 Enter 键复制第二条直线。

指定第二个点或[退出(E)/放弃(U)]<退出>：输入 11，按 Enter 键复制第三条直线。

指定第二个点或[退出(E)/放弃(U)]<退出>：按 Enter 键退出复制命令，结果如图 2-70（b）所示。

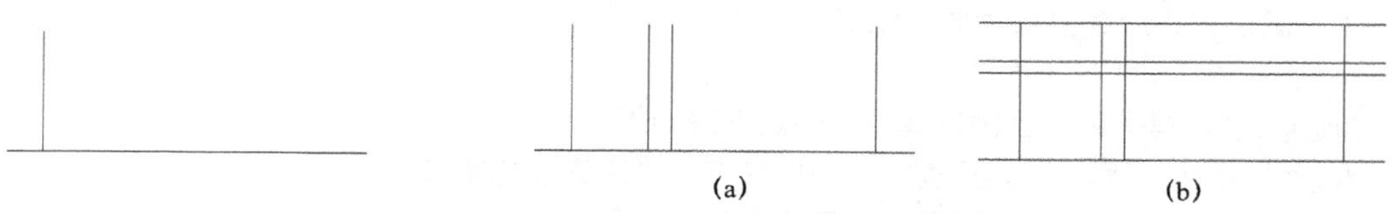

图 2-69　画作图基准线

图 2-70　复制直线

4. 修剪轮廓线

（1）激活修剪命令，系统提示如下。

命令：_trim

当前设置：投影=UCS，边=无

选择剪切边...

选择对象或 <全部选择>：按 Enter 键选择全部对象。

选择要修剪的对象，或按住 Shift 键选择要延伸的对象，或[栏选(F)/窗交(C)/投影(P)/边(E)/删除(R)/放弃(U)]：根据芯轴轮廓形状选择需要修剪的对象。

选择要修剪的对象，或按住 Shift 键选择要延伸的对象，或[栏选(F)/窗交(C)/投影(P)/边(E)/删除(R)/放弃(U)]：按 Enter 键结束修剪命令。

（2）利用删除命令把多余线段删除。修剪结果如图 2-71 所示。

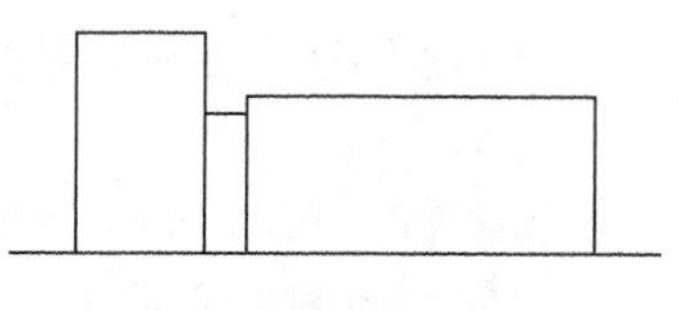

图 2-71　修剪轮廓线

5. 画倒角

（1）激活倒角命令，系统提示如下。

命令：_chamfer

（"修剪"模式）当前倒角距离 1=0.0000，距离 2=0.0000。显示系统当前设置。

选择第一条直线或[放弃(U)/多段线(P)/距离(D)/角度(A)/修剪(T)/方式(E)/多个(M)]：输入选项"D"。

指定第一个倒角距离<1.0000>：输入第一个倒角距离 1。

指定第二个倒角距离<1.0000>：输入第二个倒角距离 1。

提示

作图时应根据倒角的具体要求选择系统的当前设置模式。可以通过［修剪（T）］选项改变倒角的修剪模式，通过［距离（D）］选项设置倒角距离。

选择第一条直线或 [放弃(U)/多段线(P)/距离(D)/角度(A)/修剪(T)/方式(E)/多个(M)]：输入选项“M”。

选择第一条直线或 [放弃(U)/多段线(P)/距离(D)/角度(A)/修剪(T)/方式(E)/多个(M)]：选择图 2-72（a）所示 *ab* 边。

选择第二条直线，或按住 Shift 键选择要应用角点的直线：选择图 2-72（a）所示 *bc* 边。

绘制出左上倒角，再根据提示分别选择图 2-72（a）所示 *bc*、*cd*、*ef*、*fg* 边，绘制出另外两个倒角，按 Enter 键结束命令，结果如图 2-72（b）所示。

（2）激活直线命令，系统提示如下。

命令：_line

指定第一点：捕捉到左上倒角端点，确定直线的第一点。

指定下一点或 [放弃(U)]：垂直向下捕捉交点，确定直线的第二点。

指定下一点或 [放弃(U)]：按 Enter 键结束直线命令。

按 Enter 键重复直线命令，补画出其余倒角连线，结果如图 2-72（c）所示。

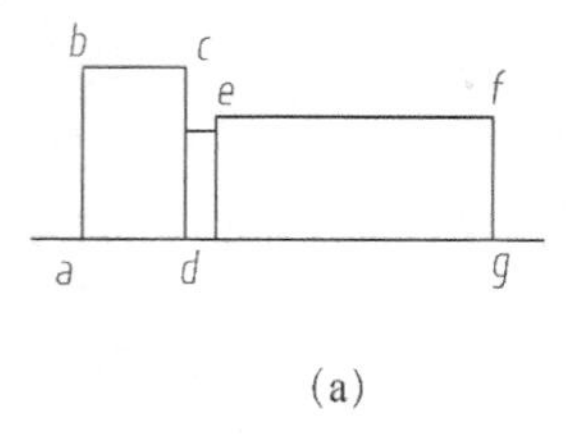

(a)

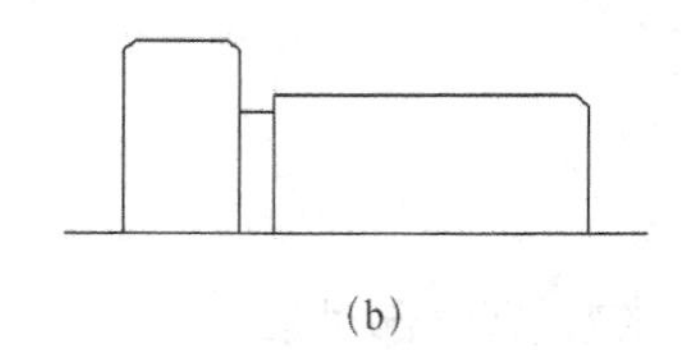

(b)

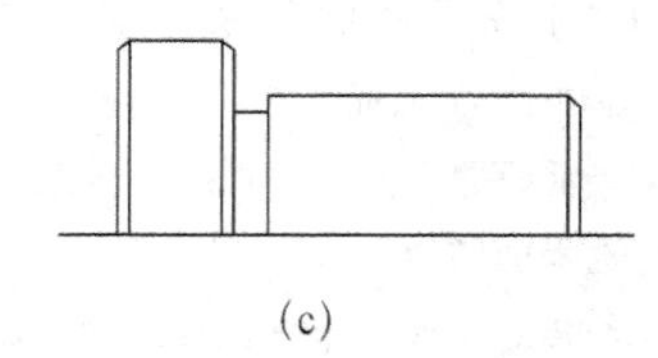

(c)

图 2-72　画倒角

6. 画过渡圆角

（1）激活圆角命令，系统提示如下。

命令：_fillet

当前设置：模式=修剪，半径=0.0000。显示系统设置。

选择第一个对象或[放弃(U)/多段线(P)/半径(R)/修剪(T)/多个(M)]：输入选项“T”。

输入修剪模式选项[修剪(T)/不修剪(N)]<修剪>：输入选项“N”，将修剪模式改为“不修剪”。

选择第一个对象或[放弃(U)/多段线(P)/半径(R)/修剪(T)/多个(M)]：输入选项“R”。

指定圆角半径<0.0000>：输入圆角半径 1。

提示

作图时应根据倒圆角的具体要求选择系统的当前设置。可以通过选项［修剪（T）］改变圆角的修剪模式，通过选项［半径（R）］设置圆角半径。

选择第一个对象或 [放弃(U)/多段线(P)/半径(R)/修剪(T)/多个(M)]：输入选项“M”。

选择第一个对象或 [放弃(U)/多段线(P)/半径(R)/修剪(T)/多个(M)]：选择图 2-72（a）所示 *lk* 边。

选择第二个对象，或按住 Shift 键选择要应用角点的对象：选择图 2-73（a）所示 *kh* 边，得到图 2-73（b）所示圆角。

选择第一个对象或 [放弃(U)/多段线(P)/半径(R)/修剪(T)/多个(M)]：选择图 2-73（a）所示 *kh* 边。

选择第二个对象，或按住 Shift 键选择要应用角点的对象：选择图 2-73（a）所示 *eh* 边，得到第二个圆角，如图 2-73（c）所示。

（2）激活修剪命令。

命令：_trim

当前设置：投影=UCS，边=无

选择剪切边...

选择对象或<全部选择>：选择两段圆角的圆弧。

选择对象：按 Enter 键结束选择。

选择要修剪的对象，或按住 Shift 键选择要延伸的对象，或[栏选(F)/窗交(C)/投影(P)/边(E)/删除(R)/放弃(U)]：分别选择圆角后多余的线段，即图 2-73（c）所示的 *kh* 线段的两端。

选择要修剪的对象，或按住 Shift 键选择要延伸的对象，或

[栏选(F)/窗交(C)/投影(P)/边(E)/删除(R)/放弃(U)]：按 Enter 键结束，结果如图 2-73（d）所示。

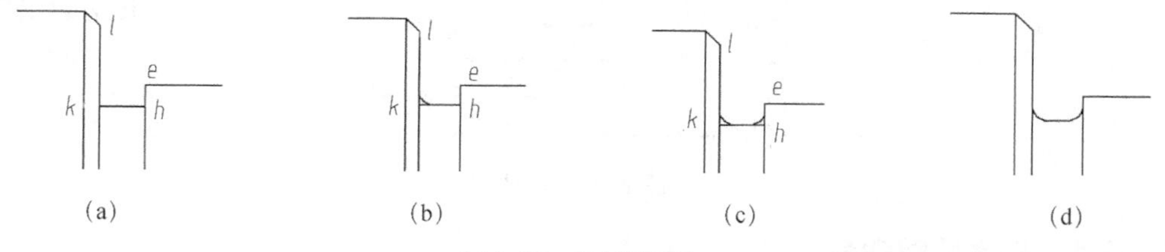

图 2-73 画过渡圆角

7. 镜像处理

激活镜像命令，系统提示如下。

命令：_mirror

选择对象：用框选的方法选择图 2-74（a）所示的中心线 *mn* 以上要复制的对象。

选择对象：按 Enter 键结束选择。

指定镜像线的第一点：捕捉到水平中心线端点 *m*。

指定镜像线的第二点：捕捉到水平中心线另一端点 *n*。

要删除源对象吗？[是(Y)/否(N)]<N>：按 Enter 键确定，结果如图 2-74（b）所示。

8. 合并线段，完成作图

激活合并命令后，系统提示如下。

命令：_join 选择源对象：

选择要合并到源的直线：选择图 2-75（a）所示的 12 线段。

选择要合并到源的直线：选择图 2-75（a）所示的 23 线段。

已将 1 条直线合并到源。执行合并命令后，原来的 12 和 23 两条线段合并为一条线段，结果

如图 2-75（b）所示。

采用同样的方法将镜像后处于同一直线上的两段线合并为一段线。

将中心线的图层改变为【点画线】层，打开线宽显示，结果如图 2-75（c）所示。

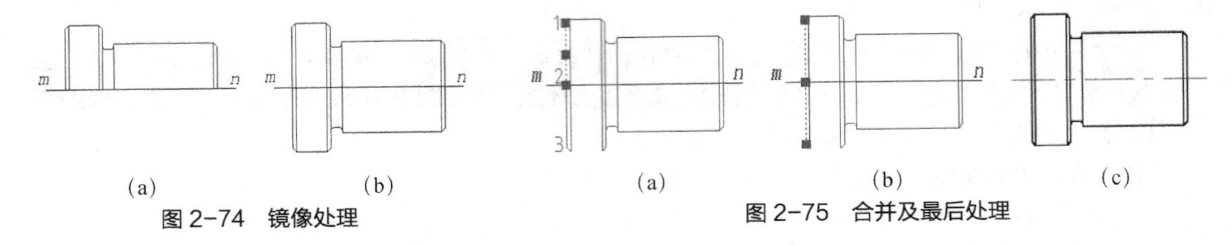

图 2-74　镜像处理

图 2-75　合并及最后处理

2.10　简单平面图形绘制实例 10——转轴

转轴用于支撑传动零件并传递运动和动力，如图 2-76 所示。通过本例将学习样条曲线命令 spline、图案填充命令 hatch 等。

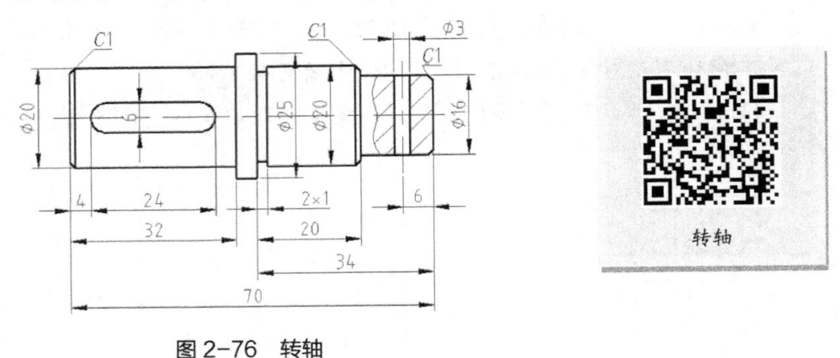

图 2-76　转轴

2.10.1　基本绘图命令

1. 样条曲线命令

该命令用于绘制不规则光滑曲线图形。样条曲线由数据点、拟合点和控制点控制。可以使用下列方法之一启动样条曲线命令。

- 命令行：spline。
- 下拉菜单：选择【绘图】/【样条曲线】菜单命令（AutoCAD 经典）。
- 单击【默认】功能选项卡【绘图】面板下方下拉菜单中的按钮 。

2. 图案填充命令

把某种图案填入某一指定区域的过程，称为图案填充。可以使用下列方法之一启动图案填充命令。

- 命令行：hatch。
- 下拉菜单：选择【绘图】/【图案填充】菜单命令。
- 单击绘图工具栏或二维绘图面板中的按钮：。

执行命令后，系统在功能区弹出【图案填充创建】选项卡，如图 2-77 所示。其中各选项的意义如下。

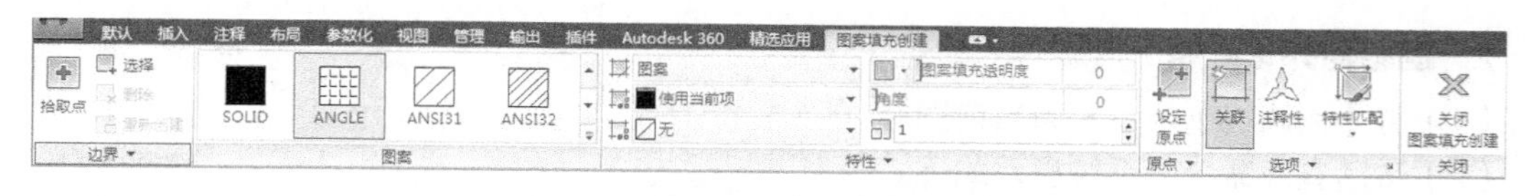

图 2-77 【图案填充创建】选项卡

（1）【边界】面板：用于确定填充图案的区域界限。有拾取点和选择对象两种确定填充边界的方式。

【拾取点】：根据围绕指定点构成封闭区域的现有对象来确定边界。在希望填充的区域内任意选取一点。AutoCAD 会自动确定出包围该点的封闭填充边界，并且这些边界以高亮度显示，选择完成后按 Enter 键。

【选择】：选择构成封闭区域的图形要素来确定边界。

【删除】：删除已选中的封闭区域的边界。

（2）【图案】面板：可用于填充的图案形状。可以单击右边的箭头，弹出系统已有的图库，并从中进行选择。

（3）【特性】面板。

【图案选项】：在弹出的选项中，可以选择填充【实体】、【渐变色】、【图案】及【用户定义】四种。

【图案填充颜色】：用于选择填充的图案/渐变色的颜色。

【背景颜色】：用于选择确定填充区域的背景颜色。

【图案填充透明度】：用于设定新图案填充或填充的透明度，替代当前对象的透明度。

【角度】：用于确定填充图案时的旋转角度。

【比例】：用于确定填充图案的比例。每种图案在定义时的初始比例为 1。

（4）【原点】面板：控制填充图案生成的起始位置。某些图案填充（例如砖块图案）需要与图案填充边界上的一点对齐。默认情况下，所有图案填充原点都对应于当前的用户坐标系（UCS）原点。

（5）【选项】面板。

【关联】：用于确定指定新的填充图案在修改其边界时是否随之更新。

【注释性】：指定图案填充为注释性。此特性会自动完成缩放注释过程，从而使注释能够以正确的大小在图纸上打印或显示。

【特性匹配】：使用选定图案填充对象的特性设置图案填充特性，分为【使用当前原点】和【用源图案填充原点】两种，默认为【使用当前原点】。

2.10.2 绘制步骤

1. 新建文件并设置绘图环境

（1）新建文件，并设置 A4 图幅。

（2）图层设置为：【粗实线】层，颜色为黑色，线型为 Continuous，线宽为 0.5mm；【点画线】层，颜色为红色，线型为 CENTER，线宽为 0.25mm；【细实线】层，颜色为绿色，线型为 Continuous，线宽为 0.25mm。

（3）将【对象捕捉】设置为启用状态，并选用“端点”“交点”等对象捕捉模式。

2. 画轴的外轮廓线

（1）将【点画线】层设置为当前图层。

（2）激活直线命令，系统提示如下。

命令：_line 指定第一点：使用鼠标指针在作图区适当位置选取一点。
指定下一点或[放弃(U)]：向右捕捉到水平极轴后输入 81。
指定下一点或[放弃(U)]：按 Enter 键结束命令。

（3）将【粗实线】层设置为当前图层，按 Enter 键重复直线命令，系统提示如下。

命令：_line 指定第一点：捕捉到直线左端点和水平极轴后输入 5。
指定下一点或[放弃(U)]：向上捕捉到垂直极轴后输入 10。
指定下一点或[放弃(U)]：向右捕捉到水平极轴后输入 32。
指定下一点或[闭合(C)/放弃(U)]：向上捕捉到垂直极轴后输入 2.5。
指定下一点或[闭合(C)/放弃(U)]：向右捕捉到水平极轴后输入 4。
指定下一点或[闭合(C)/放弃(U)]：向下捕捉到垂直极轴后输入 3.5。
指定下一点或[闭合(C)/放弃(U)]：向右捕捉到水平极轴后输入 2。
指定下一点或[闭合(C)/放弃(U)]：向上捕捉到垂直极轴后输入 1。
指定下一点或[闭合(C)/放弃(U)]：向右捕捉到水平极轴后输入 18。
指定下一点或[闭合(C)/放弃(U)]：向下捕捉到垂直极轴后输入 2。
指定下一点或[闭合(C)/放弃(U)]：向右捕捉到水平极轴后输入 15。
指定下一点或[闭合(C)/放弃(U)]：向下捕捉到垂直极轴和交点后单击鼠标。
指定下一点或[闭合(C)/放弃(U)]：按 Enter 键结束命令，结果如图 2-78 所示。

3. 利用延伸命令，画出各轴段轮廓线

激活延伸命令，系统提示如下。

命令：_extend
当前设置：投影=UCS，边=无
选择边界的边...
选择对象或<全部选择>：选中水平中心线。
选择对象：按 Enter 键结束选择。
选择要延伸的对象，或按住 Shift 键选择要修剪的对象，或[栏选(F)/窗交(C)/投影(P)/边(E)/放弃(U)]：分别选择已经画出的各轴段直线，将其延伸至中心线，结果如图 2-79 所示。

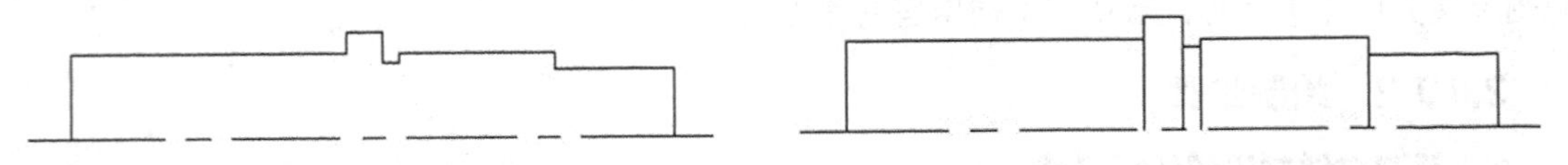

图 2-78 画轴的外形轮廓线　　图 2-79 延伸各轴段轮廓线

4. 镜像处理

（1）激活镜像命令，系统提示如下。

命令：_mirror
选择对象：指定对角点：选择中心线以上要镜像的各线段。
选择对象：按 Enter 键结束选择。

指定镜像线的第一点：捕捉到中心线的左侧端点并单击。

指定镜像线的第二点：捕捉到中心线的右侧端点并单击。

要删除源对象吗？[是(Y)/否(N)] <N>：按 Enter 键确定。

结果如图 2-80 所示。

（2）利用合并命令，分别将镜像后处于同一直线上的两段线合并为一段线。

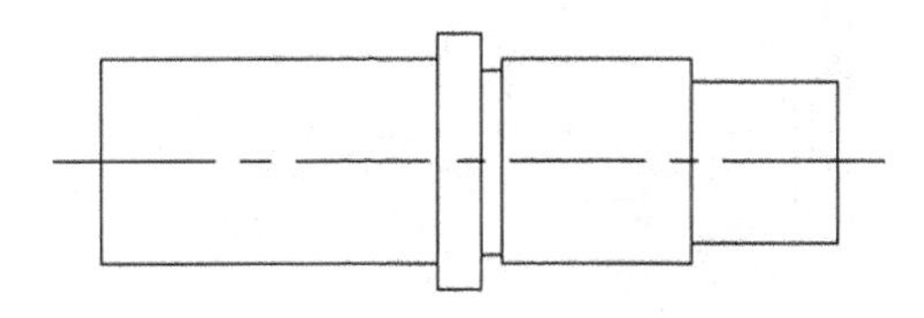

图 2-80 镜像处理

5. 画键槽

（1）激活圆命令，系统提示如下。

命令：_circle

指定圆的圆心或[三点(3P)/两点(2P)/相切、相切、半径(T)]：捕捉到中心线与左端面的交点并向右移动鼠标指针，当出现水平极轴后输入 7。

指定圆的半径或[直径(D)]<3.0000>：输入圆的半径 3。

结果如图 2-81（a）所示。

（2）激活复制命令后，系统提示如下。

命令：_copy

选择对象：选择第（1）步中画好的圆。

选择对象：按 Enter 键结束选择。

当前设置：复制模式=多个

指定基点或[位移(D)/模式(O)]<位移>：选择圆的圆心。

指定第二个点或<使用第一个点作为位移>：向右移动鼠标指针并在捕捉到水平极轴后输入 18。

指定第二个点或[退出(E)/放弃(U)]<退出>：按 Enter 键结束。

结果如图 2-81（b）所示。

（3）激活直线命令，系统提示如下。

命令：_line

指定第一点：捕捉到与圆的切点后单击。

指定下一点或[放弃(U)]：捕捉到与另一圆的切点后单击。

指定下一点或[放弃(U)]：按 Enter 键结束直线命令。

重复执行直线命令，画出另一条公切线。

结果如图 2-81（c）所示。

（4）激活修剪命令，系统提示如下。

命令：_trim

当前设置：投影=UCS，边=无

选择剪切边...

选择对象或<全部选择>：选择第（3）步作出的公切线。

选择对象：选择另一公切线。

选择对象：按 Enter 键确定。

选择要修剪的对象，或按住 Shift 键选择要延伸的对象，或

[栏选(F)/窗交(C)/投影(P)/边(E)/删除(R)/放弃(U)]：分别选择两个公切线之间的圆，将其删除，结果如图 2-81（d）所示。

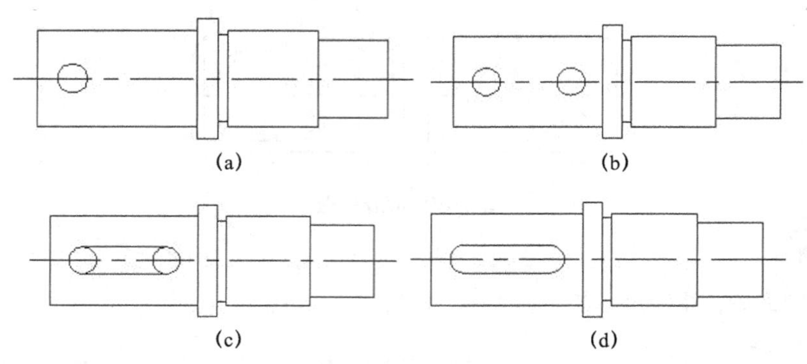

图 2-81 画键槽

6. 画ϕ3 孔的直线

（1）激活复制命令，系统提示如下。

命令：_copy

选择对象：选择右侧轴端直线。

选择对象：按 Enter 键结束选择。

当前设置：复制模式=多个

指定基点或[位移(D)/模式(O)]<位移>：在作图区指定任意点作为基点。

指定第二个点或<使用第一个点作为位移>：向左捕捉到水平极轴后输入 4.5。

指定第二个点或[退出(E)/放弃(U)]<退出>：输入 6。

指定第二个点或[退出(E)/放弃(U)]<退出>：输入 7.5。

指定第二个点或[退出(E)/放弃(U)]<退出>：按 Enter 键结束命令，结果如图 2-82（a）所示。

（2）将第（1）步复制的处于中间的直线更改为【点画线】层，利用夹点编辑，调整直线至合适长度，结果如图 2-82（b）所示。

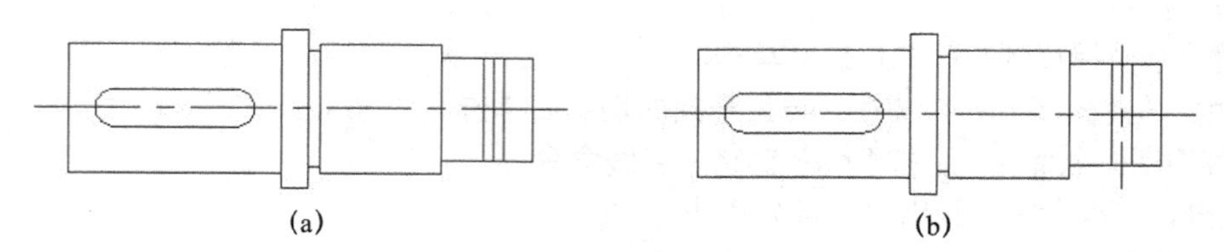

图 2-82 画ϕ3 孔的线

7. 倒角

（1）激活倒角命令，系统提示如下。

命令：_chamfer

（“修剪”模式）当前倒角距离 1=0.0000，距离 2=0.0000

选择第一条直线或[放弃(U)/多段线(P)/距离(D)/角度(A)/修剪(T)/方式(E)/多个(M)]：输入选项

“D”。

指定第一个倒角距离<1.0000>：输入第一个倒角距离 1。

指定第二个倒角距离<1.0000>：输入第二个倒角距离 1。

选择第一条直线或[放弃(U)/多段线(P)/距离(D)/角度(A)/修剪(T)/方式(E)/多个(M)]：输入选项“M”。

选择第二条直线，或按住 Shift 键选择要应用角点的直线：分别选择要倒角的相邻两条线段，直至作出所有倒角，按 Enter 键结束命令，结果如图 2-83（a）所示。

（2）激活直线命令，系统提示如下。

命令：_line 指定第一点：捕捉到左侧ϕ20 轴段倒角的端点并单击。

指定下一点或[放弃(U)]：捕捉到左侧ϕ20 轴段另一倒角的端点并单击。

指定下一点或[放弃(U)]：按 Enter 键结束直线命令，画出左侧倒角线。

用同样的方法画出右侧ϕ20 轴段的倒角线，结果如图 2-83（b）所示。

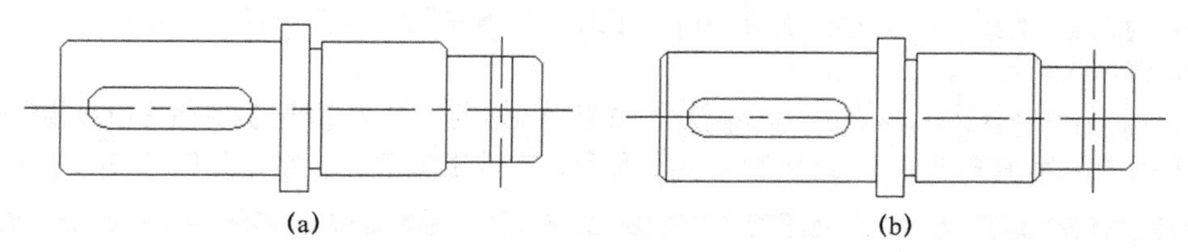

(a) (b)

图 2-83 倒角

8. 图案填充，完成作图

（1）激活样条曲线命令，系统提示如下。

命令：_spline

指定第一个点或[对象(O)]：在ϕ16 上方轮廓线适当位置单击取点 1，如图 2-84（a）所示。

指定下一点：在适当位置取点 2。

指定下一点或[闭合(C)/拟合公差(F)]<起点切向>：适当位置取点 3。

指定下一点或[闭合(C)/拟合公差(F)]<起点切向>：适当位置取点 4。

指定下一点或[闭合(C)/拟合公差(F)] <起点切向>：捕捉到ϕ16 下方轮廓线交点 5 并单击，如图 2-84（b）所示。

指定起点切向：按 Enter 键确定。

指定端点切向：按 Enter 键确定，结果如图 2-84（c）所示。

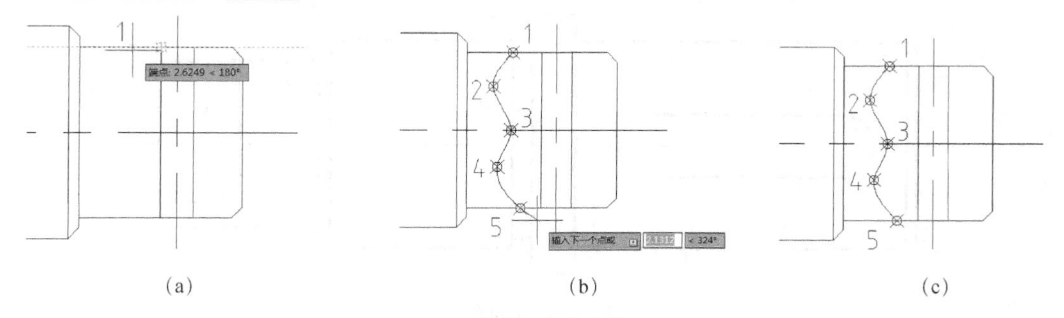

(a) (b) (c)

图 2-84 画波浪线

（2）激活图案填充命令，系统提示如下。

命令：_hatch

功能区弹出图 2-85 所示的【图案填充创建】选项卡，在【图案填充创建】选项卡【图案】面板中，单击选择图案【ANSI31】，其余默认，具体如图 2-85 所示。系统提示如下。

拾取内部点或[选择对象(S)/删除边界(B)]：在第一个填充区域内任一点 1 单击。

正在选择所有可见对象...

正在分析所选数据...

正在分析内部孤岛...

拾取内部点或[选择对象(S)/删除边界(B)]：在第一个填充区域内任一点 2 单击。

正在分析内部孤岛...

拾取内部点或[选择对象(S)/删除边界(B)]：在第一个填充区域内任一点 3 单击。

正在分析内部孤岛...

拾取内部点或[选择对象(S)/删除边界(B)]：在第一个填充区域内任一点 4 单击。

正在分析内部孤岛...

拾取内部点或[选择对象(S)/删除边界(B)]：如图 2-86 所示。检查无误后按 Enter 键确定，或者单击【关闭图案填充创建】，退出图案填充命令，完成图案填充，结果如图 2-87 所示。

图 2-85 设置【图案填充创建】选项卡参数

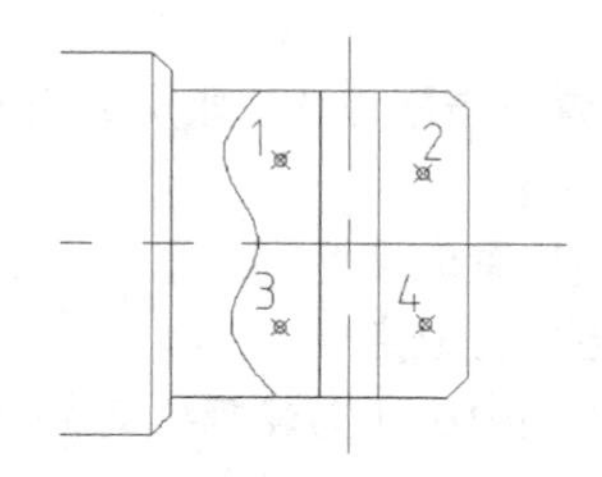

图 2-86 拾取填充点

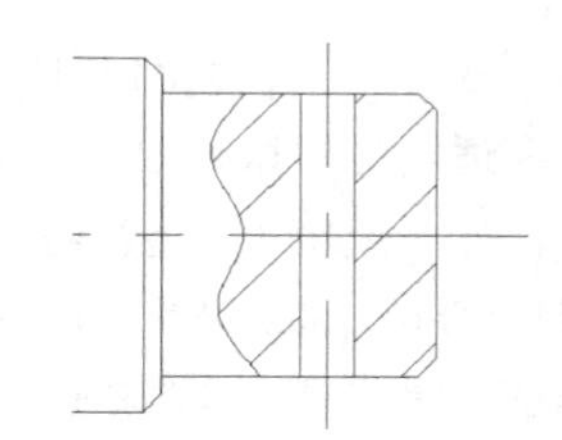

图 2-87 完成作图

（3）打开线宽显示，结果如图 2-88 所示。

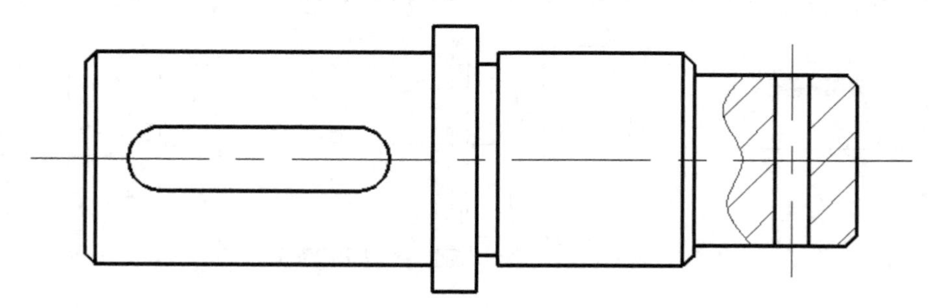

图 2-88 完成作图

2.11 简单平面图形绘制实例 11——扳手

图 2-89 所示的固定扳手是常用拆装工具。通过本例将学习椭圆弧命令 ellipse。

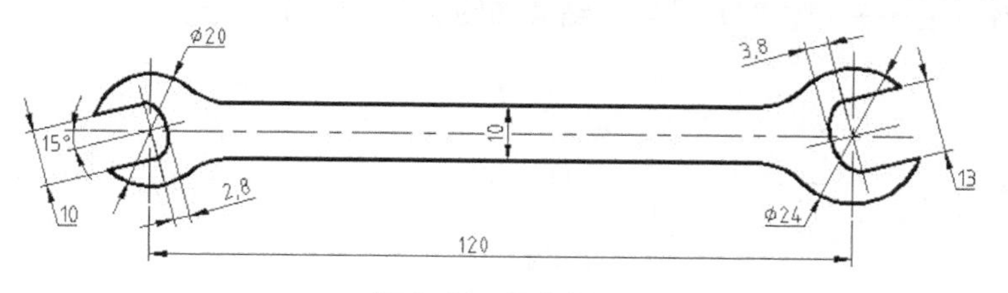

图 2-89 固定扳手

扳手

2.11.1 基本绘图命令

椭圆命令和椭圆弧命令用于绘制椭圆和椭圆弧。可以使用下列方法之一启动椭圆或椭圆弧命令。

➤ 命令行：ellipse。

➤ 下拉菜单：选择【绘图】/【椭圆】/【圆弧】菜单命令（AutoCAD 经典）。

➤ 单击【默认】功能选项卡【绘图】面板中的按钮 ，或在 的下拉菜单中单击【椭圆弧】按钮 椭圆弧。

2.11.2 绘制步骤

1. 新建文件并设置绘图环境

（1）新建文件，并设置 A4 图幅。

（2）图层设置为：【粗实线】层，颜色为黑色，线型为 Continuous，线宽为 0.5mm；【点画线】层，颜色为红色，线型为 CENTER，线宽为 0.25mm。

（3）将【对象捕捉】设置为启用状态，并选用“中点”“端点”“圆心”等对象捕捉模式。

（4）将极轴角设置为 15° 。

2. 画主要作图基准线

（1）将【点画线】层设置为当前图层。

（2）利用直线命令作出图 2-90（a）所示的主要作图基准线，这里不再详述作图步骤。

3. 画扳手开口作图基准线

（1）激活直线命令，系统提示如下。

`命令：_line 指定第一点：`捕捉到直线 *AB* 中点 *M* 后向左下角移动鼠标指针，当出现 195° 极轴时在合适位置单击确定点 1。

`指定下一点或 [放弃(U)]：`向右上角移动鼠标指针捕捉到 15° 极轴，在适当位置单击确定点 2，作出直线 12。

`指定下一点或 [放弃(U)]：`按 Enter 键结束直线命令。

（2）按 Enter 键重复直线命令，系统提示如下。

`命令：_line`

`指定第一点：`捕捉到直线 *AB* 中点 *M* 后向左上角移动鼠标，当出现 105° 极轴时在合适位置单击确定点 3。

指定下一点或 [放弃(U)]：向右下角移动鼠标指针捕捉到 285° 极轴，在适当位置单击确定点 4，作出直线 34。

指定下一点或 [放弃(U)]：按 Enter 键结束直线命令。

（3）采用类似的方法作出右侧开口作图基准线，结果如图 2-90（b）所示。

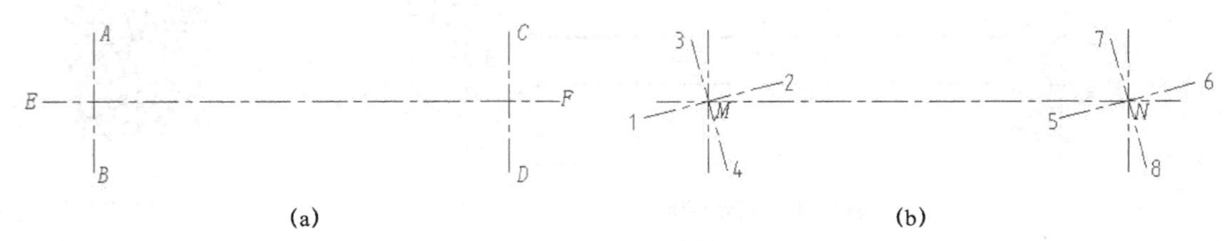

图 2-90　画作图基准线

4. 画外圆轮廓

（1）将【粗实线】层设置为当前图层。

（2）激活圆命令，系统提示如下。

命令：_circle

指定圆的圆心或 [三点(3P)/两点(2P)/相切、相切、半径(T)]：指定交点 *M* 作为圆心。

指定圆的半径或[直径(D)]：输入半径 10，画出左侧圆。

（3）按 Enter 键重复圆命令，系统提示如下。

命令：_circle

指定圆的圆心或[三点(3P)/两点(2P)/相切、相切、半径(T)]：指定交点 *N* 作为圆心。

指定圆的半径或[直径(D)]：输入半径 12，画出右侧圆。

结果如图 2-91 所示。

图 2-91　画外圆轮廓

5. 画开口轮廓

（1）激活偏移命令，系统提示如下。

命令：_offset

当前设置：删除源=否　图层=源　OFFSETGAPTYPE=0

指定偏移距离或[通过(T)/删除(E)/图层(L)]<5.0000>：输入选项“L”。

输入偏移对象的图层选项[当前(C)/源(S)]<当前>：输入选项“C”。

指定偏移距离或[通过(T)/删除(E)/图层(L)]<5.0000>：输入偏移距离 5。

选择要偏移的对象，或[退出(E)/放弃(U)]<退出>：

指定要偏移的那一侧上的点，或[退出(E)/多个(M)/放弃(U)]<退出>：输入选项“M”。

指定要偏移的那一侧上的点，或[退出(E)/放弃(U)]<下一个对象>：在要偏移的中心线的一侧单击。

指定要偏移的那一侧上的点，或[退出(E)/放弃(U)]<下一个对象>：在要偏移的中心线的另一侧单击。

指定要偏移的那一侧上的点，或[退出(E)/放弃(U)]<下一个对象>：按 Esc 键或 Enter 键结束命令。

采用类似的方法偏移右侧的中心线，偏移距离为 6.5，结果如图 2-92（a）所示。

（2）激活椭圆命令，系统提示如下。

命令：_ellipse

指定椭圆的轴端点或[圆弧(A)/中心点(C)]：捕捉到交点 1 确定椭圆长轴的第一点。

指定轴的另一个端点：捕捉到交点 2，确定椭圆长轴的第二点。

指定另一条半轴长度或[旋转(R)]：输入半轴长度 2.8，画出左侧开口的椭圆。

按 Enter 键重复椭圆命令，画出右侧开口的椭圆，结果如图 2-92（b）所示。

（3）激活修剪命令，系统提示如下。

命令：_trim

当前设置：投影=UCS，边=延伸

选择剪切边...

选择对象或<全部选择>：

选择对象：

系统重复出现选择对象提示，在此提示下分别选取外轮廓圆、偏移的线及椭圆作为修剪的边，单击鼠标右键或按 Enter 键结束选择，系统提示如下。

选择要修剪的对象，或按住 Shift 键选择要延伸的对象，或

[栏选(F)/窗交(C)/投影(P)/边(E)/删除(R)/放弃(U)]：

选择要修剪的对象，或按住 Shift 键选择要延伸的对象，或

[栏选(F)/窗交(C)/投影(P)/边(E)/删除(R)/放弃(U)]：

系统重复提示选择要修剪的对象，分别选取要修剪掉的线，单击鼠标右键或按 Enter 键结束命令，结果如图 2-92（c）所示。

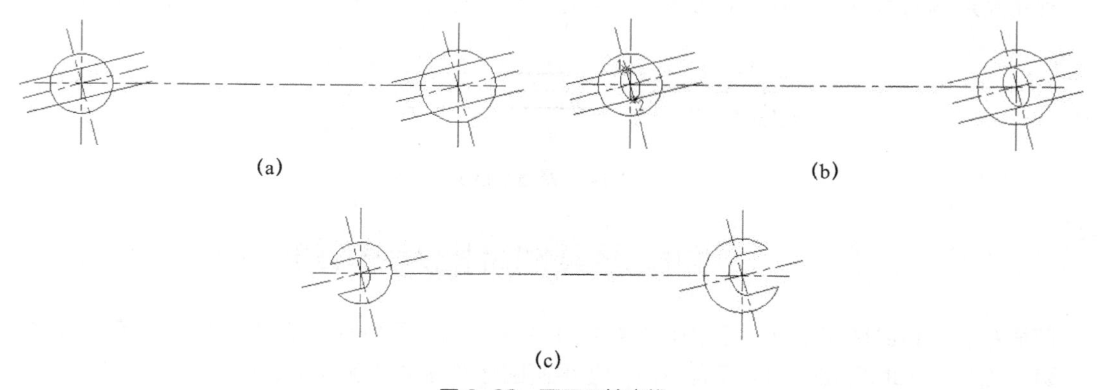

(a) (b)

(c)

图 2-92 画开口轮廓线

6. 画连接部分

（1）激活偏移命令，系统提示如下。

命令：_offset

当前设置：删除源=否 图层=当前 OFFSETGAPTYPE=0

指定偏移距离或[通过(T)/删除(E)/图层(L)]<5.0000>：输入偏移距离 5。

选择要偏移的对象，或[退出(E)/放弃(U)]<退出>：选择水平中心线。

指定要偏移的那一侧上的点，或[退出(E)/多个(M)/放弃(U)]<退出>：输入选项“M”。
指定要偏移的那一侧上的点，或[退出(E)/放弃(U)]<下一个对象>：在要偏移的中心线的一侧单击。
指定要偏移的那一侧上的点，或[退出(E)/放弃(U)]<下一个对象>：在要偏移的中心线的另一侧单击。
指定要偏移的那一侧上的点，或[退出(E)/放弃(U)]<下一个对象>：按 Esc 键或 Enter 键结束命令。

结果如图 2-93（a）所示。

（2）激活修剪命令，分别选取上步偏移的线及外轮廓圆作为修剪边，将多余的线条修剪掉，结果如图 2-93（b）所示。

（3）激活圆角命令，分别选取外轮廓圆及连接部分的直线，作出圆角，结果如图 2-93（c）所示。

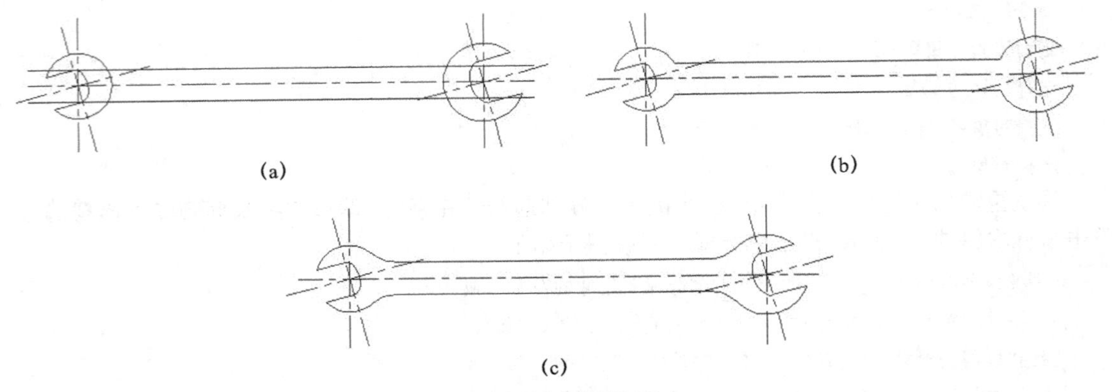

(a) (b) (c)

图 2-93 画连接部分

7. 修整图线，完成作图

利用夹点编辑命令，将各中心线调整至合适长度，打开线宽显示，结果如图 2-94 所示。

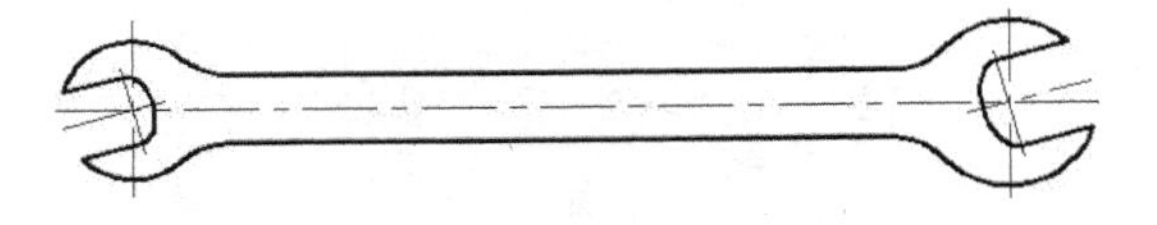

图 2-94 修整中心线

2.12 平面图形其他绘图及编辑命令

前面结合具体绘图实例介绍了 AutoCAD 2014 中大部分平面图形绘图命令、编辑命令及其应用。除此之外，AutoCAD 2014 还有下面一些平面图形绘图命令和编辑命令。

2.12.1 其他绘图命令

1. 构造线命令

该命令用于绘制一条经过指定点的双向无限长直线，指定点称为根点。可以使用下列方法之一启动构造线命令。

- 命令行：xline。
- 下拉菜单：选择【绘图】/【构造线】菜单命令（AutoCAD 经典）。

➤ 单击【默认】功能选项卡【绘图】面板下拉菜单中的按钮 。

构造线常用于辅助作图，如在三视图作图过程中用构造线作为辅助线以保证视图之间的“长对正、高平齐、宽相等”的对应关系。执行命令后，系统提示如下。

命令：_xline

指定点或[水平(H)/垂直(V)/角度(A)/二等分(B)/偏移(O)]：

默认选项为指定点，可在绘图区任意指定一点，构造线将通过此点，系统提示如下。

指定通过点：指定构造线通过的第二点，以确定构造线的方向。

系统将重复以上提示，可连续作出通过第一点的不同方向的构造线，直至按 Enter 键，结束命令。

各选项的含义如下。

[水平（H）]：用于创建一条通过选定点的水平构造线。

[垂直（V）]：用于创建一条通过选定点的垂直构造线。

[角度（A）]：以指定的角度创建一条构造线。

[二等分（B）]：创建一条构造线，它经过选定角的顶点，并且平分选定的两条线之间的夹角。

[偏移（O）]：指定偏移距离创建平行于另一个对象的构造线。

2. 多线命令

该命令用于绘制多重平行线。多线中包含的每条线称为元素，可通过设置指定其各自的位置、线型和颜色。在使用多线命令前，一般应根据要求设置和保存多线样式。

（1）设置多线样式。可以使用下列方法之一启动多线样式命令。

➤ 命令行：mlstyle。

➤ 下拉菜单：选择【格式】/【多线样式】菜单命令（AutoCAD 经典）。

执行命令后，弹出图 2-95 所示的对话框。在该对话框中，可以新建、修改和重命名多线样式，以及进行加载、保存等操作。

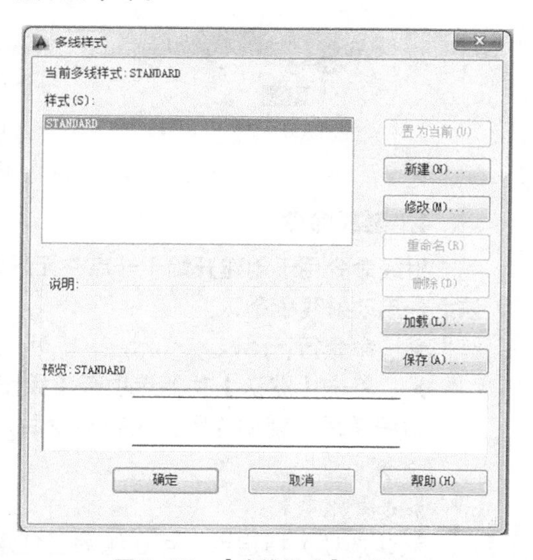

图 2-95 【多线样式】对话框

（2）绘制多线。可以使用下列方法之一启动多线命令。

➤ 命令行：mline。

➤ 下拉菜单：选择【绘图】/【多线】菜单命令（AutoCAD 经典）。

执行命令后，系统提示如下。

命令：_mline

当前设置：对正=上，比例=20.00，样式=STANDARD

指定起点或[对正(J)/比例(S)/样式(ST)]：指定多线的起点。

指定下一点：指定多线的下一点。

指定下一点或[放弃(U)]：在命令提示下指定多线的下一点直至完成多线绘制。

指定下一点或[闭合(C)/放弃(U)]：

3. 修订云线命令

该命令用于绘制、修订云线。云线是由连续圆弧组成的多段线，其构成云线形对象，如图 2-96 所示。云线一般作为对象标记使用。可以使用下列方法之一启动修订云线命令。

- 命令行：revcloud。
- 下拉菜单：选择【绘图】/【修订云线】菜单命令（AutoCAD 经典）。
- 单击【默认】功能选项卡【绘图】面板下拉菜单中的按钮 。

执行命令后，系统提示如下。

命令：revcloud

最小弧长：15　最大弧长：15　样式：普通

指定起点或[弧长(A)/对象(O)/样式(S)]<对象>：指定云线的起点。

沿云线路径引导十字光标... 沿路径移动鼠标指针即可自动绘制云线，如图 2-96（a）所示。

修订云线完成。 单击鼠标右键结束命令或将鼠标移至起点自动闭合，如图 2-96（b）所示。

各选项的含义如下。

[对象（O）]：选择此选项，可将已有的图形对象转化为云线。将图 2-96（c）所示的圆转化为云线后，结果如图 2-96（d）所示。

[弧长（A）]：用于指定云线中弧线的长度。

[样式（S）]：用于指定修订云线的样式。

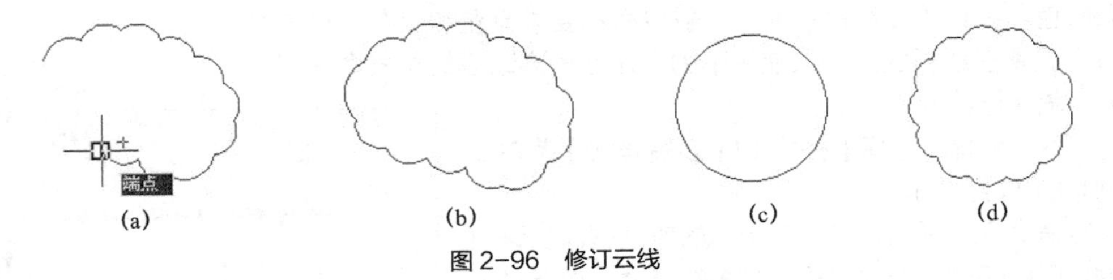

图 2-96　修订云线

4. 射线命令

射线命令用于创建开始于一点并无限延伸的射线，其可用作其他对象的参照。可以使用下列方法之一启动射线命令。

- 命令行：ray。
- 单击【默认】功能选项卡【绘图】面板下拉菜单中的按钮 。

射线常用于辅助作图。执行命令后，系统提示如下。

命令：ray

指定起点：

默认选项为指定点，可在绘图区任意指定一点，射线将通过此点，系统提示如下。

指定通过点：指定射线通过的第二点，以确定射线的方向。

系统将重复以上提示，可连续作出通过第一点的不同方向的构造线，直至按 Enter 键结束命令。

5. 圆环命令

该命令用于创建实心圆或较宽的环。可以使用下列方法之一启动圆环命令。

➤ 命令行：donut。

➤ 单击【默认】功能选项卡【绘图】面板下拉菜单中的按钮 ◎。

圆环由两条多段线圆弧组成，这两条圆弧多段线首尾相接而形成圆形。多段线的宽度由指定的内直径和外直径决定。要创建实心圆，则将内直径指定为零。执行命令后，系统提示如下。

指定圆环的内径<0.5000>:

尖括号内为默认值，直接按 Enter 键确认，或指定需要的内径后按 Enter 键确认。系统提示如下。

指定圆环的外径<1.0000>:

尖括号内为默认值，直接按 Enter 键确认，或指定需要的外径后按 Enter 键确认。系统提示如下。

指定圆环的中心点或<退出>:

在绘图区点选圆环圆心放置的位置即可。

系统将重复以上提示，可重复放置圆环，直至按 Enter 键结束命令。

圆环的内、外径间填充有颜色，应注意圆环与同心圆的区别。

2.12.2　其他编辑命令

1. 缩放命令

该命令用于按比例缩放图形对象。可以使用下列方法之一启动缩放命令。

➤ 命令行：scale。

➤ 下拉菜单：选择【修改】/【缩放】菜单命令（AutoCAD 经典）。

➤ 单击【默认】功能选项卡【修改】面板中的按钮 。

执行命令后，系统提示如下。

命令：_scale

选择对象：在命令提示下分别选择要缩放的图形对象。

选择对象：按 Enter 键或单击鼠标右键结束对象选择。

指定基点：指定一点作为缩放时的基准点。

指定比例因子或[复制(C)/参照(R)]<1.0000>：输入比例因子则图形将以指定的比例因子缩放。

若选择［复制(C)］选项，则将对源对象进行复制并缩放，此操作可保留原有的图形对象。也可选择［参照(R)］选项，通过在作图区指定参考长度进行缩放。

2. 拉伸命令

该命令用于拉伸、压缩或移动对象。在拉伸时将移动位于选择窗口内部的端点，而选择窗口外部的端点不动。因此，当对象的所有端点均在选择窗口内部时，该命令将使对象移动；当对象有部分端点不在选择窗口内时，该命令将使对象拉伸或压缩。可以使用下列方法之一启动拉伸命令。

➤ 命令行：stretch。

➤ 下拉菜单：选择【修改】/【拉伸】菜单命令（AutoCAD 经典）。

➤ 单击【默认】功能选项卡【修改】面板中的按钮 。

执行命令后，系统提示如下。

命令：_stretch

以交叉窗口或交叉多边形选择要拉伸的对象...

选择对象：

指定第一个角点：指定对角点：找到 4 个　用交叉窗口选择对象，如图 2-97（a）所示。

选择对象：按 Enter 键或单击鼠标右键结束对象选择。

指定基点或[位移(D)]<位移>：在适当位置指定基点。

指定第二个点或<使用第一个点作为位移>：根据拉伸要求选择第二点，结果如图 2-97（b）所示。

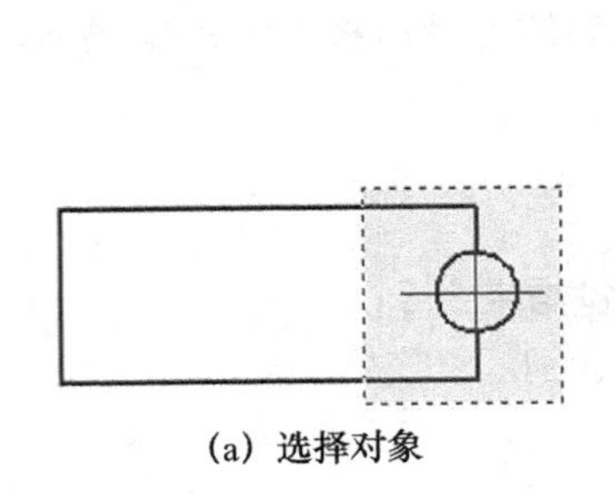

(a) 选择对象

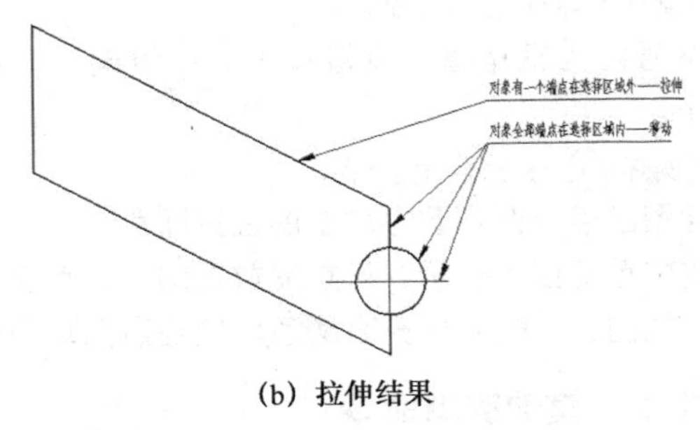

(b) 拉伸结果

图 2-97　拉伸

3. 分解命令

该命令用于分解 AutoCAD 中一些无法单独编辑的图形对象，如图块、尺寸标注、多段线、多边形和图案填充等。可以使用下列方法之一启动分解命令。

- 命令行：explode。
- 下拉菜单：选择【修改】/【分解】菜单命令（AutoCAD 经典）。
- 单击【默认】功能选项卡【修改】面板中的按钮 。

思考与练习

1. 应用各种绘图和编辑命令，完成本章各例题图形（可暂不标注尺寸）。
2. 应用各种绘图和编辑命令，绘制图 2-98～图 2-103 所示图形（可暂不标注尺寸）。

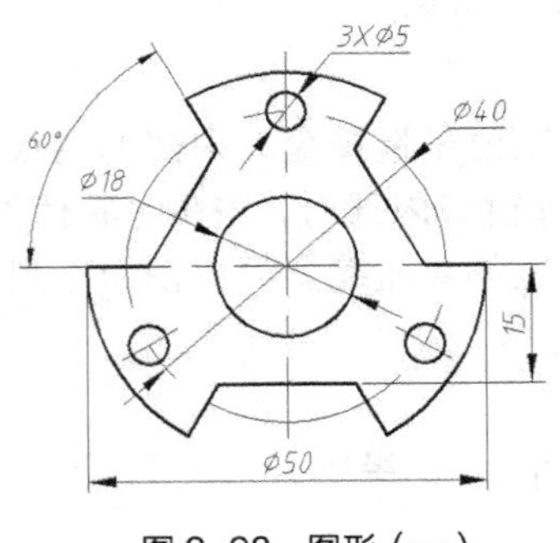

图 2-98　图形（一）

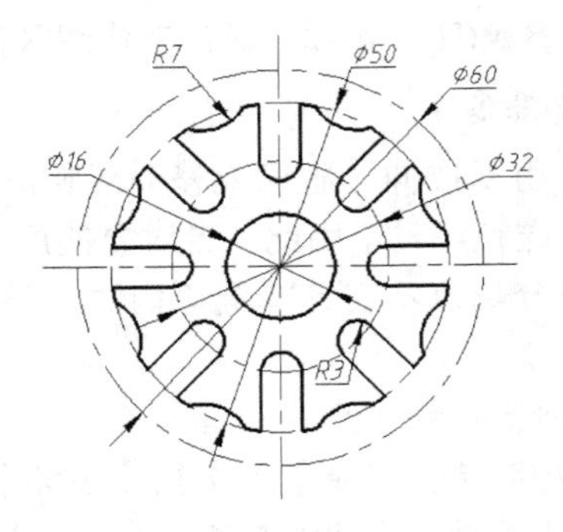

图 2-99　图形（二）

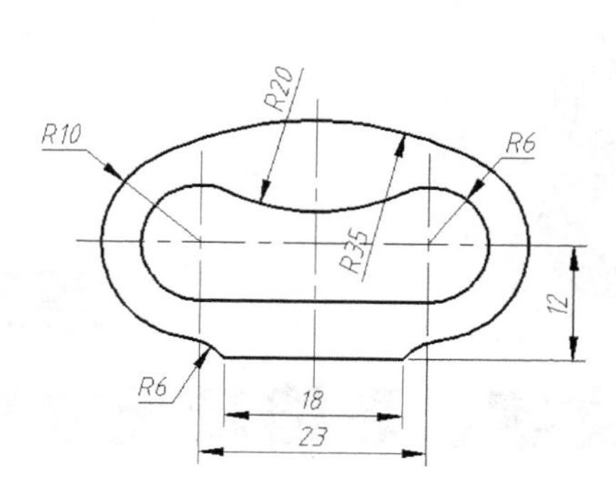

图 2-100　图形（三）

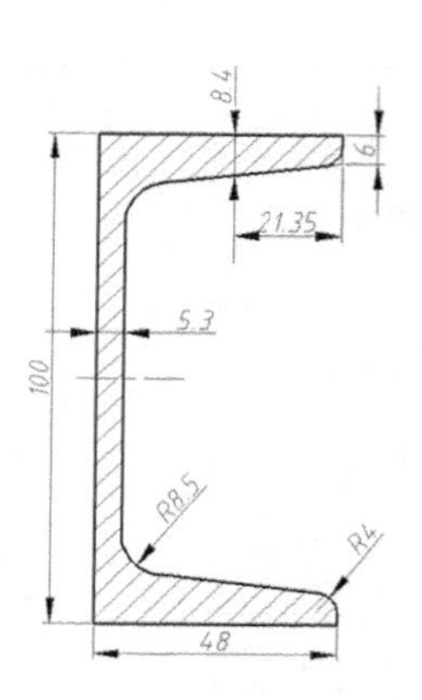

图 2-101　图形（四）

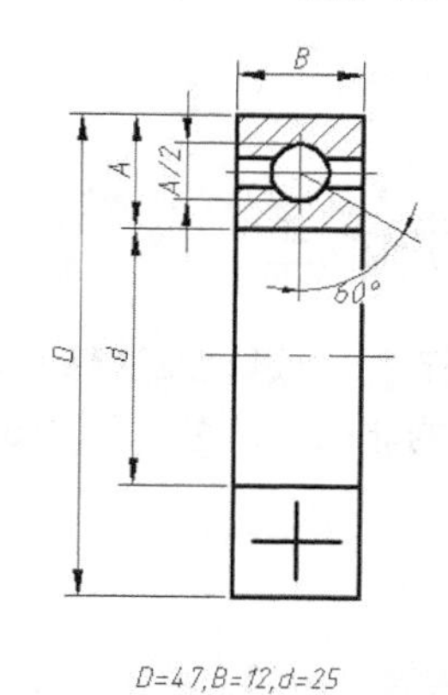

图 2-102　图形（五）

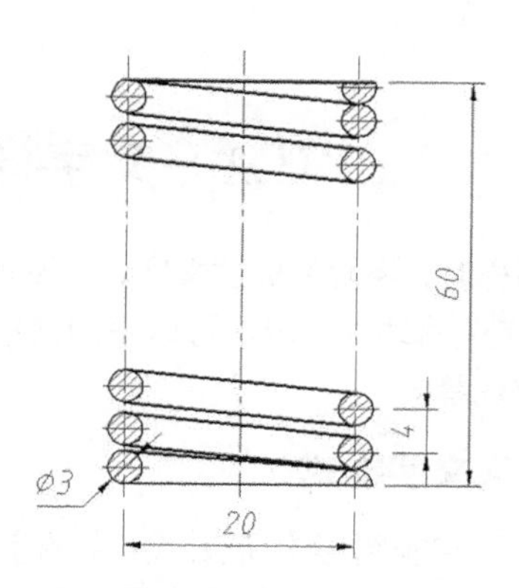

图 2-103　图形（六）

Chapter 3 第三章 文字、表格及尺寸标注

3.1 文字样式及文字标注

绘制机械图样时，经常要标注文字，如技术要求、尺寸标注、标题栏及注释说明等，AutoCAD 2014 提供了文字注写功能，用户可以使用文字标注图样中的非图形信息，标记图形的各个部分，对其进行说明或注释。

3.1.1 定义文字样式

文字样式用于控制图形中所使用文字的字体、高度和宽度系数等。在输入文字对象前，应先设置好相应的文字样式，并将所要使用的文字样式置为当前。在一幅图形中可以定义多种文字样式，以适合不同对象的需要。AutoCAD 2014 通过【文字样式】对话框来定义文字样式，或对已有的文字样式进行修改。可通过以下方法之一打开【文字样式】对话框。

➤ 命令行：style。

➤ 下拉菜单：选择【格式】/【文字样式】菜单命令（AutoCAD 经典）。

➤ 单击【默认】功能选项卡【注释】面板下拉菜单中的按钮 A。

执行以上操作后，系统弹出图 3-1 所示的【文字样式】对话框。以定义一样式名为“GB-35”（字高为 3.5mm）的文字样式为例，操作方法如下。

（1）AutoCAD 2014 默认的文字样式是“Standard”，其字体名为“Arial”，字体样式为“常规”，高度为 0，宽度因子为 1。单击对话框中的【新建】按钮，AutoCAD 2014 弹出图 3-2 所示的【新建文字样式】对话框，在该对话框的【样式名】文本框中将“样式 1”改为“GB-35”，单击【确定】按钮返回【文字样式】对话框，此时在【样式】选项组中多了一个“GB-35”样式，如图 3-3 所示。

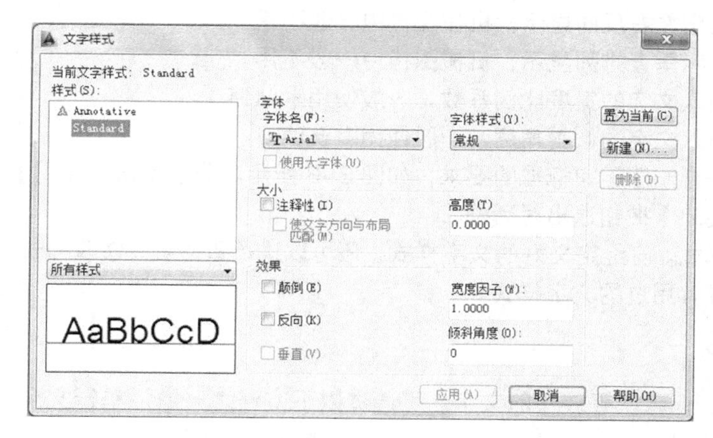

图 3-1 【文字样式】对话框（一）

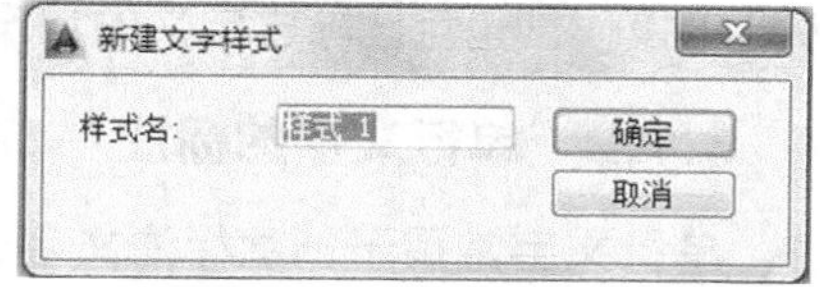

图 3-2 【新建文字样式】对话框

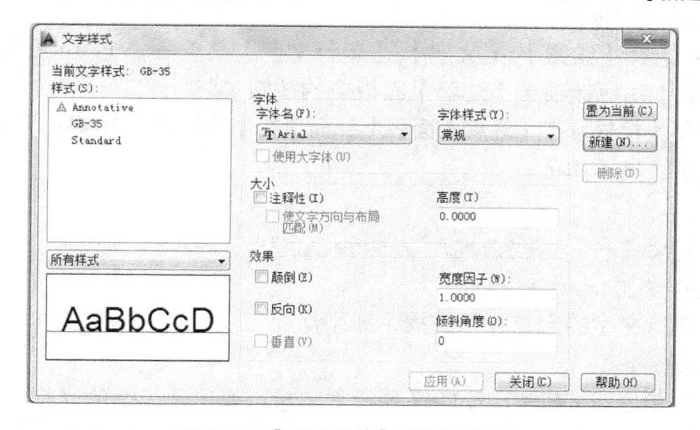

图 3-3 【文字样式】对话框（二）

（2）选中“GB-35”样式，在对话框中的【字体】选项组中，在【字体名】下拉列表中选择“gbenor.shx”（国标中的长仿宋体），该字体用于标注正体英文字体，也可选择“gbeitc.shx”（国标中的斜长仿宋体），用于标注斜体英文字体。勾选【使用大字体】复选框后，【字体样式】变为【大字体】，其字体名为“gbcbig.shx”，该字体用于标注符合制图国家标准的中文字体。

（3）在【文字样式】对话框中的【大小】选项组中，在【高度】文本框中输入 3.5，【高度】文本框用于设置输入文本的高度。如果将高度设为 0，则表示不对字体高度进行设置，每次用该样式输入单行文字时，AutoCAD 2014 都将提示输入文字的高度，输入多行文字时，则按默认字高。默认字高取决于新建文件时采用的样板图，如采用“acadiso.dwg”样板，则默认字高为 2.5，如采用“acad.dwg”样板，则默认字高为 0.2。【注释性】复选框用于指定图纸空间视口中的文字方向与布局方向匹配，暂不选择。

（4）在【文字样式】对话框中的【效果】选项组中，可以通过设置其中的选项来控制文字的效果。各选项含义如下。

[颠倒]：勾选该复选框，则将文字上下颠倒显示，机械图样中一般不用。

[反向]：勾选该复选框，则将文字左右反向显示，机械图样中一般不用。

[垂直]：勾选该复选框，则将文字垂直排列显示，机械图样中一般不用。

[宽度因子]：在该文本框中可输入文字的宽度比例系数，一般使用默认值 1。

[倾斜角度]：在该文本框中可输入文字的倾斜角度，一般使用默认值 0。

按以上方法设置的文字样式已符合制图国家标准的要求，如图 3-3 所示。分别单击【应用】和【置为当前】按钮，最后单击【关闭】按钮退出对话框。

可按以上方法定义不同的文字样式。已经定义好的文字样式，还可以进行重命名、修改样式设定等操作，也可删除已定义的但没有用过的文字样式。

3.1.2 单行文字的标注

单行文字常用于创建标注文字、标题块等较短的文字。可通过以下方法之一激活单行文字命令。

- 命令行：text 或 dtext。
- 下拉菜单：选择【绘图】/【文字】/【单行文字】菜单命令（AutoCAD 经典）。
- 单击【默认】功能选项卡【注释】面板中的按钮 A 单行文字。

A 单行文字 按钮并不直接显示在【注释】面板上，而是在【多行文字】按钮 A 的下拉菜单选项中。

激活命令后，系统提示如下。

```
命令: _text
当前文字样式: "GB-35"  文字高度: 3.5000  注释性: 否
指定文字的起点或[对正(J)/样式(S)]:
```

指定一点作为单行文字的起点，系统提示如下。

```
指定文字的旋转角度<0>:
```

输入文字的旋转角度后，系统在绘图区单行文字起点处出现闪烁的光标，此时可输入一行文字，按 Enter 键可换行输入第二行文字，要结束文字输入时，连续按两次 Enter 键即可退出单行文字命令。由单行文字命令也可以创建多行文本，但这种多行文字的每一行是一个对象，不能同时对几行文本进行编辑，但可单独对每个对象进行编辑。

其他选项的含义如下。

（1）[对正（J）]：此选项用于确定文本的对齐方式，对齐方式决定文本的哪一位置点与插入点对齐。选择此选项，系统提示如下。

```
输入选项
[对齐(A)/调整(F)/中心(C)/中间(M)/右(R)/左上(TL)/中上(TC)/右上(TR)/左中(ML)/正中(MC)/右中(MR)/左下(BL)/中下(BC)/右下(BR)]:
```

① 选择[对齐（A）]选项，系统要求确定一条直线段作为文本的基线，线段的两个端点作为文本的起始点和终止点。按此方式输入文字后，系统按文字样式中设定的宽度系数、输入字符的多少自动调整字高和宽度，使输入的文本均匀地分布于指定的两点之间。

② 选择[调整（F）]选项，与对齐方式相似，系统要求确定一条直线段作为文本的基线，所不同的是系统按输入字符的多少自动调整文字宽度（文字高度按【文字样式】对话框中设定的高度保持不变），使输入的文本均匀地分布于指定的两点之间。

③ 选择其他任意一项，需要输入一点，确定文字的对齐点。AutoCAD 为标注文本行定义了图 3–4 所示的 4 条基准线，不同的文本对齐点位置如图 3–4 中“×”所示，图中与各对齐点相应的字母对应了上述命令提示中的文字对齐选项。

文字注写默认的方式是［左下（BL）］方式。

（2）［样式（S）］：此选项用于选择文字样式，可选择任意一已定义的文字样式。选择此选项，系统提示如下。

输入样式名或[?]<样式 1>:

此时可输入需要的样式名或默认当前样式，若不记得已设置过的样式名，可输入“？”，系统提示如下。

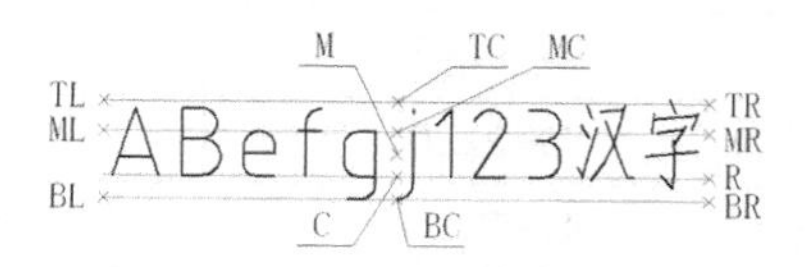

图 3–4 文字对齐方式

输入要列出的文字样式<*>:

按 Enter 键，命令行将显示所有已定义过的样式及其设置，如图 3–5 所示。

```
当前文字样式: "GB-35" 文字高度: 3.5000 注释性: 否 对正: 左
指定文字的起点 或 [对正(J)/样式(S)]: s
输入样式名或 [?] <GB-35>:
当前文字样式: "GB-35" 文字高度: 3.5000 注释性: 否 对正: 左
指定文字的起点 或 [对正(J)/样式(S)]: s
输入样式名或 [?] <GB-35>: ?
输入要列出的文字样式 <*>:
文字样式:
样式名: "Annotative"  字体: Arial
   高度: 0.0000 宽度因子: 1.0000 倾斜角度: 0
   生成方式: 常规
样式名: "GB-35"       字体文件: gbeitc.shx,gbcbig.shx
   高度: 3.5000 宽度因子: 1.0000 倾斜角度: 0
   生成方式: 常规
样式名: "Standard"    字体: Arial
   高度: 0.0000 宽度因子: 1.0000 倾斜角度: 0
   生成方式: 常规
当前文字样式: GB-35
当前文字样式: "GB-35" 文字高度: 3.5000 注释性: 否 对正: 左
TEXT 指定文字的起点 或 [对正(J) 样式(S)]:
```

图 3–5 文本窗口

使用单行文字命令创建文字的过程中，可以随时改变文本的位置，只要将光标移到新的位置单击鼠标，则当前行结束，并在新的位置开始新的一行，用这种方法可以把文本标注到绘图区的任一位置。

3.1.3 特殊字符的输入

实际绘图时，有时需要标注一些特殊字符，如“ϕ”“α”“δ”等符号，以及上画线、下画线等，这些符号不能直接从键盘输入，可用以下两种方法输入。

1. 控制码

AutoCAD 2014 提供了一些控制码，用于输入一些特殊字符。常用控制码见表 3–1。

表 3-1 AutoCAD 常用控制码

符号	功能	符号	功能
%%o	上画线	\U+0278	电相角
%%u	下画线	\U+E101	流线
%%d	度数符号	\U+2261	恒等于
%%p	正/负符号	\U+E102	界碑线
%%c	直径符号	\U+2260	不相等

（续表）

符号	功能	符号	功能
%%%	百分号%	\U+2126	欧姆
\U+2248	几乎相等	\U+03A9	欧米加
\U+2220	角度	\U+214A	地界线
\U+E100	边界线	\U+2082	下标 2
\U+2104	中心线	\U+00B2	平方
\U+0394	差值	\U+00B3	立方

2. 利用模拟键盘

可借助 Windows 系统提供的模拟键盘来输入特殊字符，具体操作步骤如下。

（1）选择某种输入法。

（2）鼠标右键单击输入法提示条中的模拟键盘图标，打开模拟键盘列表，如图 3-6 所示。

（3）在列表中选中某种模拟键盘，打开模拟键盘，如图 3-7 所示。单击要输入的符号即可。

PC键盘	标点符号
希腊字母	数字序号
俄文字母	数学符号
注音符号	单位符号
拼　音	制表符
日文平假名	特殊符号
日文片假名	

图 3-6　模拟键盘列表

图 3-7　模拟键盘

3.1.4　多行文字的标注

多行文字命令可用于标注较长、较复杂的多行文本。可通过以下方法之一激活多行文字命令。

- 命令行：mtext。
- 下拉菜单：选择【绘图】/【文字】/【多行文字】菜单命令（AutoCAD 经典）。
- 单击【默认】功能选项卡【注释】面板中的按钮 A。

激活命令后，系统提示如下。

```
命令: _mtext 当前文字样式: "GB-35" 文字高度: 3.5 注释性: 否
指定第一角点:
```

指定矩形框的第一个角点后系统提示如下。

```
指定对角点或[高度(H)/对正(J)/行距(L)/旋转(R)/样式(S)/宽度(W)/栏(C)]:
```

直接指定矩形框的第二个角点，系统以这两个点为对角点形成一个矩形区域，其宽度为将要标注多行文本的宽度，此时系统在功能区添加图 3-8 所示的【文字编辑器】选项卡，该选项卡包含有 8 个面板，可在此输入多行文字并对其格式进行设置。

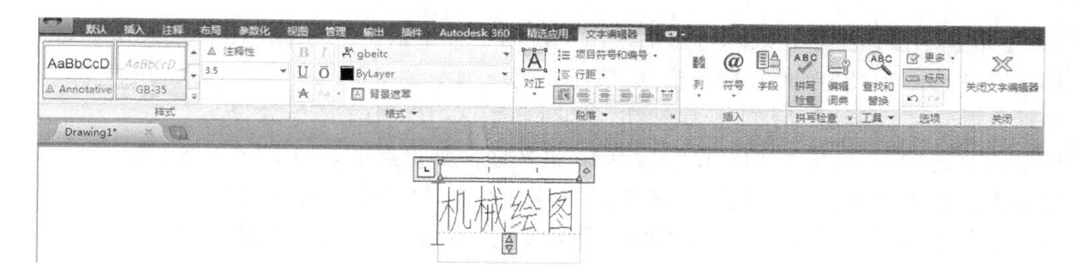

图 3-8 【文字编辑器】选项卡

命令行各选项的含义如下。

[高度(H)]：用于指定文字的高度。

[对正(J)]：用于确定所标注文本的对齐方式。选择此项，系统提示如下。

输入对正方式[左上(TL)/中上(TC)/右上(TR)/左中(ML)/正中(MC)/右中(MR)/左下(BL)/中下(BC)/右下(BR)]<左上(TL)>:

这些对齐方式与单行文字命令中的各对齐方式相同，选取一种对齐方式后按 Enter 键，即回到上一级提示。

[行距(L)]：用于确定多行文本的行距。选择此项，系统提示如下。

输入行距类型[至少(A)/精确(E)]<至少(A)>:

此提示下有两种确定行距的方式，“至少(A)”方式下，系统将根据每行文本中最大的字符自动调整行间距。“精确(E)”方式下，可输入一个数值确定行间距，也可输入“nx”的形式，*n* 是一个具体数值，表示行间距设置为单行文本高度的 *n* 倍，单行文本高度是本行文本字符高度的 1.66 倍。

[旋转(R)]：用于确定文本行的倾斜角度。

[样式(S)]：确定当前的文字样式。

[宽度(W)]：指定多行文本的宽度。

[栏(C)]：用于指定多行文字对象的栏选项。

以上各选项功能也可在【文字编辑器】选项卡中，通过相应的功能按钮进行设置。【文字编辑器】选项卡的界面与 Microsoft 的 Word 编辑器界面类似，里面包含了很强的文字格式功能，如图 3-9 所示。大部分图标附有功能解释，此处不再赘述。

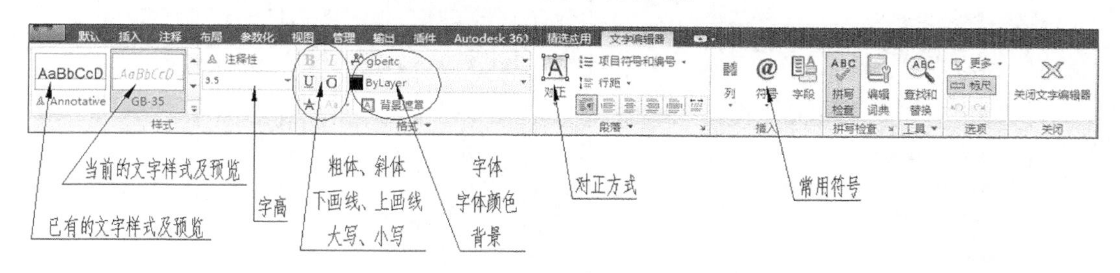

图 3-9 【文字编辑器】选项卡中各功能按钮

单击【格式】面板下方的 格式 ▾ 按钮，里面包含 4 个功能按钮：【倾斜角度】按钮 0/、【追踪】按钮 a•b、【宽度因子】按钮 、【堆叠】按钮 堆叠。

（1）【堆叠】按钮。利用【堆叠】按钮可以创建堆叠文字。一般情况下，【堆叠】按钮为灰色，表示当前该命令不可用。当文字中输入“/”“#”“^”这 3 种堆叠符号之一并选中要堆叠的文字时，【堆叠】按钮亮起，表示可激活使用。使用3种堆叠符号得到的堆叠效果如下。

如输入并选中“123/456”后单击 按钮，则得到图3-10（a）所示效果。

如输入并选中“3#4”后单击 按钮，则得到图3-10（b）所示效果。

如输入并选中“+0.021^-0.007”后单击 按钮，则得到图3-10（c）所示效果。

如输入并选中“M2^”后单击 按钮，则得到图3-10（d）所示效果。

如输入并选中“A^2”后单击 按钮，则得到图3-10（e）所示效果。

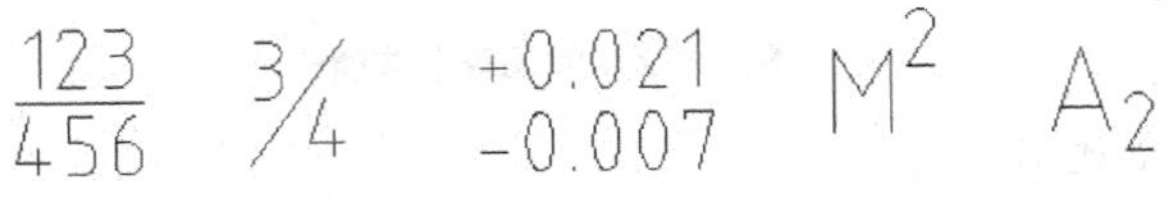

$$\frac{123}{456} \qquad {}^{3}/_{4} \qquad {}^{+0.021}_{-0.007} \qquad M^{2} \qquad A_{2}$$

(a)　　(b)　　(c)　　(d)　　(e)

图3-10　文字的堆叠效果

（2）【符号】按钮 @。它可用于输入各种符号。单击【符号】按钮 @，系统打开符号列表，如图3-11所示。用户可以从中选择符号输入到文本中，选择【其他】选项将弹出【字符映射表】对话框，如图3-12所示，从中也可找到需要的字符。

（3）【插入】按钮 。使用此按钮可插入一些常用或预设的字段。单击【插入】按钮 ，系统打开图3-13所示的【字段】对话框，用户可从中选择字段插入到标注文本中。也可以单击鼠标右键进入图3-14所示的【选项】菜单，选择【插入字段】选项来执行此操作。

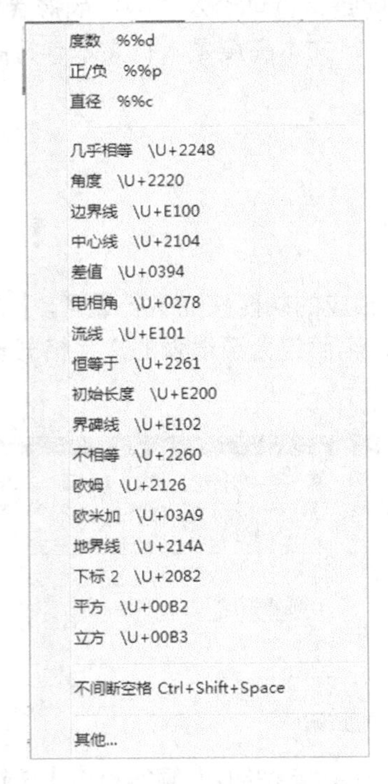

图3-11　符号列表

图3-12　【字符映射表】对话框

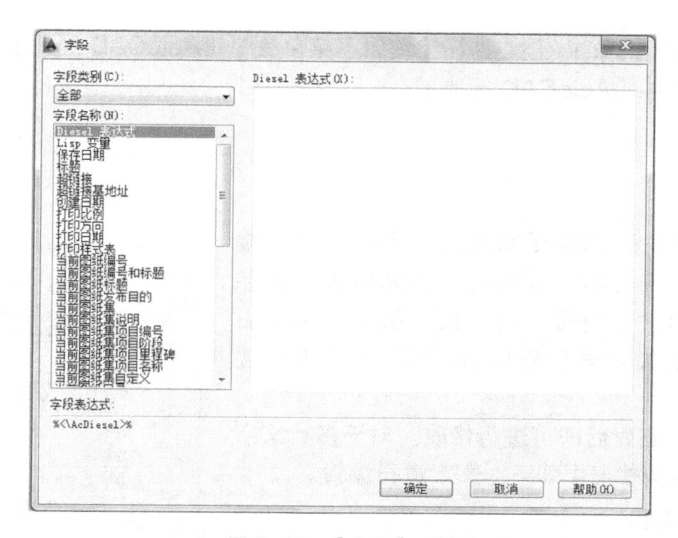

图 3-13 【字段】对话框

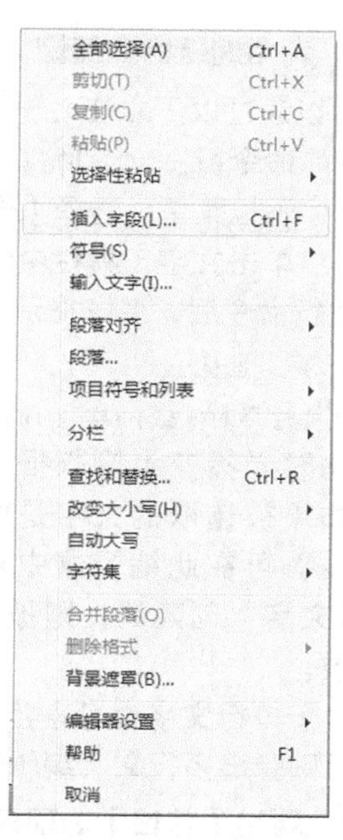

图 3-14 【选项】菜单

（4）【倾斜角度】微调框 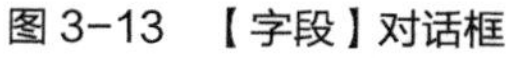。此框可用于设置文字的倾斜角度。

（5）【追踪】微调框 a•b 1。此框可增大或减小所选字符之间的距离。1 是常规间距，设置大于 1 可增大间距，设置小于 1 可减小间距。

（6）【宽度因子】微调框 1。此框可用于扩展或收缩选定字符。1 是常规宽度，设置大于 1 可增大字符宽度，设置小于 1 可减小字符宽度。

（7）【背景遮罩】选项 背景遮罩。此选项用于设置文字编辑框是否使用背景。单击此选项可打开【背景遮罩】对话框，如图 3–15 所示。其中，【边界偏移因子】微调框用于指定文字周围不透明背景的大小；【填充颜色】选项组用于设置不透明背景的颜色。

（8）【查找和替换】选项。单击此选项可打开【查找和替换】对话框，其中可以进行多行文字的查找和替换，其操作方法与 Word 中的查找、替换功能相似，如图 3–16 所示。

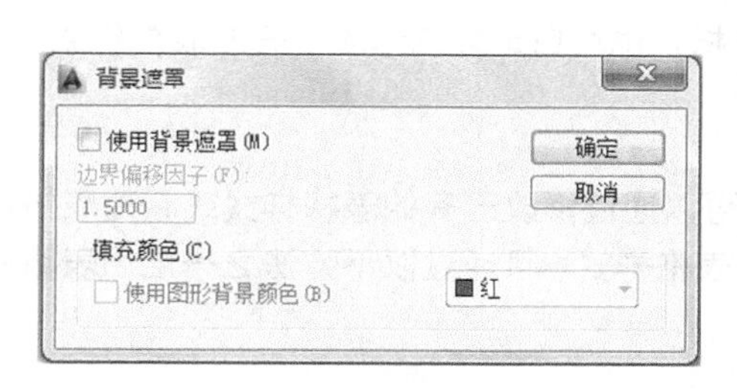

图 3–15 【背景遮罩】对话框

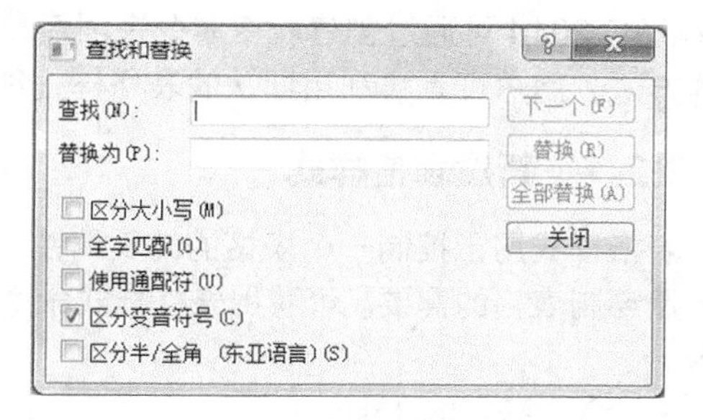

图 3–16 【查找和替换】对话框

3.1.5 编辑文字

可以利用编辑命令对已创建的文字进行编辑，还可利用【特性】选项板来编辑文字。

1. 利用编辑命令编辑文字

可以通过以下方法之一启用文本编辑命令。

- 命令行：ddedit。
- 下拉菜单：选择【修改】/【对象】/【文字】/【编辑】菜单命令（AutoCAD 经典）。
- 单击文字工具栏中的按钮 （AutoCAD 经典）。

执行命令后，系统提示如下。

```
命令：_ddedit
选择注释对象或[放弃(U)]:
```

此时光标变为拾取框，按要求选择想要修改的文字即可进行修改。如果被选取的文字是由“多行文字”创建的，则弹出多行文字编辑器，可在此编辑器中对文字进行编辑。如果被选取的文字是由“单行文字”创建的，则被选择的文字呈亮显状态，可对文字内容进行修改。

对于单行文字也可直接双击，亮显后即可进行修改。对于多行文字双击后则弹出多行文字编辑器，在编辑器中即可对文字进行编辑。

2. 利用【特性】选项板编辑文字

可以使用下列方法之一启用【特性】选项板。

- 命令行：ddmodify 或 properties。
- 下拉菜单：选择【修改】/【特性】菜单命令（AutoCAD 经典）。
- 单击标准工具栏中的按钮 （AutoCAD 经典）。
- 选中要编辑的文字，在右键菜单中选择【特性】选项。

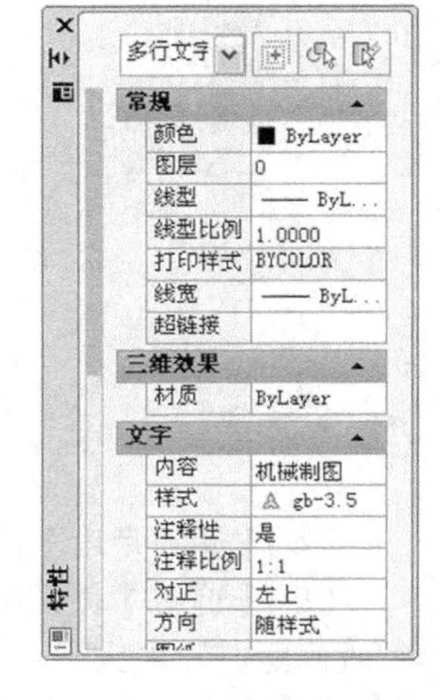

图 3-17 【特性】选项板

执行上述命令后，系统打开图 3-17 所示的【特性】选项板，选择要修改的文字，在【特性】选项板中可对文字内容等属性进行修改。

3.2 表格样式及创建表格

在机械图样中经常要用到表格，如标题栏、零件图中的参数表、装配图中的明细栏等。AutoCAD 2014 可通过创建表格命令来创建数据表，从而取代先前利用绘制线段和文本来创建表格的方法。用户可直接利用默认的表格样式创建表格，也可自定义或修改已有的表格样式。

3.2.1 新建表格样式

表格样式用于控制一个表格的外观属性。用户可以通过修改已有的表格样式或新建表格样式来满足绘制表格的需要。可利用表格样式命令定义表格样式。可通过以下方法之一启用表格样式命令。

- 命令行：tablestyle。
- 下拉菜单：选择【格式】/【表格样式】菜单命令（AutoCAD 经典）。
- 单击【默认】功能选项卡【注释】选项板下拉菜单中的按钮 。

执行上述命令后，系统弹出【表格样式】对话框，如图 3-18 所示。对话框中的【新建】按钮用于新建表格样式，【修改】按钮用于对已有表格样式进行修改。

下面以定义一个用于创建标题栏的“标题栏”表格样式为例，说明其操作方法和步骤。

（1）单击【新建】按钮，系统打开【创建新的表格样式】对话框，如图 3–19 所示，在【新样式名】文本框中输入“标题栏”，单击【继续】按钮，系统打开【新建表格样式：标题栏】对话框，如图 3–20 所示。

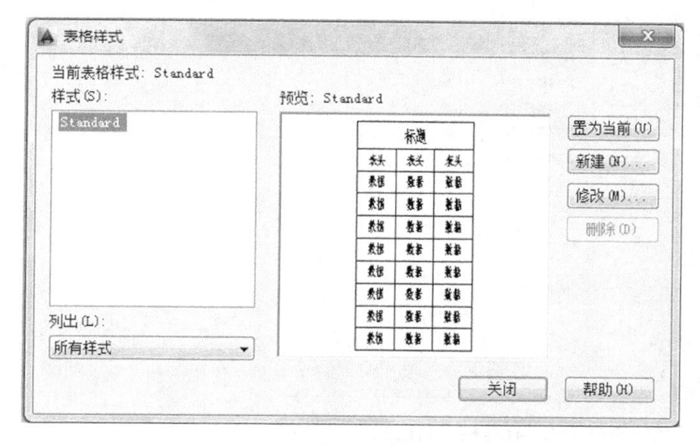

图 3–18　【表格样式】对话框

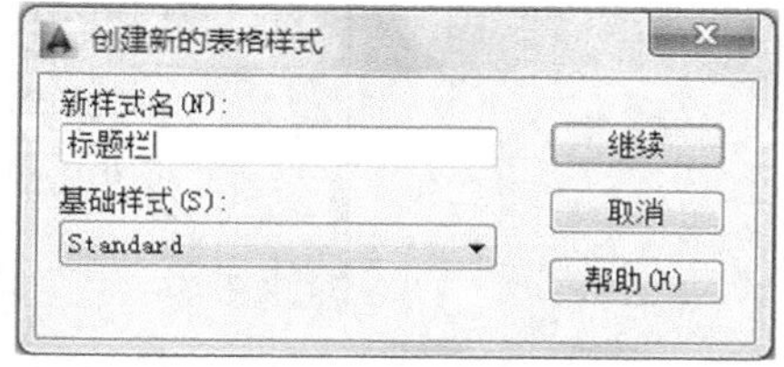

图 3–19　【创建新的表格样式】对话框

图 3–20　【新建表格样式：标题栏】对话框 1

（2）设置对话框中各选项组参数。

①【起始表格】选项组：可以在图形中指定一个表格用作样例来设置其他表格的格式，图形中没有表格时可不选。

②【常规】选项组：用于设置表格方向，有【向上】和【向下】两个选项，这里选【向下】。

③【单元样式】选项组：在【单元样式】下拉列表中有【标题】、【表头】和【数据】3 个选项，可分别用于设置表格标题、表头和数据单元的样式。3 个选项中均包含有【常规】、【文字】和【边框】3 个选项卡。

选择【数据】选项，在【常规】选项卡的【特性】选项组中可设置单元的填充颜色、对齐、格式和类型等项；【页边距】选项组用于设置单元边界与单元内容之间的间距，如图 3–20 所示。

选择【数据】选项，在【文字】选项卡的【特性】选项组中可设置文字样式、文字高度、文字颜色和文字角度，如图 3-21 所示。

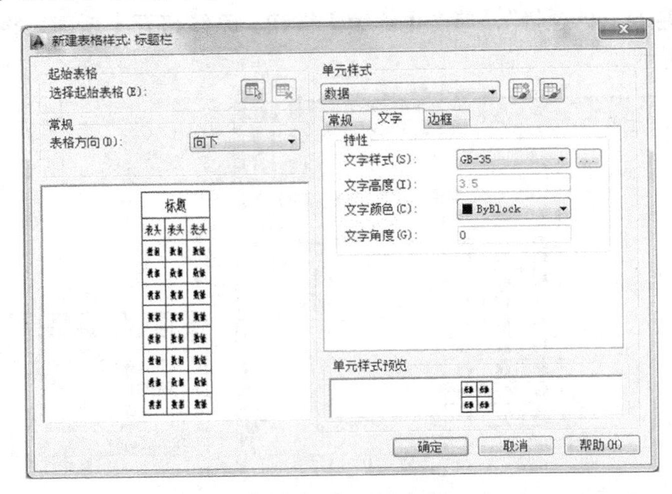

图 3-21 【新建表格样式：标题栏】对话框 2

选择【数据】选项，在【边框】选项卡的【特性】选项组中可设置数据边框线的各种形式，包括线宽、线型、颜色、是否双线、有无边框线等，如图 3-22 所示。在【线宽】下拉列表中选择 0.25mm，在【线型】下拉列表中选择“Continuous”，单击【内边框】按钮 ⊞，将设置应用于内边框线，再在【线宽】下拉列表中选择 0.50mm，在【线型】下拉列表中选择“Continuous”，单击【外边框】按钮 ⊡，将设置应用于外边框线。

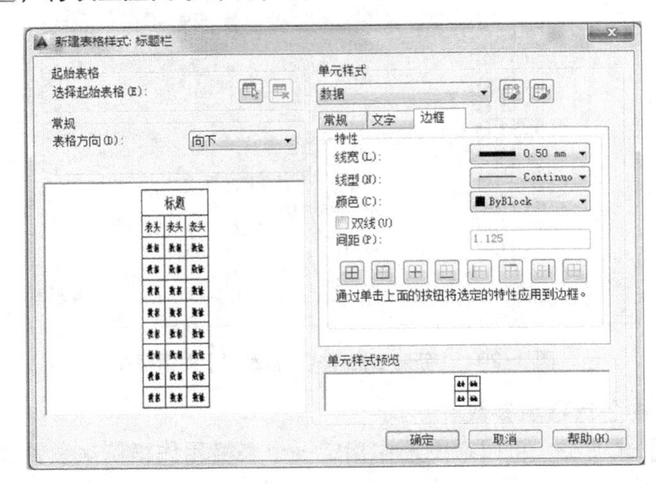

图 3-22 【新建表格样式：标题栏】对话框 3

【标题】和【表头】选项的内容及设置方法同上所述。标题栏表格不包含标题和表头，所以可不必对【标题】和【表头】选项进行设置。

3.2.2 创建表格

设置好表格样式后，可以利用表格命令创建表格。可使用下列方法之一启用表格命令。

➤ 命令行：table。
➤ 下拉菜单：选择【绘图】/【表格】菜单命令（AutoCAD 经典）。
➤ 单击【默认】功能选项卡【注释】面板中的按钮。

下面以创建图 3-23 所示的标题栏表格为例，讲解创建表格的方法和步骤，具体如下。

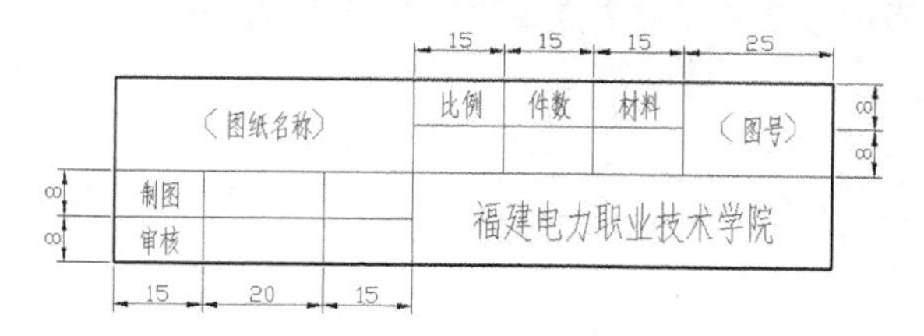

图 3-23　标题栏格式

（1）执行表格命令后，系统打开【插入表格】对话框，如图 3-24 所示。在【表格样式】下拉列表框中选择【标题栏】样式，【插入选项】选择【从空表格开始】，【插入方式】选择【指定插入点】，【列和行设置】选项组中分别输入列数“7”、列宽“15”，数据行数“4”，行高“1”，【设置单元样式】保持不变，如图 3-24 所示。单击【确定】按钮，系统在指定的插入点自动插入一个空表格，并在功能区弹出文字编辑器，如图 3-25 所示，用户可逐行逐列地输入相应的文字或数据。单击【确定】按钮，退出文字编辑器。将标题和表头两行删除，即第一、二行，只留下 4 行。

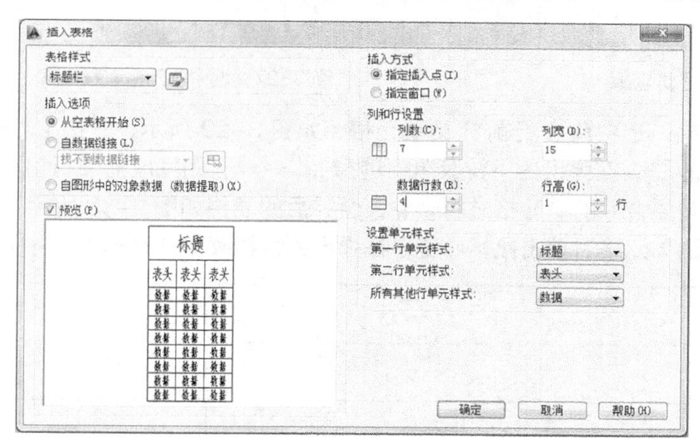

图 3-24　【插入表格】对话框

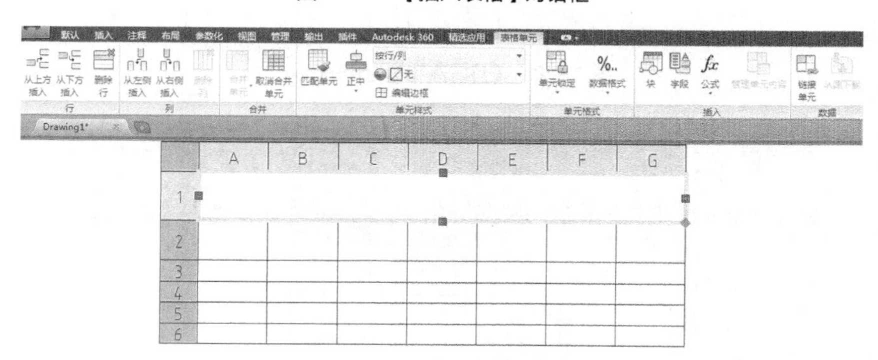

图 3-25　空表格和多行文字编辑器

（2）调整行高和列宽。选中所有单元格，单击鼠标右键，在快捷菜单中选择【特性】选项，在弹出的【特性】选项板中，将【单元高度】设为“8”，如图 3-26 所示。选中表格第二列任一单元格，在【特性】选项板中将【单元宽度】改为“20”，如图 3-27 所示。采用同样方法将第七列【单元宽度】改为“25”。调整行高和列宽后的表格如图 3-28 所示。调整行高和列宽时，也可以在选中单元格后通过移动单元格夹点来改变单元格的大小。

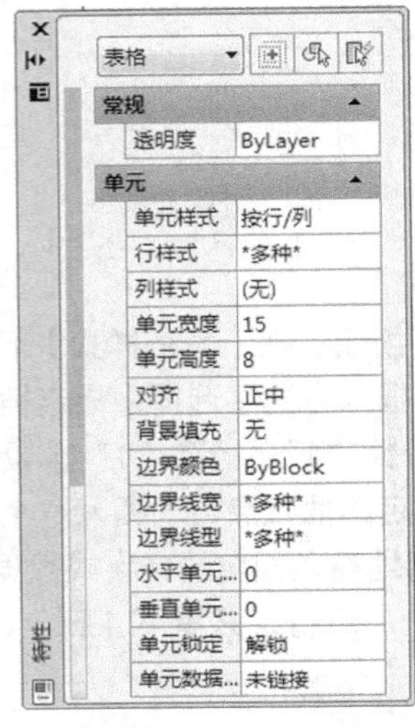

图 3-26 【特性】选项板

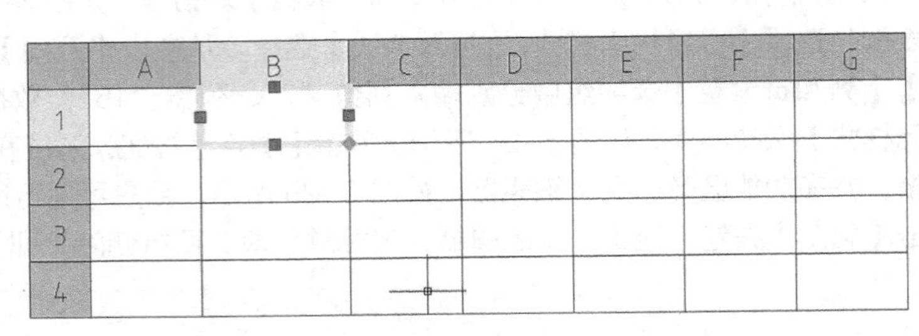

图 3-27 选中单元格调整行高

（3）合并单元格。选中前 2 行前 3 列单元格，如图 3-29 所示，单击【表格单元】选项卡中的【合并单元】按钮，在弹出的下拉菜单中选择 合并全部，则完成前 2 行前 3 列单元格的合并。采用同样的方法将需要合并的单元格进行合并，合并后的表格如图 3-30 所示。合并单元格操作，也可在选中要合并的单元格后单击鼠标右键，在弹出的快捷菜单中选择【合并】/【全部】来实现。

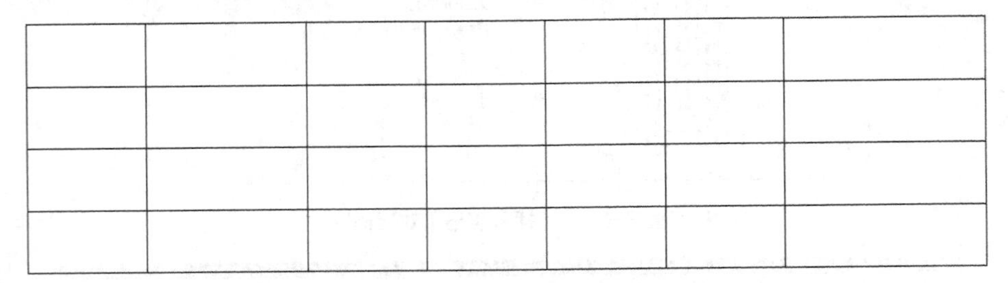

图 3-28 调整行高和列宽后的表格

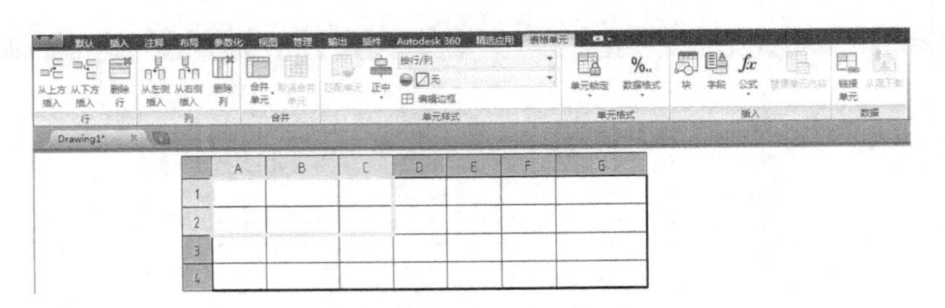

图 3-29 选中单元格进行合并

（4）填写单元格文字。在表格单元格内双击，系统弹出多行文字编辑器，即可输入或对单元格中已有文字进行编辑。单元格中的文字默认按表格样式中设置的样式和字高，但也可在多行文字编辑器中改变单元格的文字格式，如将“图纸名称”和“单位名称”单元格的文字高度改为“8”，如图 3–31 所示。

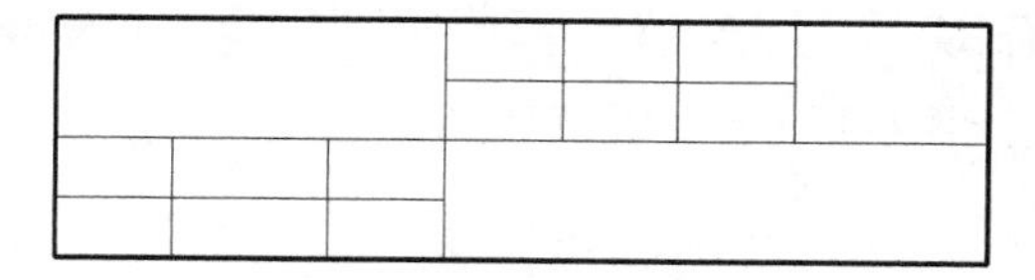

图 3–30　合并单元格后的表格

<table>
<tr><td colspan="3" rowspan="2">（图纸名称）</td><td>比例</td><td>件数</td><td>材料</td><td rowspan="2">（图号）</td></tr>
<tr><td></td><td></td><td></td></tr>
<tr><td>制图</td><td></td><td></td><td colspan="4" rowspan="2">福建电力职业技术学院</td></tr>
<tr><td>审核</td><td></td><td></td></tr>
</table>

图 3–31　填写单元格文字后的表格

3.3　尺寸样式及尺寸标注

尺寸标注是机械制图的一项重要内容，机械图样中的图形仅表示对象的结构和形状，还必须标注足够的尺寸来确定对象的真实大小和相互之间的位置关系。AutoCAD 2014 提供有一套完善的尺寸标注命令，可方便地进行尺寸标注和编辑。

3.3.1　设置尺寸标注样式

机械制图国家标准对尺寸标注的格式有具体的要求，标注尺寸前应设置好符合国家标准要求的尺寸标注样式。AutoCAD 2014 利用尺寸样式命令来设置尺寸标注的样式。可采用以下方法之一激活尺寸样式命令。

- 命令行：dimstyle。
- 下拉菜单：选择【标注】/【标注样式】菜单命令（AutoCAD 经典）。
- 单击【默认】功能选项卡【注释】面板下拉菜单中的按钮 。

执行尺寸样式命令后，系统弹出图 3–32 所示的【标注样式管理器】对话框，对话框中的【新建】按钮用于新建尺寸标注样式，【修改】按钮用于修改已有的尺寸标注样式。下面以新建一样式名为“gb–35”（即尺寸文字的字高为 3.5mm）的标注样式为例来讲解操作方法。

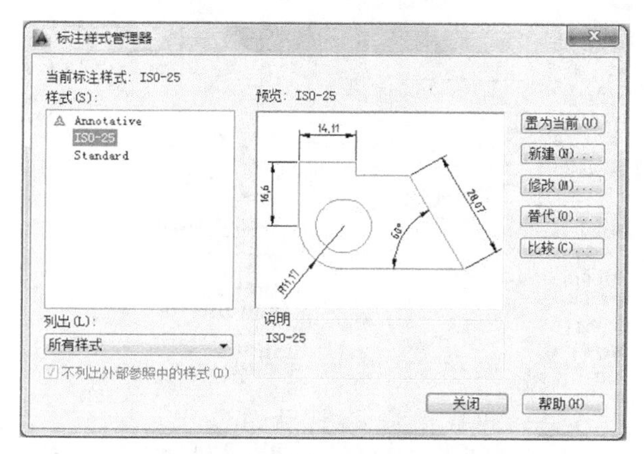

图 3–32　【标注样式管理器】对话框

单击对话框中的【新建】按钮，在弹出的【创建新标注样式】对话框的【新样式名】文本框中输入“gb-35”，如图 3-33 所示，单击【继续】按钮，AutoCAD 弹出【新建标注样式：gb-35】对话框，如图 3-34 所示。此对话框中有【线】、【符号和箭头】、【文字】等 7 个选项卡，单击各选项卡标签，切换到各选项卡界面，可以分别设置尺寸样式的所有内容。下面仅对需要更改设置的选项加以说明，需要修改的部分已在图中标出。

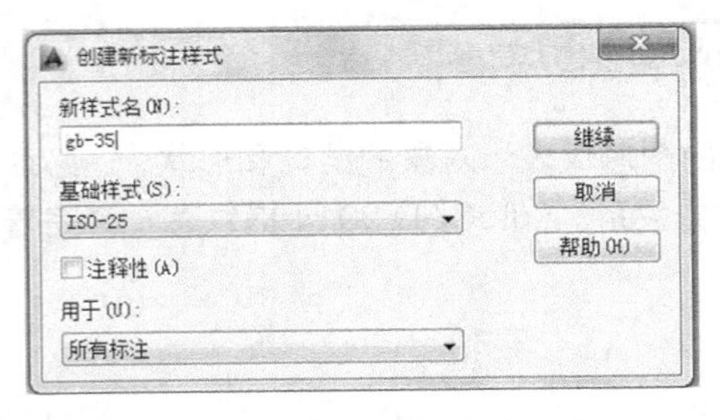

图 3-33 【创建新标注样式】对话框

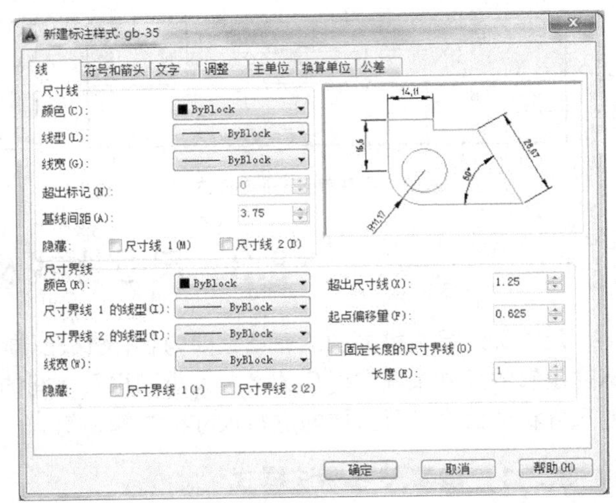

图 3-34 【新建标注样式：gb-35】对话框【线】选项卡

【线】选项卡：该选项卡用于设置尺寸线、尺寸界线的形式和特征，各选项设置如图 3-34 所示。

【符号和箭头】选项卡：该选项卡用于设置箭头、圆心标记、弧长符号和半径折弯标注等的形式、特征，各选项设置如图 3-35 所示。注意箭头的大小应与文字高度一致；应在【弧长符号】选项组选中【标注文字的上方】单选框。

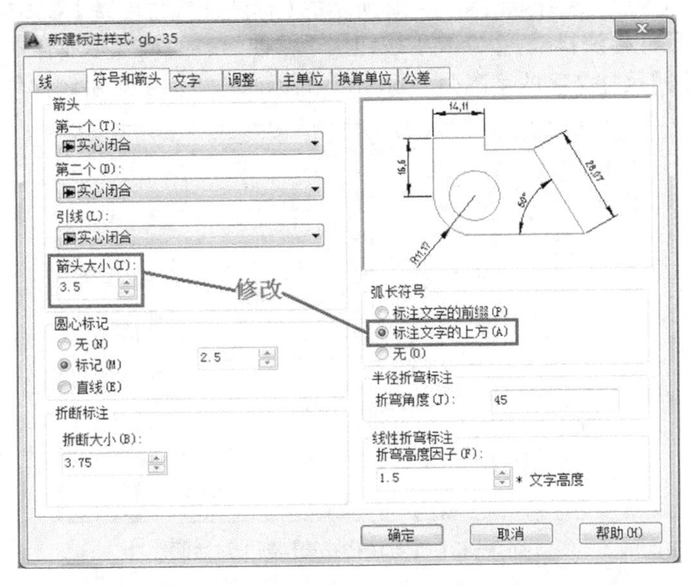

图 3-35 【新建标注样式：gb-35】对话框的【符号和箭头】选项卡

【文字】选项卡：该选项卡用于设置尺寸文本的文字外观、位置和对齐方式等，各选项设置如图 3-36 所示。

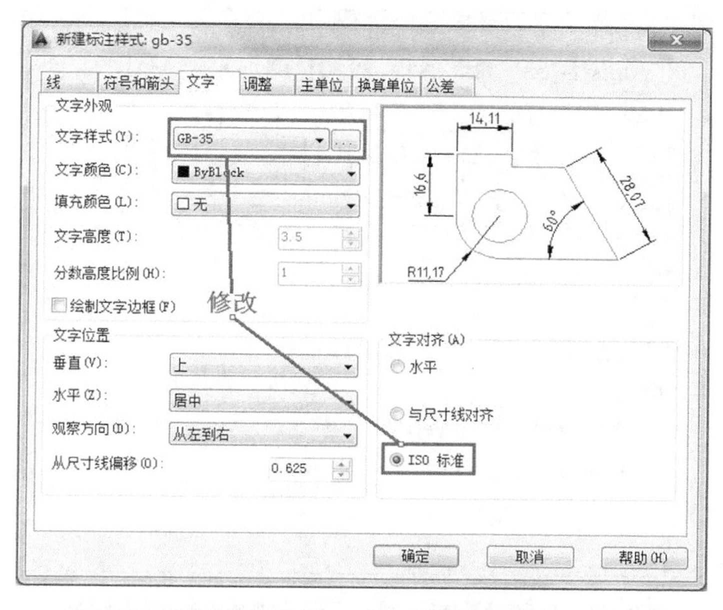

图 3-36　【新建标注样式：gb-35】对话框的【文字】选项卡

【调整】选项卡：该选项卡用于设置尺寸文本、尺寸箭头的标注位置以及标注特征比例等，各选项设置如图 3-37 所示。

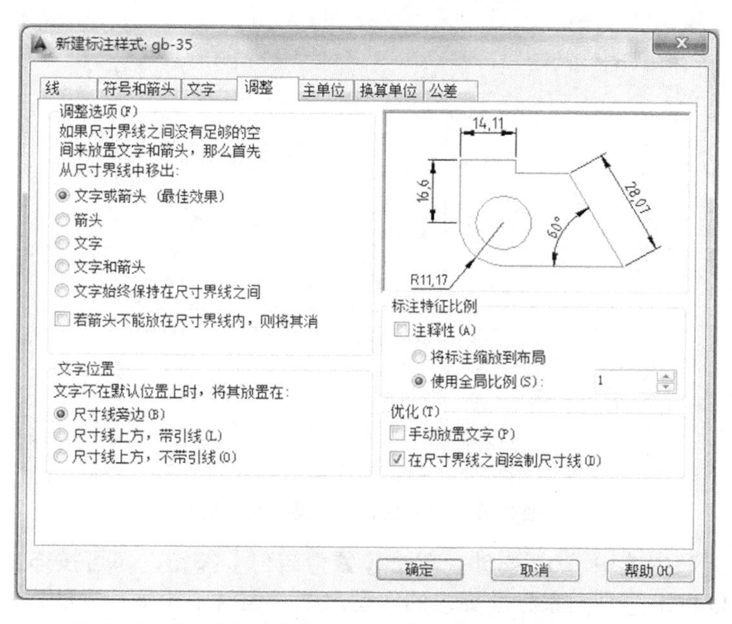

图 3-37　【新建标注样式：gb-35】对话框的【调整】选项卡

【主单位】选项卡：该选项卡用于设置尺寸标注的主单位和精度，以及给尺寸文本添加固定的前缀或后缀，各选项设置如图 3–38 所示。

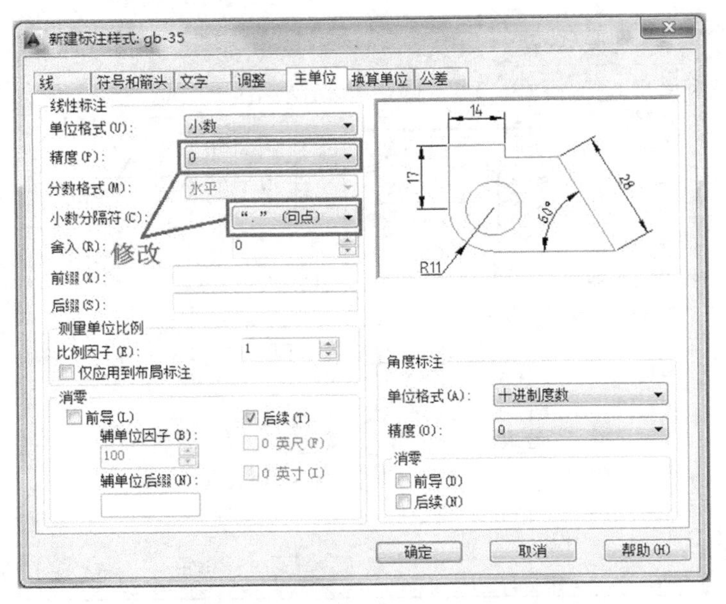

图 3–38 【新建标注样式：gb-35】对话框的【主单位】选项卡

【换算单位】和【公差】选项卡可按默认设置，单击【确定】按钮，回到【标注样式管理器】对话框，如图 3–39 所示，可以看见在【样式】列表中增加了“gb–35”样式。

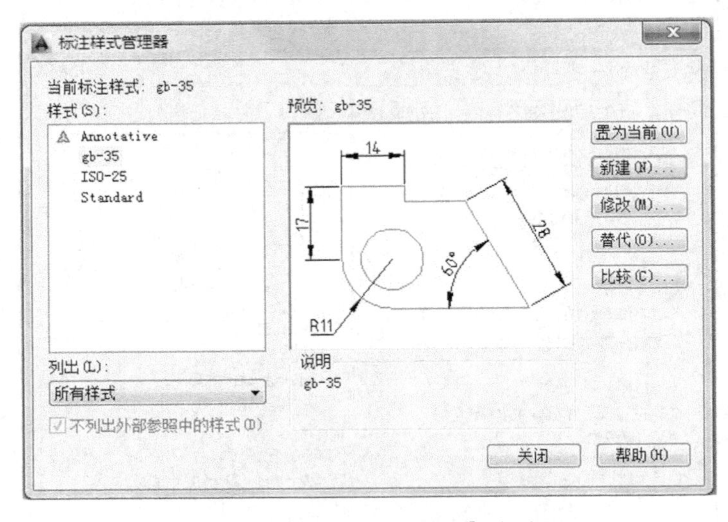

图 3–39 【标注样式管理器】对话框

在【样式】列表中选中“gb–35”，单击【置为当前】按钮，即可按样式“gb–35”标注尺寸，此样式可以标出符合国家标准要求的线型尺寸，但对于角度尺寸的标注还不符合标准，如图 3–40（a）所示。为此还应在样式“gb–35”的基础上定义专门适用于角度标注的子样式。操作方法如下。

打开【标注样式管理器】对话框，在【样式】列表框中选中“gb-35”样式，单击对话框中的【新建】按钮，弹出图 3-41 所示【创建新标注样式】对话框，在对话框的【用于】下拉列表中选中“角度标注”，其余设置不变。单击【继续】按钮打开图 3-42 所示的【新建标注样式:gb-35:角度】对话框，在【文字】选项卡中，选中【文字对齐】选项组中的【水平】单选框，其余设置不变。单击对话框中的【确定】按钮，完成角度样式的设置，返回【标注样式管理器】对话框，如图 3-43 所示，从图中可看出在样式“gb-35”的下面多了一个“角度”子样式。将“gb-35”样式设为当前样式，单击【关闭】按钮，则完成标注样式的全部设置。至此，采用“gb-35”样式所标注的角度尺寸将符合国标要求，如图 3-40（b）所示。

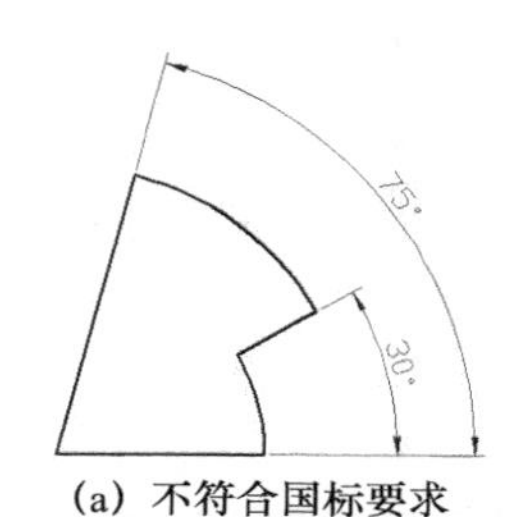

(a) 不符合国标要求　　(b) 符合国标要求

75°
30°

图 3-40　角度的标注

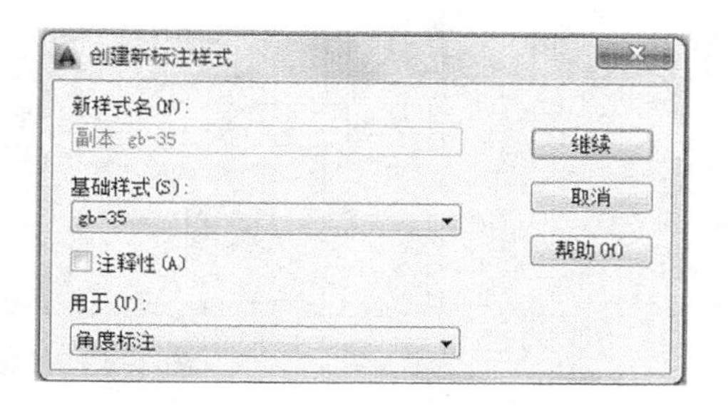

图 3-41　设置角度标注样式

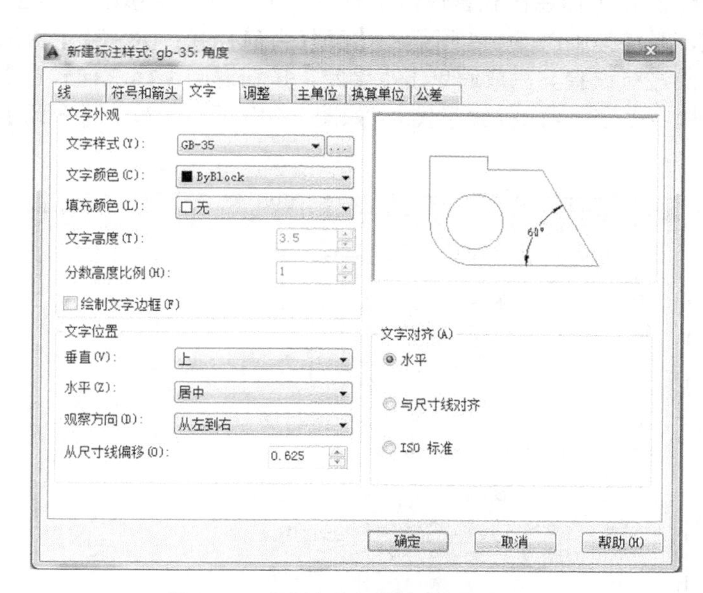

图 3-42　设置角度标注的文字对齐方式

根据不同的需要，用户可以创建不同的标注样式。在图 3-43 所示的【标注样式管理器】对话框中，在【样式】列表框中显示了所有的尺寸标注样式。在列表中选择合适的标注样式，单击【置为当前】按钮，即可将所选择的样式置为当前，随后进行的尺寸标注以及尺寸的外观和功能均取决于当前尺寸样式的设定。

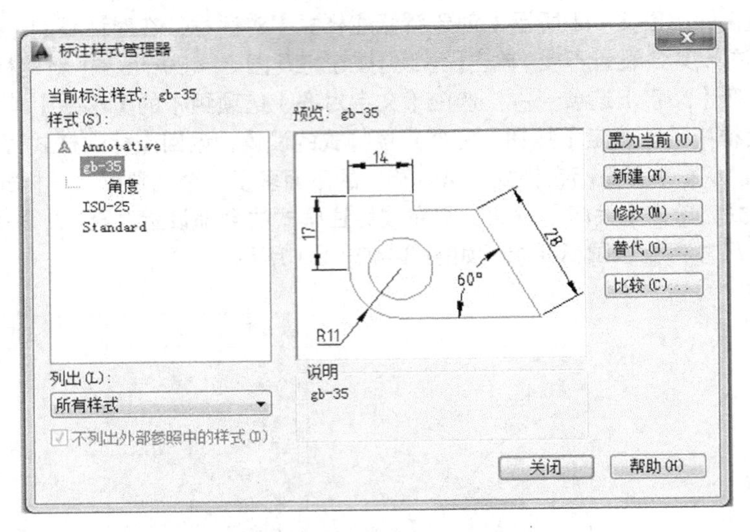

图 3-43 【标注样式管理器】对话框

当需对已有标注样式进行局部修改，或对已有标注样式中某个选项进行修改时，可以采用替代标注样式的方法。在【标注样式管理器】对话框中，选中要修改的标注样式“gb-35”，单击【替代】按钮，系统弹出图 3-44 所示的【替代当前样式：gb-35】对话框，可在其中对需要修改的选项分别进行设置。完成后单击【确定】按钮返回【标注样式管理器】对话框，此时在【样式】列表框中多了一项<样式替代>，如图 3-45 所示，单击【关闭】按钮即可完成替换标注样式。

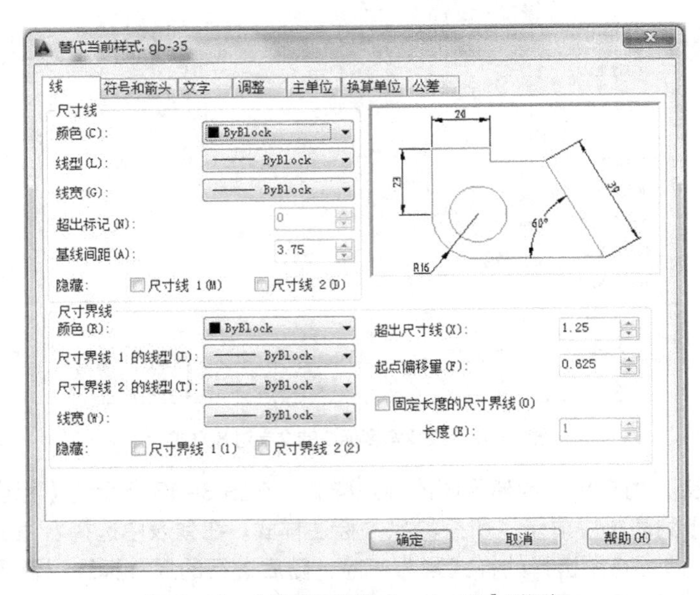

图 3-44 【替代当前样式：gb-35】对话框

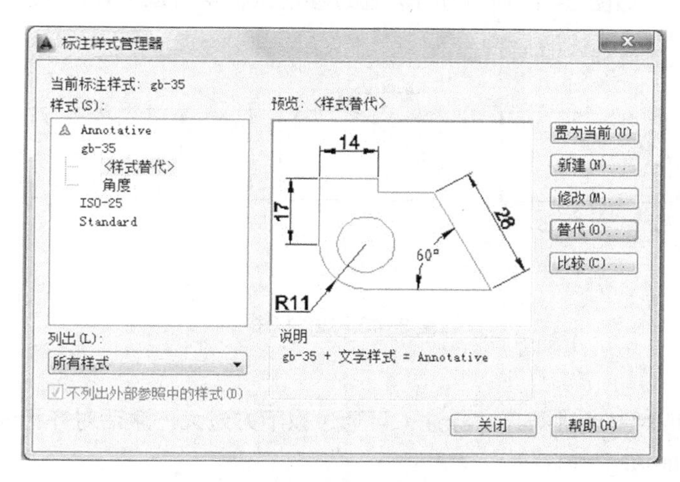

图 3-45 【标注样式管理器】对话框

3.3.2 尺寸的标注

设置好尺寸标注样式后，即可选择合适的尺寸标注样式，利用尺寸标注命令进行尺寸标注。AutoCAD 2014 提供了多种尺寸标注命令，可方便地进行尺寸标注和尺寸编辑。

1. 线性标注

线性标注命令可用于标注水平和垂直尺寸，可通过以下方法之一激活线性标注命令。

➤ 命令行：dimlinear 或 dli。

➤ 下拉菜单：选择【标注】/【线性】菜单命令（AutoCAD 经典）。

➤ 单击【默认】功能选项卡【注释】面板中的按钮 ⊢⊣（【注释】功能区【标注】面板亦包含了标注的常用功能按钮）。

执行命令后系统提示如下。

命令: _dimlinear

指定第一条尺寸界线原点或 <选择对象>: 指定第一条尺寸界线起点。

指定第二条尺寸界线原点: 指定第二条尺寸界线起点。

指定尺寸线位置或[多行文字(M)/文字(T)/角度(A)/水平(H)/垂直(V)/旋转(R)]: 移动鼠标指定尺寸线的位置。

系统默认按已设置的标注样式标注出尺寸。

当提示指定第一条尺寸界线时，按 Enter 键，系统提示选择对象，此时选择一个对象，则系统将标注该对象尺寸，如图 3-46（a）所示。

当提示指定尺寸线位置时，可通过选项标识符来更改默认标注，各选项含义如下。

[多行文字（M）]：用于在多行文本编辑器中输入尺寸文本。

[文字（T）]：用于在命令行中输入尺寸文本。

[角度（A）]：用于改变尺寸文本的角度。

[水平（H）]、[垂直（V）]：指定标注水平尺寸或垂直尺寸。如图 3-46 所示，当选择 1 点和 2 点后，若输入选项“H”，则只能标出水平尺寸，如图 3-46（b）所示；若输入选项“V”，

则只能标出垂直尺寸，如图 3-46（c）所示。通过移动鼠标至合适位置，系统会自动变换“水平”或“垂直”模式。

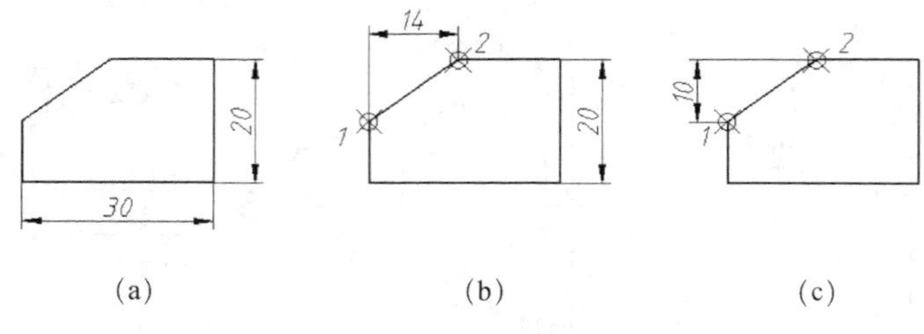

(a)　　(b)　　(c)

图 3-46　线性标注

2. 对齐标注

对齐标注命令可对斜线进行尺寸标注，可通过以下方法之一激活对齐标注命令。

- 命令行：dimaligned。
- 下拉菜单：选择【标注】/【对齐】菜单命令（AutoCAD 经典）。
- 单击【默认】功能选项卡【注释】面板按钮中的 。

单击【注释】面板中的按钮 线性，在弹出的下拉菜单中有常用的几种标注方式：线性、对齐、角度、弧长、半径、直径、坐标、折弯。

执行命令后系统提示如下。

命令：_dimaligned

指定第一条尺寸界线原点或<选择对象>：指定第一条尺寸界线起点 1。

指定第二条尺寸界线原点：指定第二条尺寸界线起点 2。

指定尺寸线位置或[多行文字(M)/文字(T)/角度(A)]：移动鼠标指定尺寸线的位置。

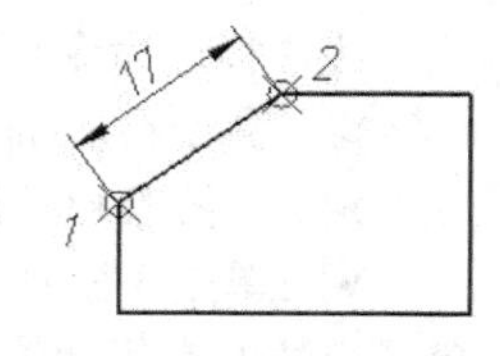

图 3-47　对齐标注

有关操作和选项含义与线性标注相同。对齐标注图例如图 3-47 所示。

3. 基线标注

基线标注命令可标注从同一基线开始的多个尺寸。可通过以下方法之一激活基线标注命令。

- 命令行：dimbaseline。
- 下拉菜单：选择【标注】/【基线】菜单命令（AutoCAD 经典）。
- 单击【注释】功能选项卡【标注】面板中的按钮 。

在执行该命令操作之前，应先标注一个尺寸，基线标注会自动将此尺寸的第一个尺寸界线作为基线。执行基线标注命令后系统提示如下。

命令：_dimbaseline

指定第二条尺寸界线原点或 [放弃(U)/选择(S)] <选择>:

此时指定另一个尺寸的第二条尺寸界线的引出点的位置就可自动标注尺寸，提示会重复出现，直到标完该基线的所有尺寸，按 Enter 键结束命令，如图 3-48 所示。

4. 连续标注

连续标注命令可标注一系列首尾相接的尺寸。可通过以下方法之一激活连续标注命令。

- 命令行：dimcontinue。
- 下拉菜单：选择【标注】/【连续】菜单命令（AutoCAD 经典）。

➤ 单击【注释】功能选项卡【标注】面板中的按钮 ├┼┤。

在执行该命令之前，应先标注一个尺寸，连续标注会自动将此尺寸的第二个尺寸界线作为第二个尺寸的起点，命令的提示及操作方法与基线标注相同。连续标注图例如图 3-49 所示。

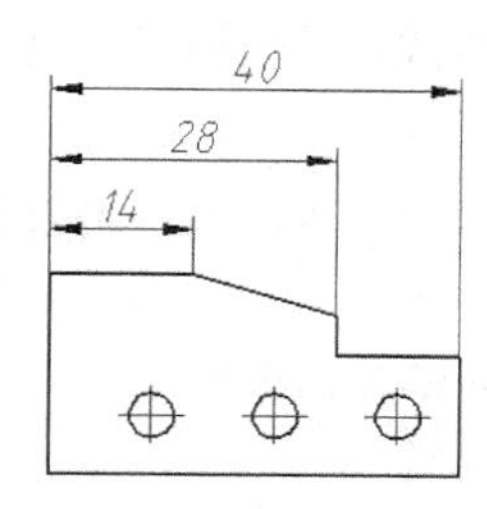

图 3-48 基线标注

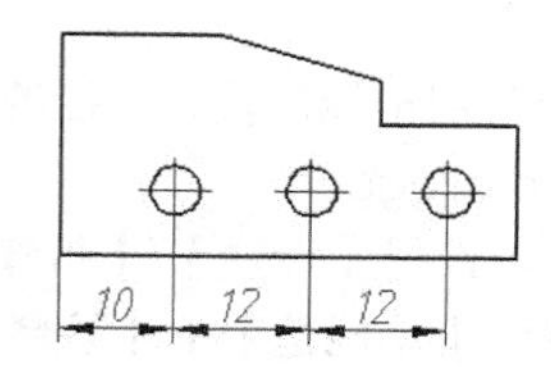

图 3-49 连续标注

5. 半径标注

半径标注命令用于标注圆或圆弧的半径。可通过以下方法之一激活半径标注命令。

➤ 命令行：dimradius。

➤ 下拉菜单：选择【标注】/【半径】菜单命令（AutoCAD 经典）。

➤ 单击【默认】功能选项卡【注释】面板中的按钮 ◷。

执行命令后系统提示如下。

命令：_dimradius

选择圆弧或圆：选择需要标注的圆或圆弧。

指定尺寸线位置或[多行文字(M)/文字(T)/角度(A)]：确定标注线的位置或输入选项标识符。

如果需要修改系统自动生成的尺寸文字，可在输入新文字时加半径符号“R”。

半径标注的图例如图 3-50、图 3-51 所示中的“*R*5”。图 3-51 所示为两种半径标注的文字对齐方式，根据用户需要可在【标注样式管理器】对话框中定义用于半径标注和直径标注的样式，并在【文字对齐】选项组选择【ISO 标准】或【与尺寸线对齐】单选框。具体操作方法与创建角度标注样式的方法相同，这里不再赘述。

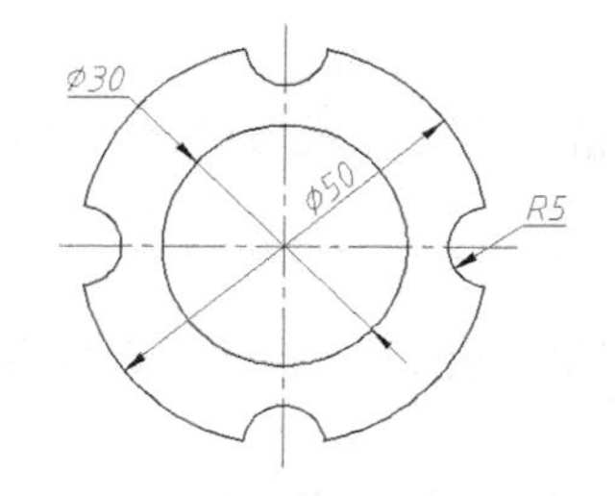

图 3-50 半径和直径标注

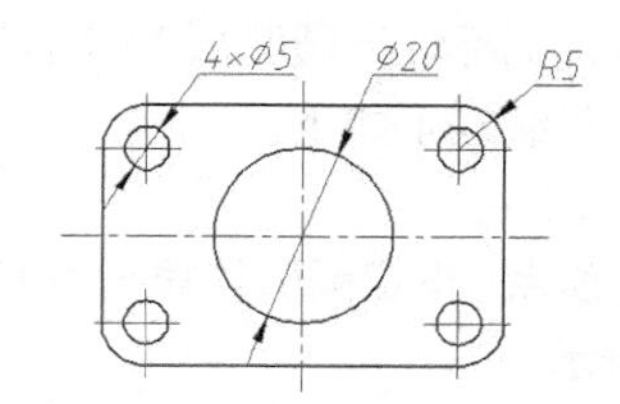

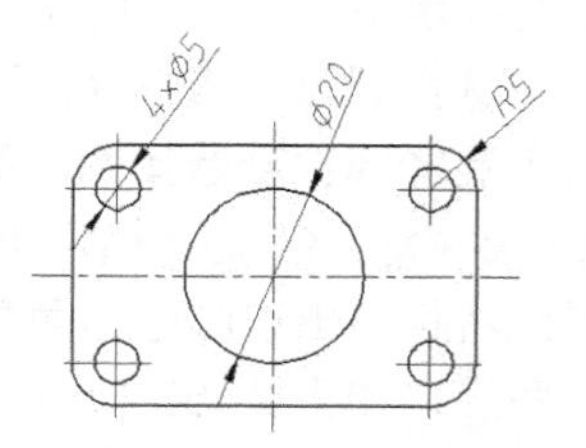

图 3-51 半径和直径标注的文字对齐方式

6. 直径标注

直径标注命令用于标注圆或圆弧的直径。可通过以下方法之一激活直径标注命令。

➤ 命令行：dimdiameter。

➤ 下拉菜单：选择【标注】/【直径】菜单命令（AutoCAD 经典）。

➤ 单击【默认】功能选项卡【注释】面板中的按钮 ⊘。

执行命令后提示及操作方法步骤与半径标注相同，如果需要修改系统自动生成的尺寸文字，可在输入新文字时加直径符号“%%C”。

如图 3-51 所示，标注“4×ϕ5”时，可在选择圆后通过输入选项标识符“M”，激活多行文字编辑器，在编辑器中“ϕ5”前输入“4×”，也可先标注出“ϕ5”，之后再通过尺寸编辑命令修改。与半径标注一样，直径标注也有两种常用的文字对齐方式，可根据需要灵活设置。

7. 折弯标注

折弯标注命令常用于标注较大半径的圆弧。可通过以下方法之一激活折弯标注命令。

- 命令行：dimjogged。
- 下拉菜单：选择【标注】/【折弯】菜单命令（AutoCAD 经典）。
- 单击【默认】功能选项卡【注释】面板中的按钮。

执行命令后系统提示如下。

命令：_dimjogged

选择圆弧或圆：选择需要标注的圆弧。

指定图示中心位置：指定一点来代替圆心位置。

标注文字=100

指定尺寸线位置或[多行文字(M)/文字(T)/角度(A)]：指定一点确定尺寸线位置。

指定折弯位置：指定一点确定折弯位置。

标注结果如图 3-52 所示。

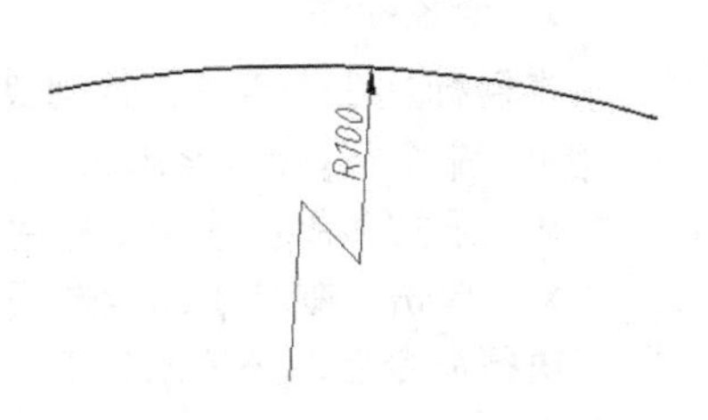

图 3-52 折弯标注

8. 角度标注

角度标注命令用于标注角度尺寸。可通过以下方法之一激活角度标注命令。

- 命令行：dimangular。
- 下拉菜单：选择【标注】/【角度】菜单命令（AutoCAD 经典）。
- 单击【默认】功能选项卡【注释】面板中的按钮。

执行命令后系统提示如下。

选择圆弧、圆、直线或 <指定顶点>:

在此提示下可有不同的操作，具体如下。

（1）选择圆弧：若选择圆弧，则标注出圆弧所对应的圆心角的角度，如图 3-53（a）所示。

（2）选择圆：若选择圆，则系统提示如下。

指定角的第二个端点：指定第二个点。

系统将标注出以圆心为角度顶点、指定圆时的第一点和按提示指定的第二点作为尺寸界线起止点的角度，如图 3-53（b）所示。

（3）选择直线：若选择一条直线，则系统提示选择第二条直线，按提示选择第二条直线后，则标出两直线间的夹角。移动鼠标可以选择标注锐角或钝角，如图 3-53（c）、图 3-53（d）所示。

（4）指定顶点：通过指定 3 个点来标注角度。激活角度标注命令后按 Enter 键，则系统提示如下。

指定角的顶点：指定角度顶点 1。

指定角的第一个端点：指定第一个端点 2。

指定角的第二个端点：指定第二个端点 3。

指定 3 个点后，角度标注如图 3-53（e）所示。

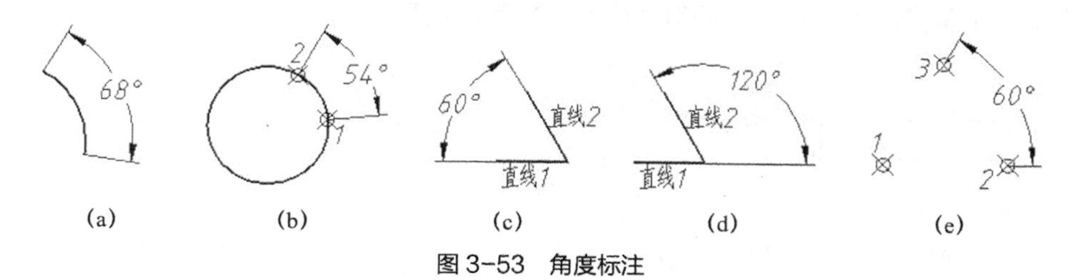

图 3-53 角度标注

公差标注等其他标注命令将在后续章节中介绍。

3.3.3 尺寸的编辑

完成尺寸标注的创建后，根据需要还可以对标注的文字、位置及样式进行修改编辑。AutoCAD 提供了多种编辑尺寸的方法。通过修改标注样式的方法可同时对图形中的尺寸进行编辑，通过尺寸标注编辑命令可对需要编辑的尺寸标注进行全面的修改编辑，还可以通过夹点操作快速编辑尺寸标注的位置、通过属性选项板修改选定尺寸的各属性值等。

1. 使用编辑文字命令 ddedit 编辑尺寸文字

可通过以下方法之一激活编辑文字命令。

➤ 命令行：ddedit。

➤ 下拉菜单：选择【修改】/【对象】/【文字】/【编辑】菜单命令（AutoCAD 经典）。

➤ 单击文字工具栏中的按钮 A（AutoCAD 经典）。

执行命令后，系统提示如下。

```
命令： _ddedit
选择注释对象或 [放弃(U)]:
```

选择想要修改的尺寸，则弹出多行文字编辑器，可在此编辑器中对尺寸文字进行编辑。

2. 使用编辑标注命令 dimedit 编辑尺寸文字和尺寸界线角度

可通过以下方法之一激活编辑标注命令。

➤ 命令行：dimedit。

➤ 单击标注工具栏中的按钮 ⊢⊣（AutoCAD 经典）。

➤ 单击【注释】功能选项卡【标注】面板下拉菜单中的按钮 ⊢⊣。

执行命令后，系统提示如下。

```
命令：dimedit
输入标注编辑类型 [默认(H)/新建(N)/旋转(R)/倾斜(O)] <默认>:
```

命令行中各选项功能如下。

[默认（H）]：选择此项，可将选定的标注文字移回到由标注样式指定的默认位置和旋转角。

[新建（N）]：选择此项，AutoCAD 将打开多行文字编辑器，可利用此编辑器进行尺寸文本的修改。

[旋转（R）]：用于改变尺寸文本行的倾斜角度。图 3-54（a）所示为默认的标注，图 3-54（b）所示为将文本行倾斜 60° 后的效果。

[倾斜（O）]：默认情况下，长度尺寸的尺寸界线垂直于尺寸线。选择此项，可修改长度尺寸标注的尺寸界线，使其倾斜一定角度，与尺寸线不垂直。图 3-55（a）所示为默认的标注，图 3-55（b）所示为修改尺寸界线的倾斜角度为 30° 后的效果。

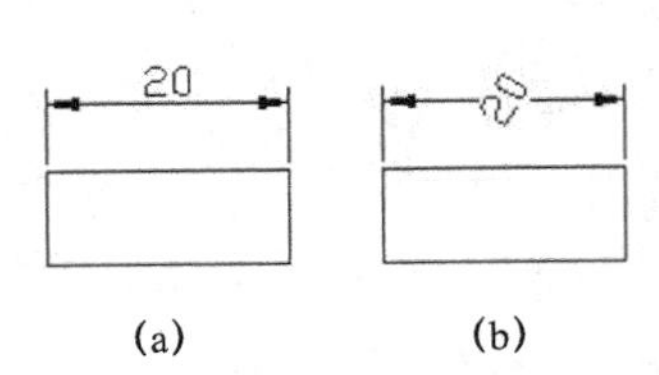

图 3-54　改变尺寸文本行的倾斜角度

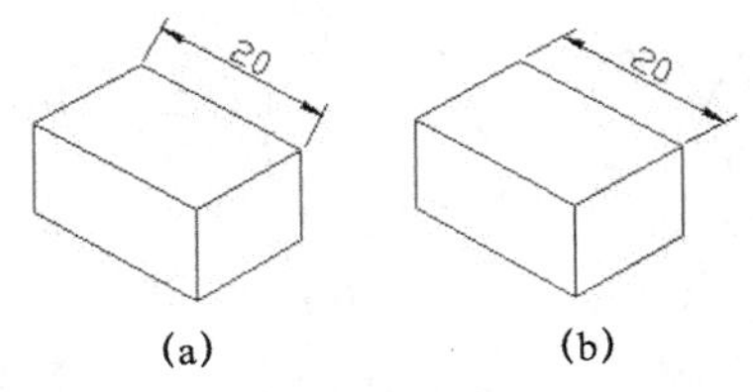

图 3-55　改变尺寸界线的倾斜角度

3. 使用编辑标注文字命令 dimtedit 调整标注文字位置

可通过以下方法之一激活编辑标注文字命令。

- 命令行：dimtedit。
- 单击标注工具栏中的按钮 （AutoCAD 经典）。
- 单击【注释】功能选项卡【标注】面板下拉菜单中的按钮 。

执行命令后，系统提示如下。

```
命令：_dimtedit
选择标注：
指定标注文字的新位置或 [左对齐(L)/右对齐(R)/居中(C)/默认(H)/角度(A)]：
```

命令行各选项功能如下。

[指定标注文字的新位置]：用于更新尺寸文本的位置，可用鼠标将文本拖到新位置。

[左对齐（L）] / [右对齐（R）]：使尺寸文本沿尺寸线左（右）对齐，此选项只对长度尺寸、半径尺寸、直径尺寸标注起作用。

[居中（C）]：将尺寸文本放置于尺寸线的中间位置。

[默认（H）]：将尺寸文本按默认位置放置。

[角度（A）]：用于改变尺寸文本行的倾斜角度。此项与 dimedit 命令中的 [旋转（R）] 选项效果相同。

4. 使用夹点调整标注位置

使用夹点可以很方便地移动尺寸线、尺寸界线和标注文字的位置。选中需调整的尺寸后，可以通过调整尺寸线两端或标注文字所在处的夹点来调整标注的位置，也可以通过调整尺寸界线夹点来调整标注长度。如图 3-56（a）所示标注，选中尺寸“8”后，在尺寸上即显示夹点，用鼠标选中该尺寸线任一端的夹点并向上拖放到合适位置，如图 3-56（b）所示，放开鼠标后即移动了标注的位置。此时再选中该尺寸左边尺寸界线的夹点，将其向左拖动，并捕捉到左侧的端点，如图 3-56（c）所示，放开鼠标后即改变了该尺寸的标注长度，如图 3-56（d）所示。

5. 通过【特性】选项板修改选定尺寸

用鼠标双击选定尺寸，或选中尺寸后单击鼠标右键，在弹出的快捷菜单中选择【特性】选项，则系统弹出尺寸的【特性】选项板，如图 3-57 所示，在该选项板中可修改选定尺寸的各属性值。

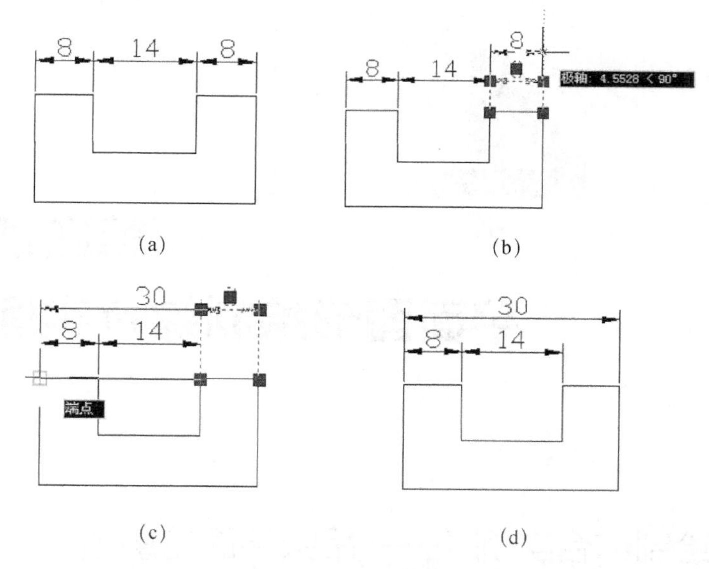

图 3-56 使用夹点调整标注位置

图 3-57 尺寸的【特性】选项板

思考与练习

1. 定义名为“技术要求”的符合机械制图国家标准的文字样式，并创建如下多行文字段。

> 技术要求
> 1. 未注明倒角为 *C*1。
> 2. 未注明圆角为 *R*3～*R*5。
> 3. 不加工表面涂面漆。

其中“技术要求”字高为 5，其余字高为 3.5，行间距为 1.5。

2. 定义名为“参数表”的表格样式，并创建表 3-2，填写表 3-2 中各单元文字。

表 3-2 参数表

符号	公称尺寸	连接尺寸标准	密封面类型	用途或名称
A_{1-2}	100	HG20592-97 PL100-1.6	Rf	进水口
B_{1-2}	20	Rc1/2	内螺纹	压力表接口
C_{1-4}	65	HG20592-97 PL65-1.6	Rf	蒸汽进口
D_{1-2}	100	HG20592-97 PL65-1.6	Rf	蒸汽出口
E	150	HG20592-97 PL150-1.6	Rf	出水口
F	50	HG20592-97 PL50-1.6	Rf	溢流口

3. 定义名为“平面图形标注”的符合国家标准要求的尺寸标注样式，并对第二章中的思考与练习题进行尺寸标注。

Chapter 4

第四章 平面图形绘制综合实例

4.1 平面图形绘制综合实例 1——吊钩平面轮廓图

图 4-1 所示为吊钩平面轮廓图，在绘制平面图形之前，应先对图形进行分析。图形分析包括尺寸分析和线段分析，即根据定形尺寸和定位尺寸，判别出已知线段、中间线段和连接线段。

定形尺寸和定位尺寸均已知的线段称为已知线段，图 4-1 中的已知线段有吊钩上部的钩环同心圆 $\phi16$ 和 $\phi40$、钩子弯曲部分的圆弧 $R20$ 和 $R45$；已知定形尺寸和不完整的定位尺寸的线段称为中间线段，图 4-1 中的中间线段有钩子尖端部分的圆弧 $R22$ 和 $R25$；没有定位尺寸的线段称为连接线段，图 4-1 中的连接线段有钩子尖端部分的圆弧 $R3$、钩柄部分过渡圆弧 $R20$、钩柄部分连接 $R20$ 和 $\phi40$ 的公切线。对图形的尺寸和线段性质进行分析后，按照先画已知线段、再画中间线段、最后绘制连接线段的顺序，逐步完成图形轮廓的绘制。完成之后，还需对点画线线型比例等细节进行调整修改，并标注尺寸，经检查无误后保存，完成整个图形的绘制。具体绘图步骤如下。

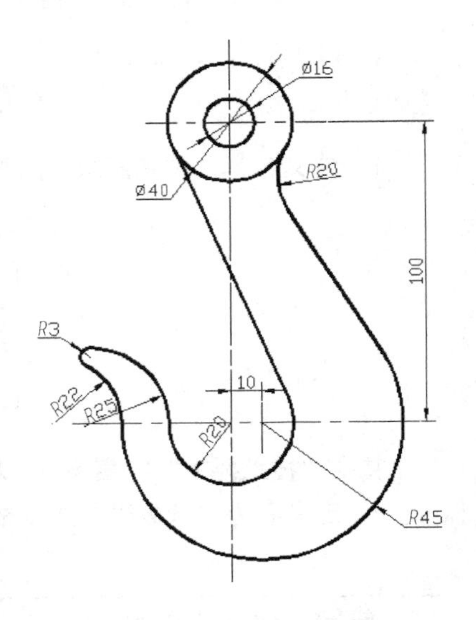

图 4-1 吊钩平面轮廓图

1. 创建新的图形文件

（1）激活新建命令，创建一个新的图形文件。

（2）绘图环境的设置。按前面章节讲述的方法设置图形界限、图层、文字样式、标注样式等。根据对图形尺寸的分析，应设置图形界限为 210mm × 297mm，图层中应至少有【粗实线】层、【点画线】层和【标注】层，若图中没有用到【虚线】层则可不设。为提高绘图速度，应将【对象捕捉】、【极轴追踪】、【对象捕捉追踪】、【动态输入】等选项设置为“开”状态，并在【对象捕捉】选项卡中合理选择“端点”“中点”“圆心”“交点”等对象捕捉模式。

吊钩平面轮廓图

2. 绘制作图基准线

（1）切换到【点画线】图层。

（2）利用直线命令，绘制水平中心线①，长度为 120，如图 4-2 所示。

（3）利用直线命令，绘制水平中心线②，长度为 120，与中心线①的距离为 100，如图 4-2 所示。利用直线命令作图时，可利用对象捕捉追踪功能，当捕捉到中心线①的端点时，垂直向上移动鼠标，在对象捕捉追踪的虚线亮起时输入 100，确定中心线②的端点。中心线②也可利用中心线①，用复制或偏移的方法得到，复制或偏移距离为 100。

3. 绘制已知线段

（1）切换到【粗实线】图层。

（2）利用圆命令，分别捕捉到交点 *A*、*B*、*C*，绘制 ϕ16、ϕ40 和 *R*20、*R*45 4 个圆，如图 4-3 所示。

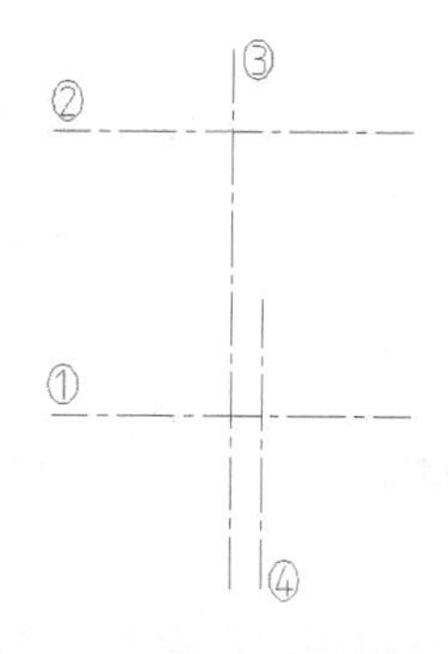

图 4-2 绘制作图基准线

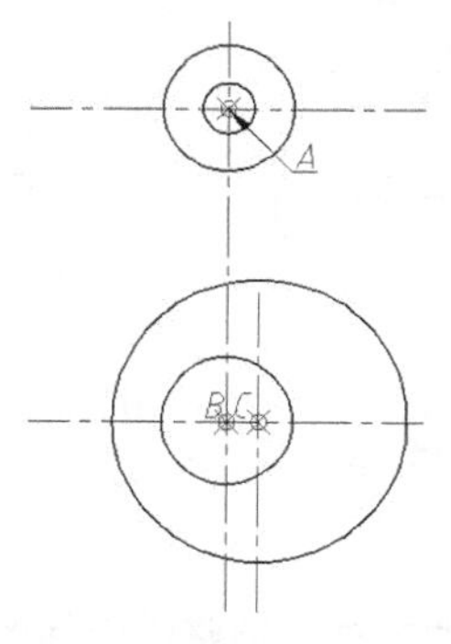

图 4-3 绘制已知线段

4. 绘制中间线段

（1）绘制连接直线。利用直线命令，捕捉到圆心 *A* 确定直线的第一点，捕捉到 *R*45 圆的切点确定直线的第二点，如图 4-4（a）所示，作出直线①。利用直线命令，分别捕捉到 ϕ40 和 *R*20 圆的圆心确定直线的端点，作出直线②，如图 4-4（b）所示。

（2）绘制钩尖 *R*22 和 *R*25 的圆弧。这两个圆弧分别与 *R*45 和 *R*20 圆相切，且圆心在中心线上。利用圆命令，捕捉到 *R*45 圆与中心线的交点 *D*，利用对象捕捉追踪功能，向左移动鼠标，当对象捕捉追踪虚线亮起时输入 22，如图 4-5（a）所示，确定 *R*22 圆的圆心位置，输入半径 22 画出 *R*22 圆，如图 4-5（b）所示。采用同样的方法，捕捉到交点 *E*，输入 25 确定圆心位置，输入半径 25 绘制 *R*25 圆，如图 4-5（c）所示。

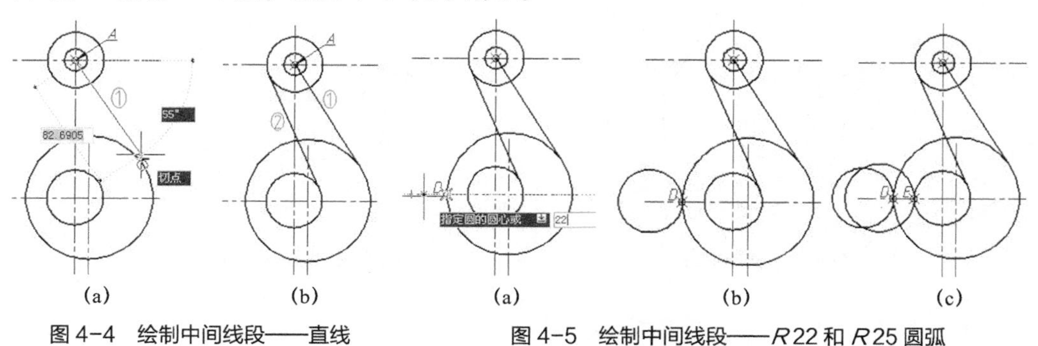

图 4-4 绘制中间线段——直线

图 4-5 绘制中间线段——*R*22 和 *R*25 圆弧

（3）利用修剪命令，将多余的线条修剪掉，如图 4-6 所示。

5. 绘制连接线段

（1）绘制钩环 ϕ40 圆和连接直线的过渡圆弧 R20。利用圆角命令，注意将修剪模式设置为“不修剪”，绘制过渡圆弧 R22，如图 4-7（a）所示。

（2）利用圆角命令，绘制钩尖部分 R3 圆弧。在激活圆角命令后，同样要注意修剪模式，此时应将修剪模式设置为“修剪”，结果如图 4-7（b）所示。

（3）利用修剪命令，将图 4-7（a）中待修剪的线条修剪掉，结果如图 4-7（b）所示。

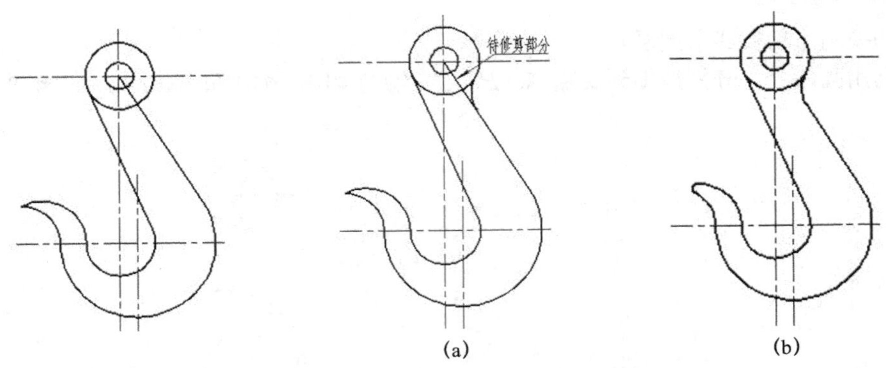

图 4-6　修剪多余线条

图 4-7　绘制圆弧 R20、R22 和 R3

6. 修整图线

利用夹点编辑的方法，调整中心线的长度，使图形符合机械制图相关国家标准的规定，结果如图 4-8 所示。

7. 标注尺寸

（1）激活线性标注命令，在合适的位置标注 10 和 100 两个线性尺寸，如图 4-9 所示。

（2）激活直径标注命令，在合适的位置标注 ϕ40 和 ϕ16 两个圆的直径，如图 4-10 所示。

（3）激活半径标注命令，在合适的位置标注图中各段圆弧的半径，如图 4-11 所示。

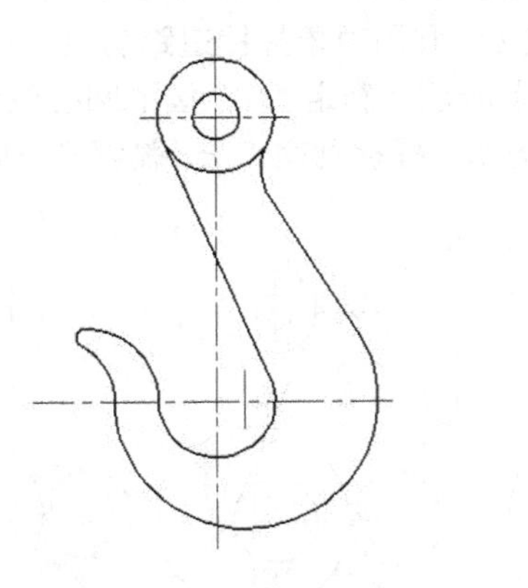

图 4-8　修整图线

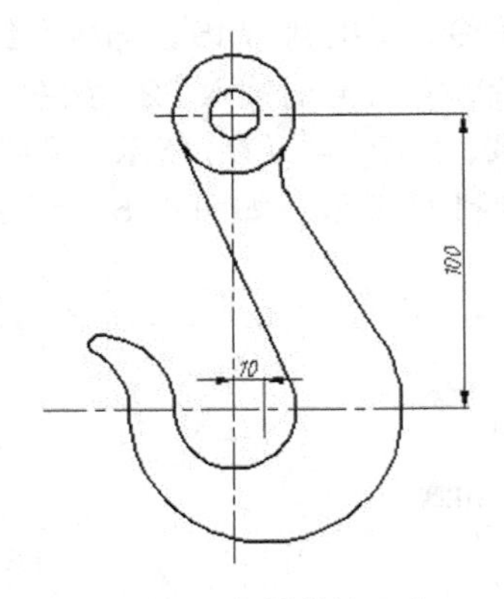

图 4-9　标注线性尺寸

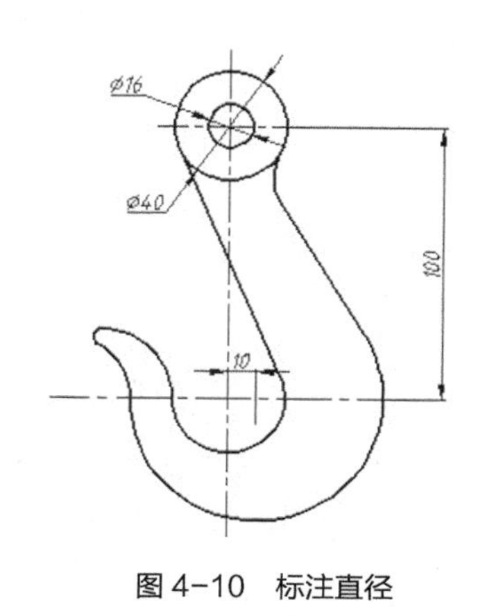

图 4–10　标注直径

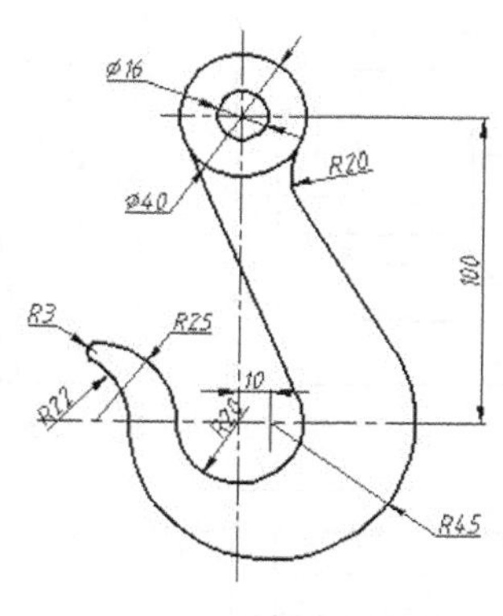

图 4–11　标注各圆弧半径

4.2　平面图形绘制综合实例 2——组合体三视图

图 4–12（a）所示为一组合体的三视图。在绘制组合体的三视图之前，应采用形体分析的方法对图形进行分析。所谓形体分析，就是假想将组合体分解成若干个基本组成部分，进而分析各基本组成部分的结构形状及它们之间的位置关系和表面连接关系的方法。对于该组合体，可以将其分为 4 个基本组成部分：带圆角和安装孔的长方体底板、圆筒、支承板和肋板，如图 4–12（b）所示。画图时，各个基本组成部分在 3 个视图中要同时绘制，并注意三视图之间的投影对应关系。具体作图步骤分析如下。

1. 创建新的图形文件

（1）利用新建命令，创建一个新的图形文件。

（2）绘图环境的设置。按前面章节讲述的方法设置图形界限、图层、文字样式、标注样式等。根据对图形尺寸的分析，应设置图形界限为 420mm × 297mm，图层中应至少有【粗实线】层、【点画线】层、【虚线】层、【标注】层及【辅助线】层。为提高绘图速度，应将【对象捕捉】、【极轴追踪】、【对象捕捉追踪】、【动态输入】等选项设置为“开”状态，并在【对象捕捉】选项卡中合理选择“端点”“中点”“圆心”“交点”等对象捕捉模式。

2. 绘制作图基准线

三视图

（1）切换到【点画线】图层。

（2）利用直线命令，作出直线①，长度应大于主视图总长度（95）。

（3）利用直线命令，作出直线②和直线③，直线②和直线①之间的距离为 55，直线③长度应大于主视图总高度（75）。

（4）利用直线命令，作出直线④，直线④与直线③垂直对齐，长度大于俯视图总宽度（60）。

（5）利用直线命令，作出直线⑤和直线⑥。为了在视图之间预留标注尺寸的位置，直线⑤和直线②之间的距离约为 65，直线⑥和直线③之间的距离约为 80。

（6）利用直线命令，作出直线⑦和直线⑧，直线⑦和直线⑧应分别与直线①和直线②水平对齐，长度应大于左视图总宽度（60）。

（7）将图层切换到【辅助线】图层，利用构造线命令，过交点 *A* 作出 45° 的辅助斜线。

结果如图 4–13 所示。

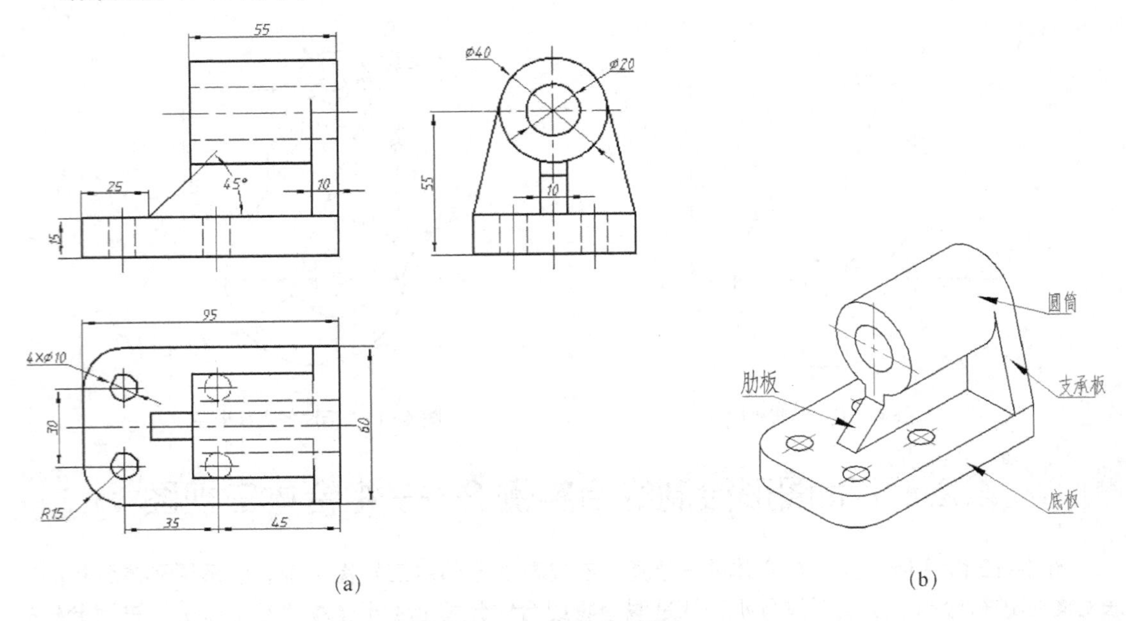

(a)　　(b)

图 4–12　组合体三视图

3. 绘制底板

（1）切换到【粗实线】图层。

（2）绘制底板的矩形。利用矩形命令，捕捉到交点 *A* 确定矩形的第一个角点，输入（–95，15）确定矩形的第二个角点，作出主视图的底板矩形，结果如图 4–14（a）所示。利用矩形命令，捕捉到交点 *B*，启用对象捕捉追踪功能，输入 30 确定矩形的第一个角点，如图 4–14（b）所示，输入（–95，–30）确定矩形的第二个角点，画出俯视图的矩形，结果如图 4–14（c）所示。采用同样的方法，捕捉到交点 *C*，向左偏移 30 确定矩形的第一个角点，输入（60，15）确定矩形的第二个角点，结果如图 4–14（d）所示。

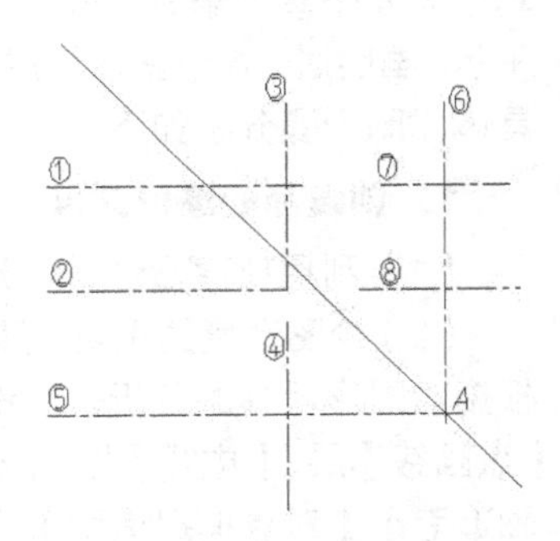

图 4–13　画作图基准线及辅助线

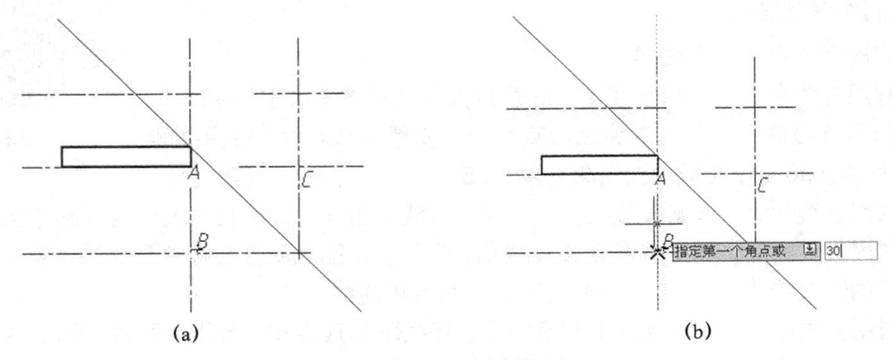

(a)　　(b)

图 4–14　绘制底板矩形

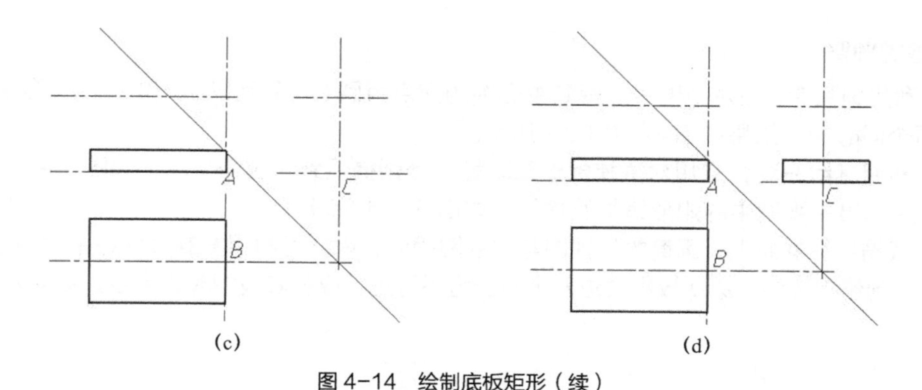

(c)　　　　　　　　　　　　(d)

图 4-14　绘制底板矩形（续）

（3）绘制底板的圆角及 4 个圆孔。利用圆角命令绘制俯视图中的两个 R15 圆角。利用圆命令，分别捕捉到两个 R15 圆弧的圆心，以此为圆心作出两个 ϕ10 的圆，并在【点画线】层作出圆的中心线，如图 4-15（a）所示。利用复制命令，将两个 ϕ10 圆及其中心线向右移动 35 进行复制，结果如图 4-15（b）所示。

（4）利用直线命令，分别在【虚线】层和【点画线】层绘制主视图和左视图中表示圆孔的虚线和中心线。画主视图的直线时可利用"长对正"的投影关系，从俯视图中通过垂直对齐确定直线的位置。为了在左视图中准确定位，可在【辅助线】层作出辅助线来定位，如图 4-15（c）所示，在画完表示孔的直线后再将辅助线删去，结果如图 4-15（d）所示。

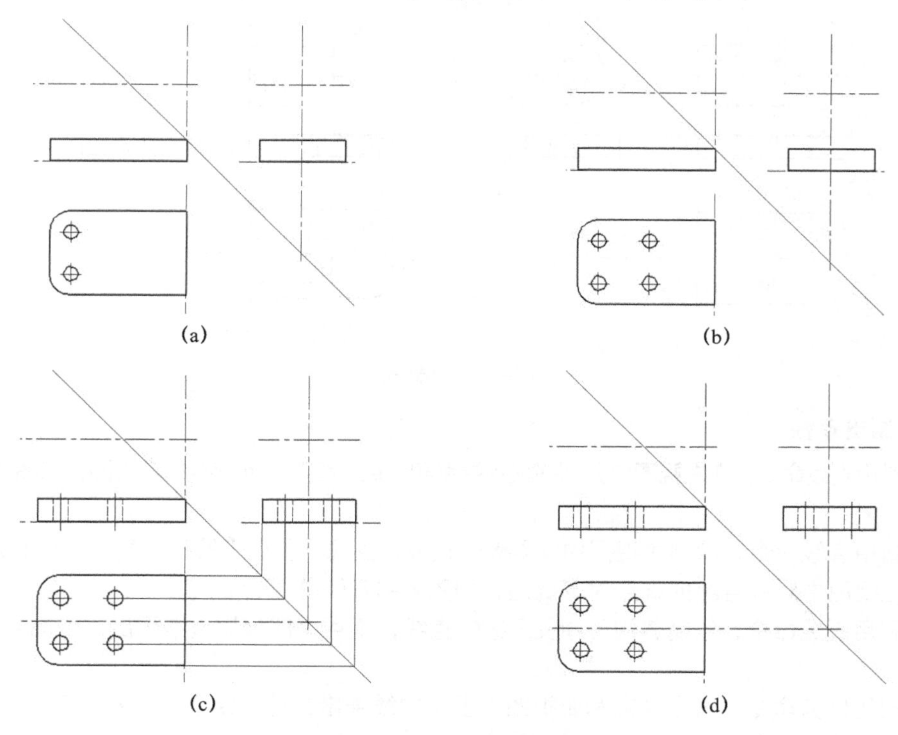

(a)　　　　　　　　　　　　(b)

(c)　　　　　　　　　　　　(d)

图 4-15　绘制底板的圆孔

4. 绘制圆筒

（1）利用圆命令，在左视图中捕捉到中心线的交点为圆心，分别以 10 和 20 为半径绘制 $\phi 20$ 和 $\phi 40$ 两个同心圆，结果如图 4–16（a）所示。

（2）利用直线命令，启用对象捕捉追踪功能，分别捕捉到对应的交点，如图 4–16（b）所示，逐步绘制出主视图中的矩形线框及虚线，如图 4–16（c）所示。

（3）根据投影的原理，圆筒的俯视图与主视图相同，因此可利用复制命令将主视图中的线框及虚线复制到俯视图中，原底板中右边两个圆变为不可见，应将其线型改为虚线，结果如图 4–16（d）所示。

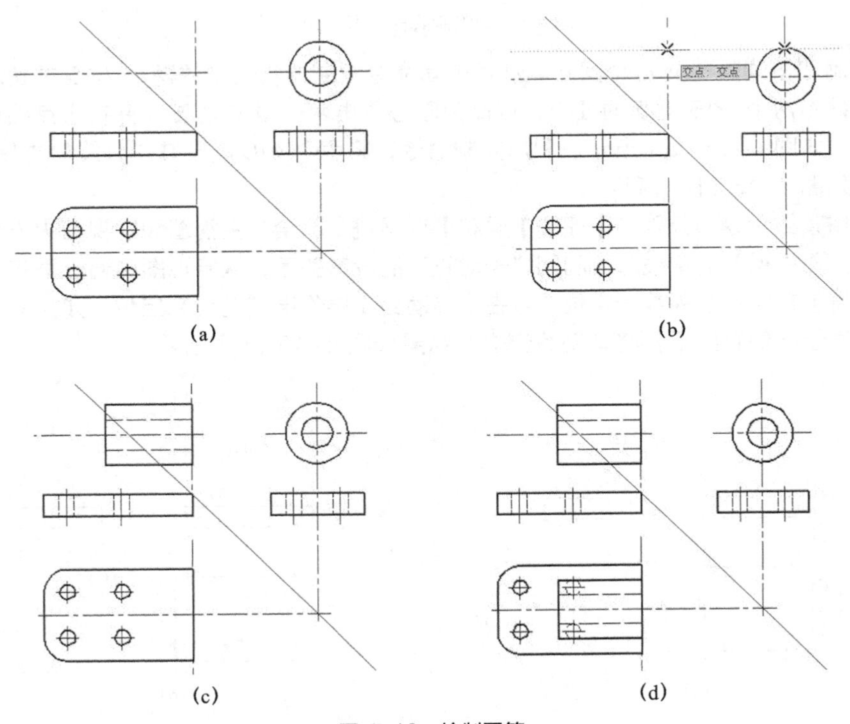

图 4–16　绘制圆筒

5. 绘制支承板

（1）利用直线命令，在左视图中分别捕捉到端点和切点，绘制出支承板的左视图，如图 4–17（a）所示。

（2）利用直线命令，绘制主视图中支承板的直线，直线的长度（第二个端点）应利用对象捕捉功能从左视图中对应直线的端点对齐确定，如图 4–17（b）所示。

（3）利用直线命令，绘制俯视图中支承板的直线，不可见部分用虚线画出，如图 4–17（c）所示。

（4）利用修剪命令，将主视图和俯视图中多余的线条修剪掉，结果如图 4–17（d）所示。

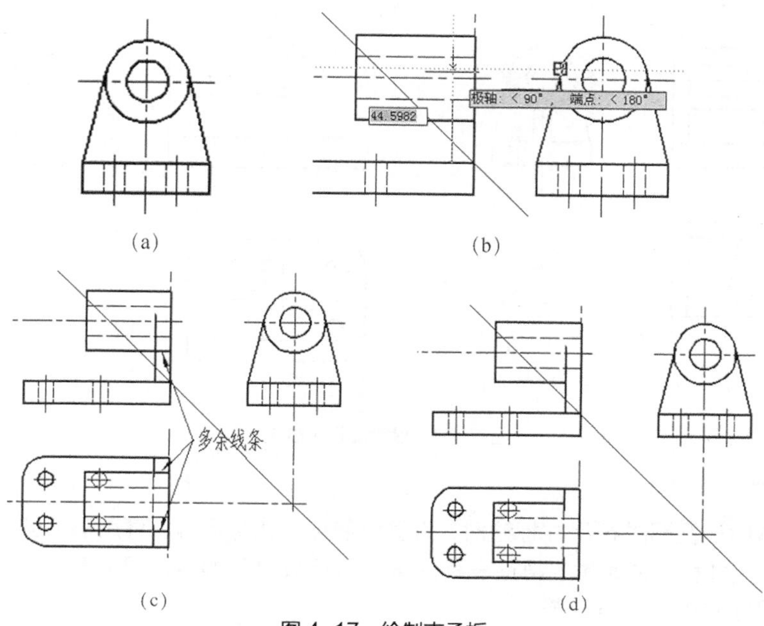

(a) (b) (c) (d)

图 4-17　绘制支承板

6. 绘制肋板

（1）利用直线命令，分别在【粗实线】层和【虚线】层作出肋板在 3 个视图中的线条，画出肋板后，原来主视图中圆筒的轮廓线应更改为圆筒与肋板的交线，直线 *AB* 的位置还需调整，同时俯视图中肋板与支承板接合处的线条也应修剪掉，如图 4-18（a）所示。

（2）利用移动命令，选中图 4-18（a）中待调整的轮廓线，以端点 *A* 为基点，利用对象捕捉追踪功能，向上移动到左视图中圆筒与肋板的交点 *C* 的左对齐追踪点 *B*，如图 4-18（b）所示，将轮廓线移动到正确位置。利用修剪命令将图 4-18（a）中待修剪的线条修剪掉，结果如图 4-18（c）所示。

（3）用删除命令将作图辅助线等多余的线条删去，利用夹点编辑功能将中心线调整至合适长度。调整中心线及虚线的线型比例，使图形符合国家标准的规定，结果如图 4-18（d）所示。

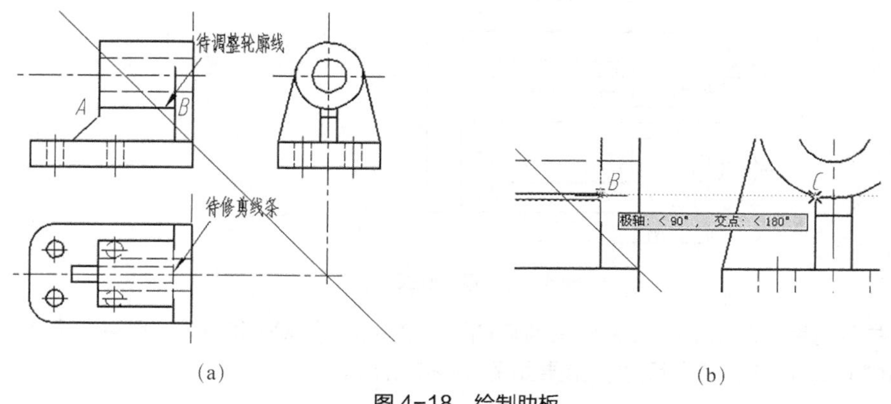

(a) (b)

图 4-18　绘制肋板

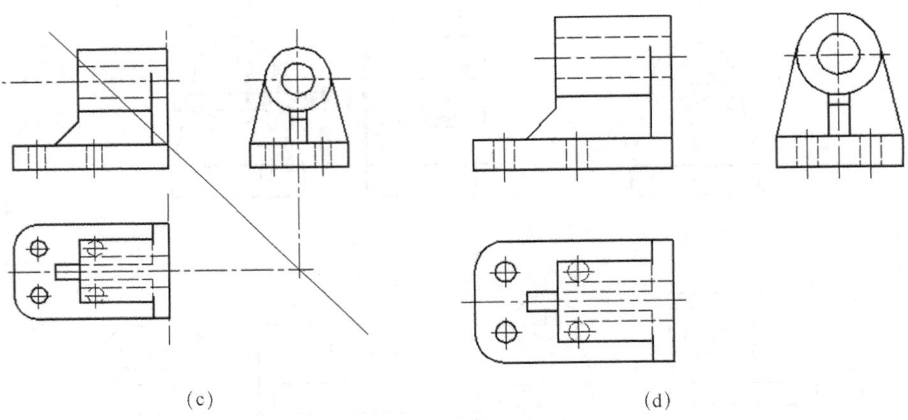

图 4-18　绘制肋板（续）

7. 标注尺寸

在对组合体的三视图进行尺寸标注时，为避免漏标或错标尺寸，可用形体分析的方法对图形进行分析，确定尺寸标注的基准，再逐一标注各基本组成部分的定形尺寸和定位尺寸，最后标注组合体的总体尺寸并进行总体调整。

（1）标注底板的尺寸。用线性标注命令，分别标注底板的长（95）、宽（60）、高（15）3 个定形尺寸及圆孔的 3 个定位尺寸 30、35、45。用半径标注命令标注圆角半径 $R15$ 及圆孔直径 $4\times\phi10$，结果如图 4-19 所示。

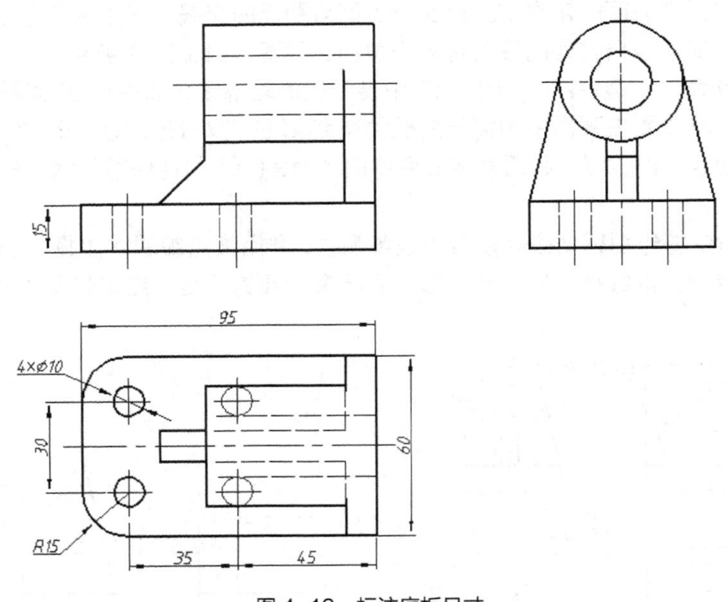

图 4-19　标注底板尺寸

（2）标注圆筒尺寸。用直径命令标注圆筒的两个直径尺寸 $\phi20$ 和 $\phi40$，用线性命令标注圆筒长（55）和中心高（55）两个尺寸，结果如图 4-20 所示。

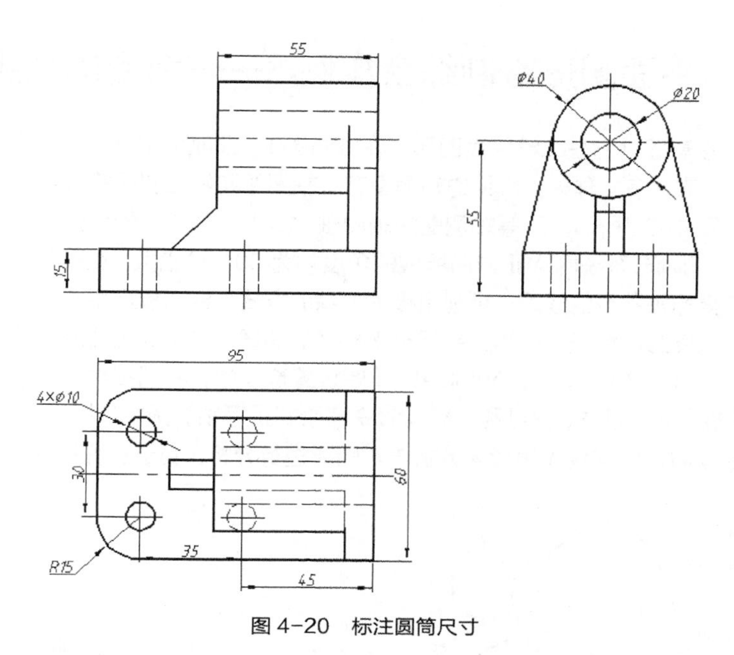

图 4-20　标注圆筒尺寸

（3）标注支承板及肋板尺寸。用线性标注命令在主视图中标注支承板厚度尺寸 10，在左视图中标注肋板厚度尺寸 10，在主视图中标注肋板的定位尺寸 25。用角度标注命令在主视图中标注肋板的斜面角度 45°。结果如图 4-21 所示。

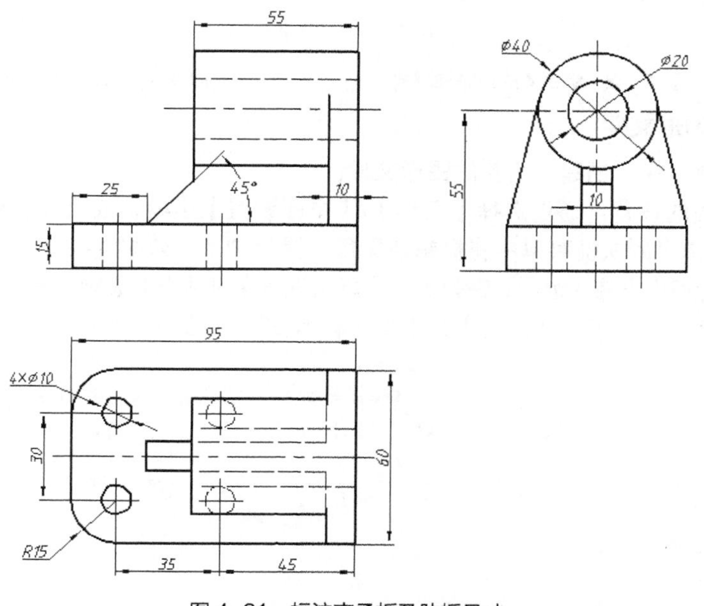

图 4-21　标注支承板及肋板尺寸

（4）组合体的总长、总宽尺寸即为底板的长度和宽度尺寸，已经标注，组合体的总高尺寸由圆筒的中心高 55 及圆筒直径尺寸 ϕ40 决定，不必再标注总高尺寸。调整各尺寸至合适位置，完成尺寸的标注。

4.3 平面图形绘制综合实例 3——组合体轴测图

轴测图是一种投影图，它是二维平面图形。在轴测图中能同时反映出形体的长、宽、高 3 个方向的形状，因而看起来具有立体感。常见的轴测图有正轴测图和斜轴测图等多种，正等轴测图如图 4-22 所示。正等轴测图的轴测轴 X_1、Y_1、Z_1 之间的夹角均为 120°，3 个轴测轴与系统的 X 正方向所成的角度均为 30° 的倍数，在画轴测图时，对于与坐标轴平行的线段，可利用极轴追踪的方式，自动捕捉相应的角度，输入线段长度绘制线段。形体上平行于坐标平面的圆，在正等轴测图上表示为椭圆，如图 4-23 所示，在 AutoCAD 草图设置选项中，将捕捉类型设置为“等轴测捕捉（M）”模式，就可利用椭圆命令来绘制正等轴测图中的圆。绘制组合体的轴测图时，同样应先用形体分析法对图形进行分析，再进行作图。具体作图步骤如下。

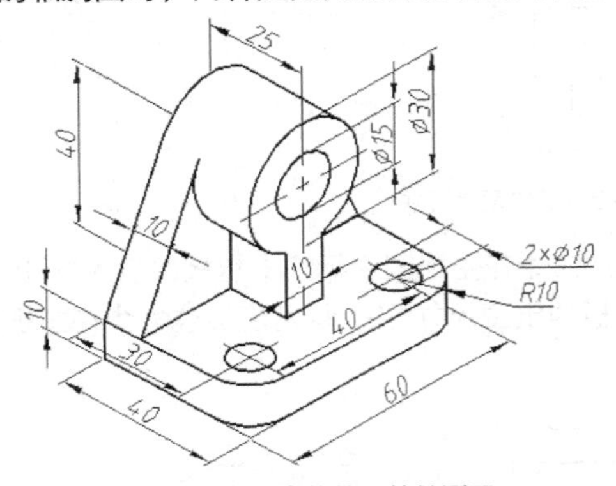

图 4-22 组合体的正等轴测图

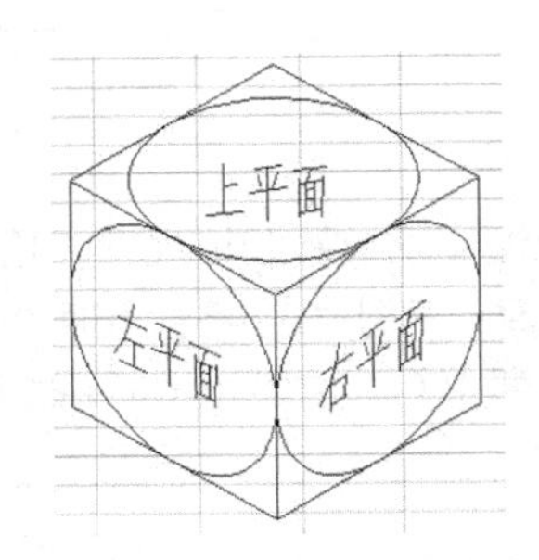

图 4-23 正等轴测图上的椭圆

1. 创建新的图形文件

（1）利用新建命令，创建一个新的图形文件。

（2）绘图环境的设置。通过选择【工具】/【草图设置】选项，或鼠标右键单击状态栏中的【极轴】按钮，在弹出的快捷菜单中将极轴增量角设置为 30°，如图 4-24（a）所示。或者在弹出的快捷菜单中选取【设置】选项，在弹出的【草图设置】对话框【极轴追踪】选项卡中勾选【启用极轴追踪】复选框，并在【增量角】文本框中输入 30，如图 4-24（b）所示。

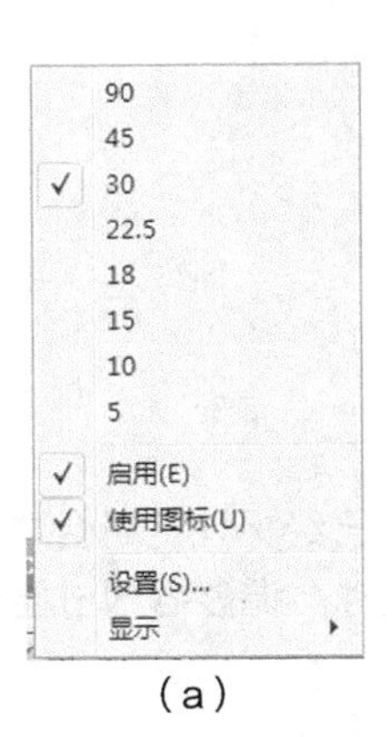

（a）

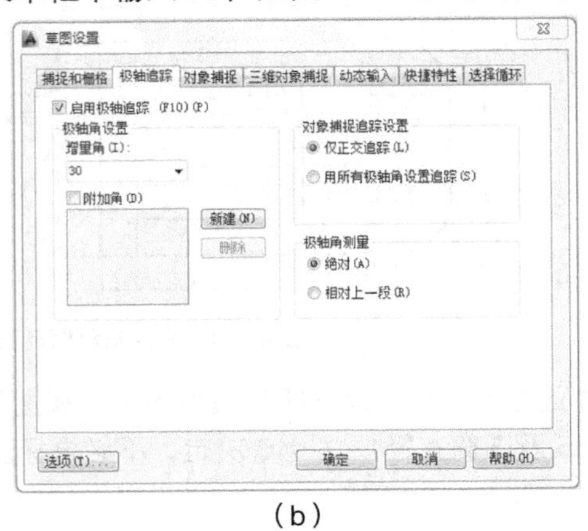

（b）

图 4-24 【极轴】快捷菜单及【草图设置】对话框中的【极轴追踪】选项卡

同时在【草图设置】对话框中的【捕捉和栅格】选项卡中，将【捕捉类型】设为【栅格捕捉】并选中【等轴测捕捉】单选框，如图 4-25 所示。设置等轴测捕捉模式后，原来的十字光标及栅格变成图 4-26（a）所示的形式。按 Ctrl+E 组合键或 F5 键，光标形状会在图 4-26（b）、图 4-26（c）、图 4-26（d）之间切换，分别对应“等轴测平面—上”“等轴测平面—右”和“等轴测平面—左”，以便于在不同的等轴测平面上作图。

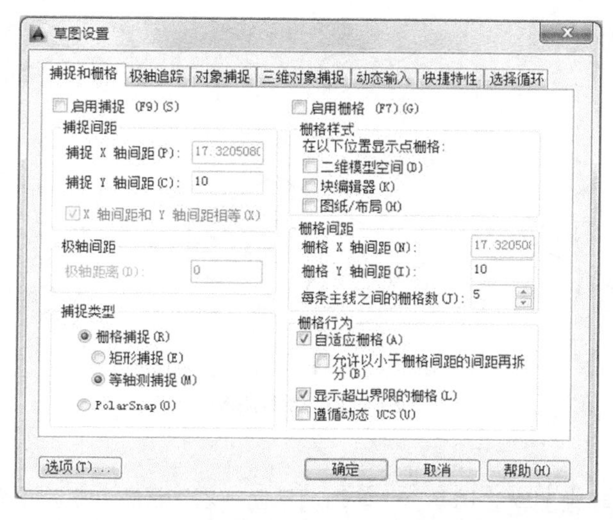

图 4-25　【草图设置】对话框中的【捕捉和栅格】选项卡

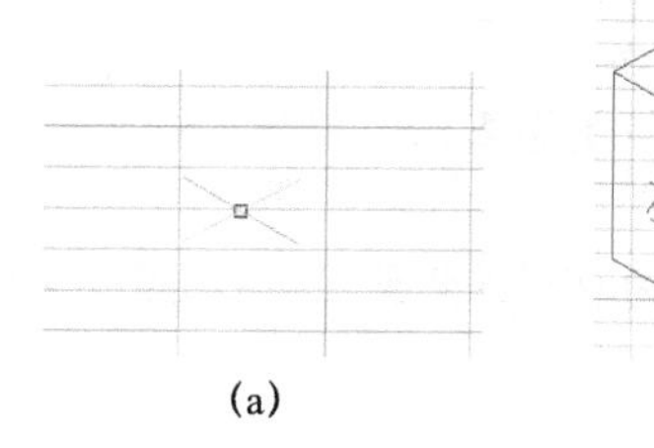

(a)

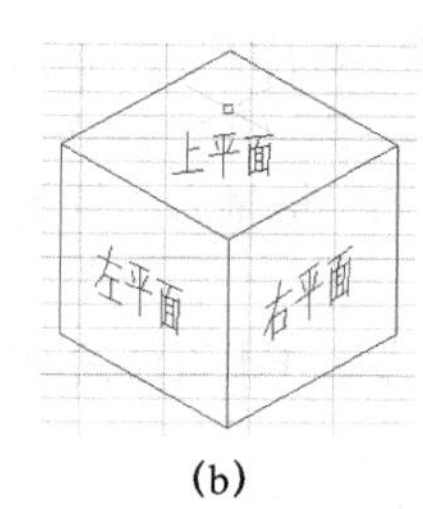

(b)

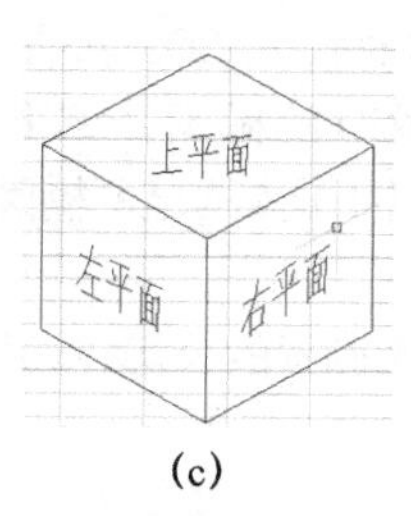

(c)

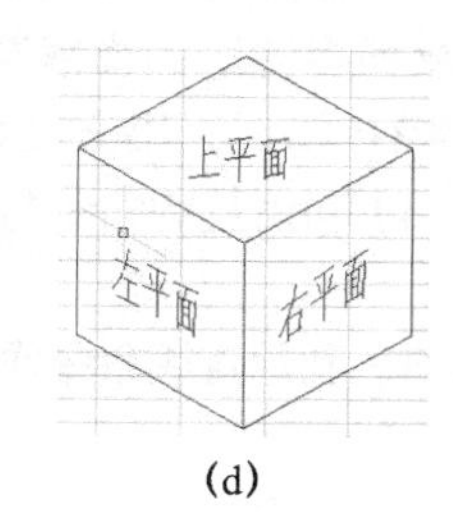

(d)

图 4-26　等轴测捕捉光标及等轴测平面

2. 绘制底板

（1）在【粗实线】层，利用直线命令，分别捕捉到 30° 和 150° 极轴角，输入直线的长度，绘制平行四边形，并在【点画线】层作出椭圆的中心线，结果如图 4-27（a）所示。

（2）切换至【粗实线】层，按 F5 键，将等轴测模式切换至“等轴测平面—上”状态，激活椭圆命令，命令行提示如下。

指定椭圆轴的端点或[圆弧(A)/中心点(C)/等轴测圆(I)]：输入选项标识符“I”，按 Enter 键。

指定等轴测圆的圆心：捕捉到交点 A，确定椭圆的圆心，如图 4-27（a）所示。

指定等轴测圆的半径或[直径(D)]：输入半径 10，完成 $R10$ 圆角的椭圆绘制。

采用同样的方法，绘制 $\phi10$ 圆孔的椭圆，结果如图 4-27（b）所示。

（3）利用复制命令，将第（2）步绘制的两个椭圆沿 30° 极轴方向复制距离 40，结果如图 4-27（c）所示。

（4）利用修剪命令，将图 4-27（c）中待修剪的线条修剪掉，结果如图 4-27（d）所示。

（5）利用复制命令，将图 4-27（d）中待复制的线条垂直向下复制距离 10，并用直线命令将复制的图形与原图形连接起来，右侧直线应与两椭圆弧相切，结果如图 4-27（e）所示。

（6）利用修剪命令，将图 4-27（e）中待修剪的线条修剪掉，结果如图 4-27（f）所示。

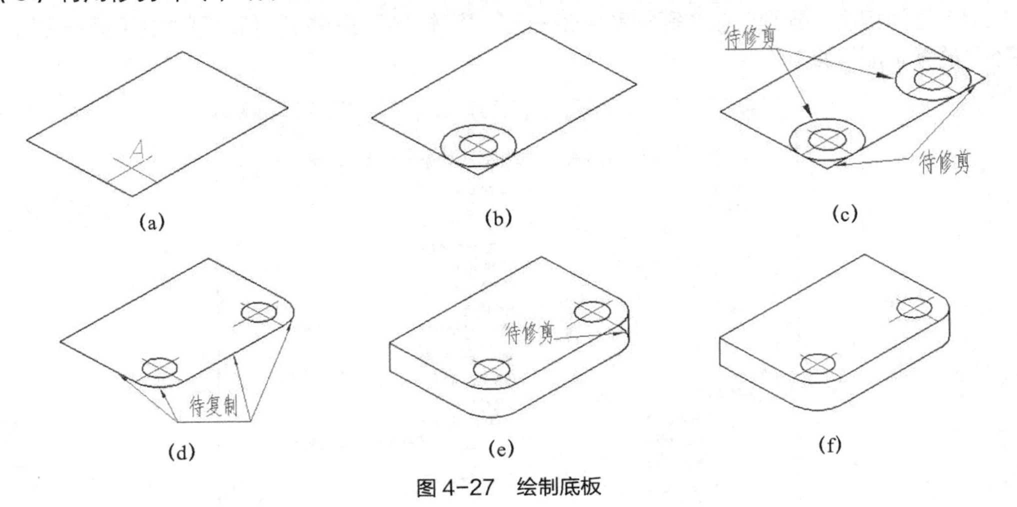

图 4-27　绘制底板

3. 绘制圆筒

（1）按 F5 键，将等轴测模式切换至“等轴测平面—右”状态，激活椭圆命令，输入选项“I”，在提示“指定等轴测圆的圆心”时，用鼠标指针捕捉到底板上直线的中点，向上移动鼠标指针，当对象捕捉追踪的虚线亮起时输入 30，如图 4-28（a）所示，按 Enter 键，确定椭圆的圆心，输入半径 15，画出直径为 ϕ30 的椭圆，结果如图 4-28（b）所示。

（2）利用复制命令将第（1）步画出的椭圆沿 330° 极轴方向复制距离 25，结果如图 4-28（c）所示。

（3）利用直线命令作出两椭圆的公切线。用椭圆命令作出直径为 ϕ15 的椭圆，结果如图 4-28（d）所示。

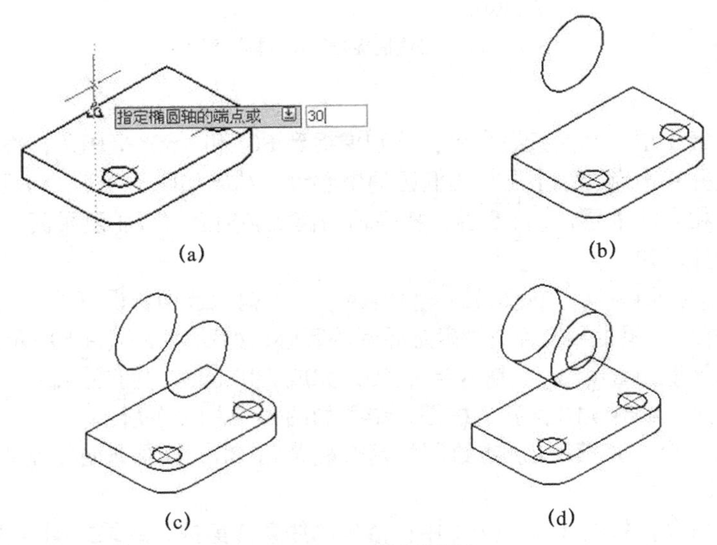

图 4-28　绘制圆筒

4. 绘制支承板

（1）利用直线命令，分别捕捉到底板上直线的端点及椭圆的切点，如图 4–29（a）所示，作出支承板后侧的轮廓线，结果如图 4–29（b）所示。

（2）利用复制命令，将支承板的轮廓线沿极轴 330° 方向复制距离 10，结果如图 4–29（c）所示。

（3）利用修剪命令将图 4–29（c）中多余的线条修剪掉，结果如图 4–29（d）所示。

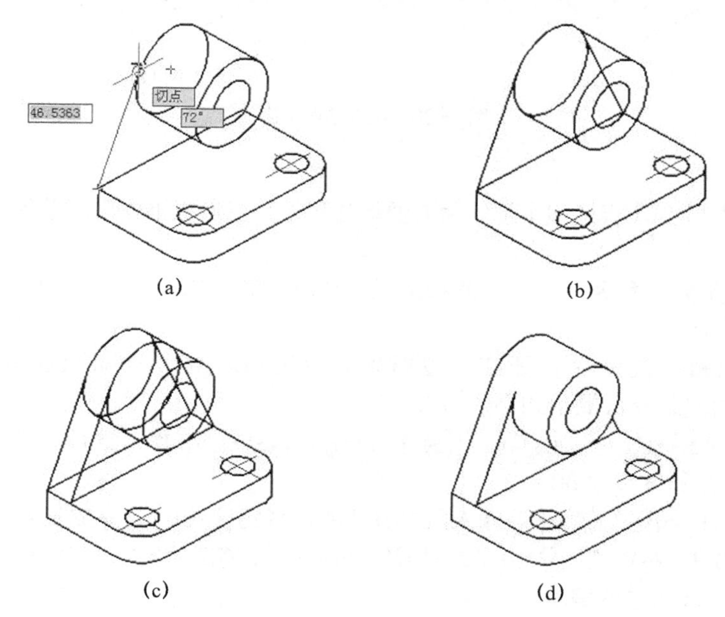

(a)　(b)　(c)　(d)

图 4–29　绘制支承板

5. 绘制肋板

（1）激活直线命令，利用对象捕捉追踪功能捕捉到底板上直线的中点，如图 4–30（a）所示，沿极轴 210° 方向，输入偏移距离 5，确定直线的第一个端点，根据肋板的尺寸画出各段直线，结果如图 4–30（b）所示。

（2）利用修剪命令将图 4–30（b）中多余的线条修剪掉，结果如图 4–30（c）所示。

（3）在【点画线】层，利用直线命令画出椭圆的中心线，结果如图 4–30（d）所示。

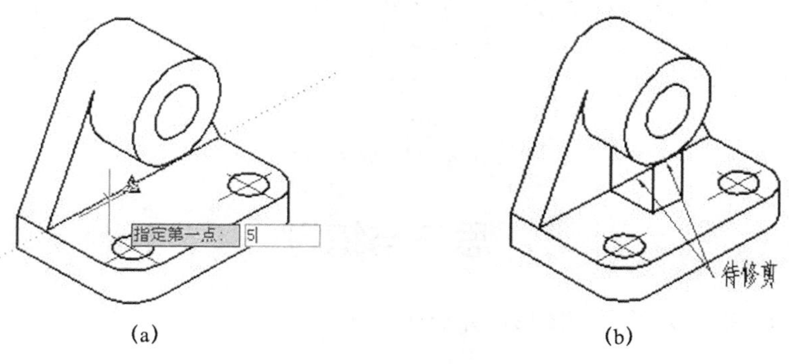

(a)　(b)

图 4–30　绘制肋板

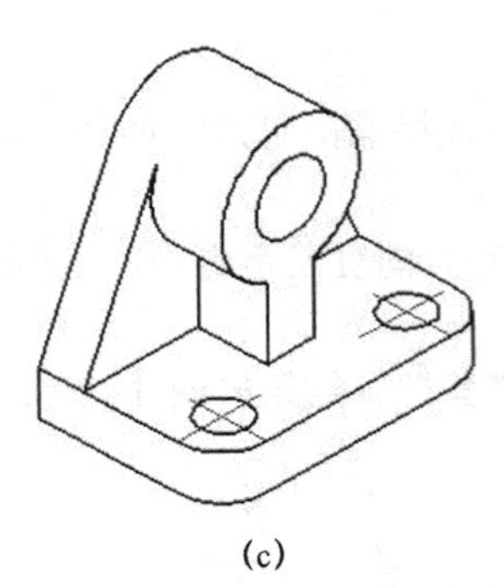

(c)

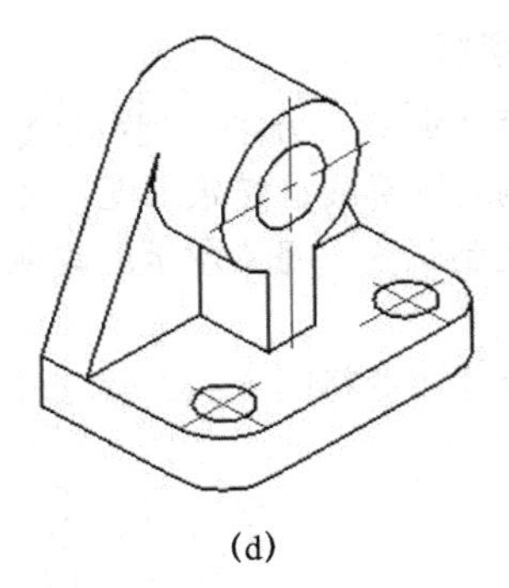

(d)

图 4-30 绘制肋板（续）

6. 标注尺寸

（1）将图层切换到【标注线】层。为方便标注尺寸，在底板上作出辅助线，如图 4-31（a）所示。

（2）利用对齐标注命令，标注出底板的长（60）、宽（40）、高（10）3 个尺寸，结果如图 4-31（b）所示。

（3）激活编辑标注命令，即在命令行输入 dimedit 或单击标注工具栏中的按钮 （AutoCAD 经典），命令行提示如下。

输入标注编辑类型 [默认 (H) / 新建 (N) / 旋转 (R) / 倾斜 (O)] <默认>：输入选项“O”。

选择对象：选择长度尺寸 60。

输入倾斜角度（按 ENTER 表示无）：输入尺寸界线的倾斜角度–30°，完成长度尺寸 60 的编辑。

采用同样的方法，将宽度尺寸 40 的尺寸界线倾斜 30°，将高度尺寸 10 的尺寸界线倾斜 150°，完成底板长、宽、高尺寸的编辑。

（4）依次标注出组合体各部分的尺寸，再按上述方法进行编辑，最后完成组合体轴测图的尺寸标注，结果如图 4-22 所示。

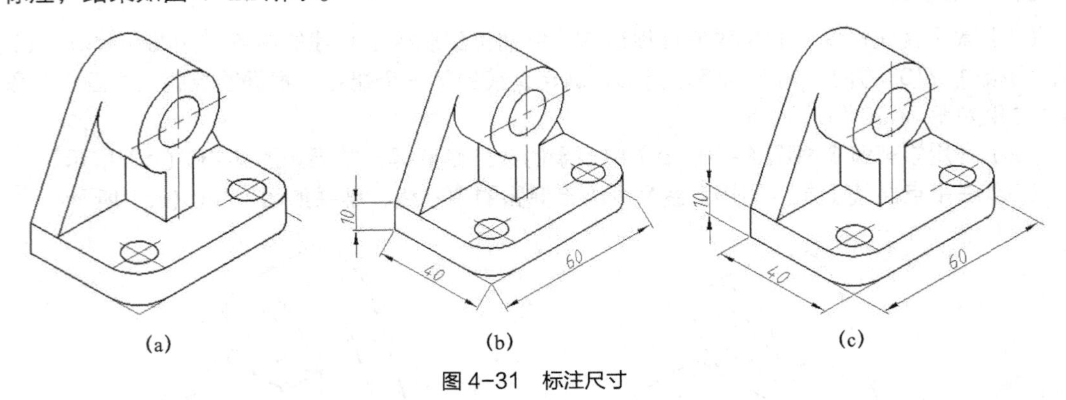

(a) (b) (c)

图 4-31 标注尺寸

思考与练习

1. 绘制图 4-32 所示的平面图形，并标注尺寸。

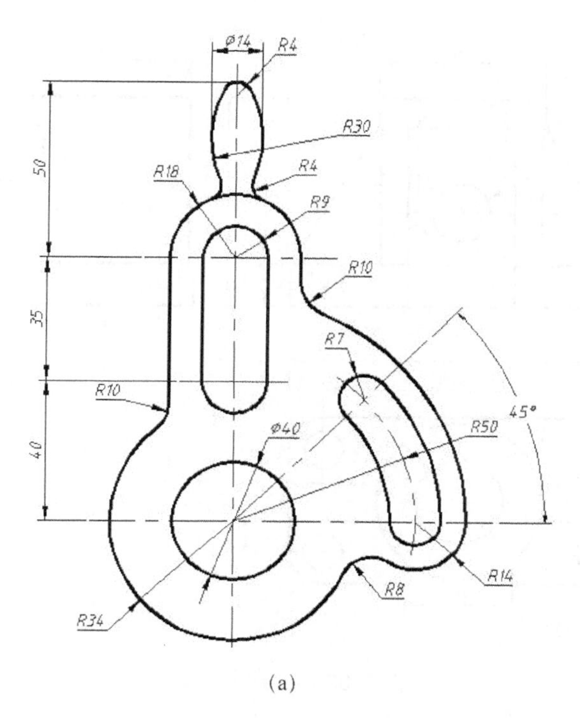

(a)

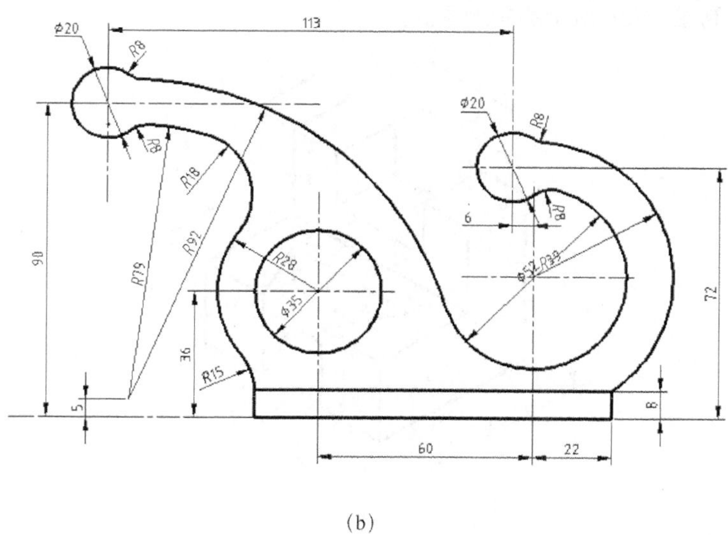

(b)

图 4-32 平面图形

2. 绘制图 4-33 所示的组合体三视图，并标注尺寸。

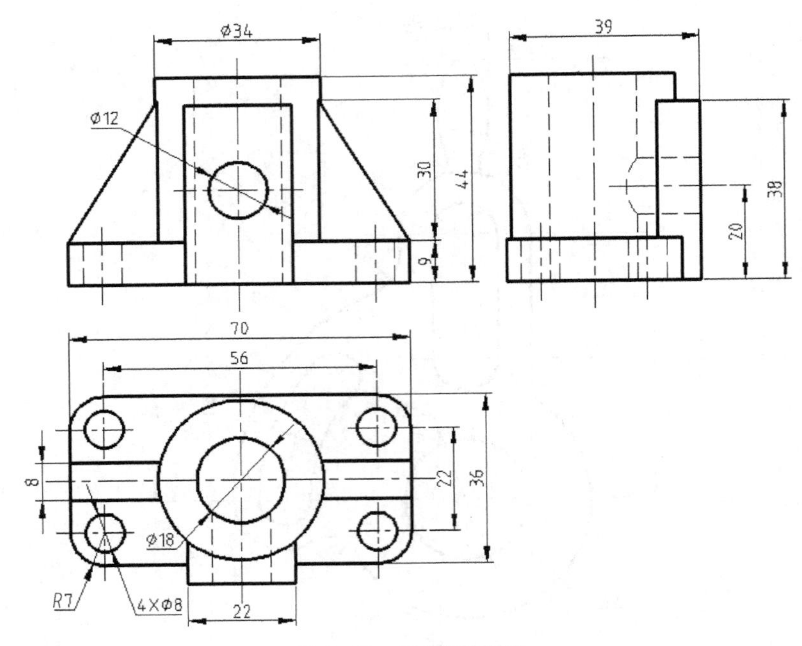

图 4-33　组合体三视图

3. 按尺寸绘制图 4-34 所示的轴测图。

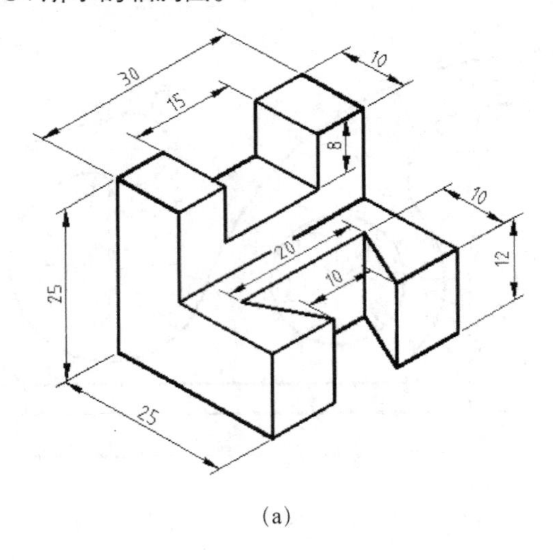

(a)

图 4-34　轴测图

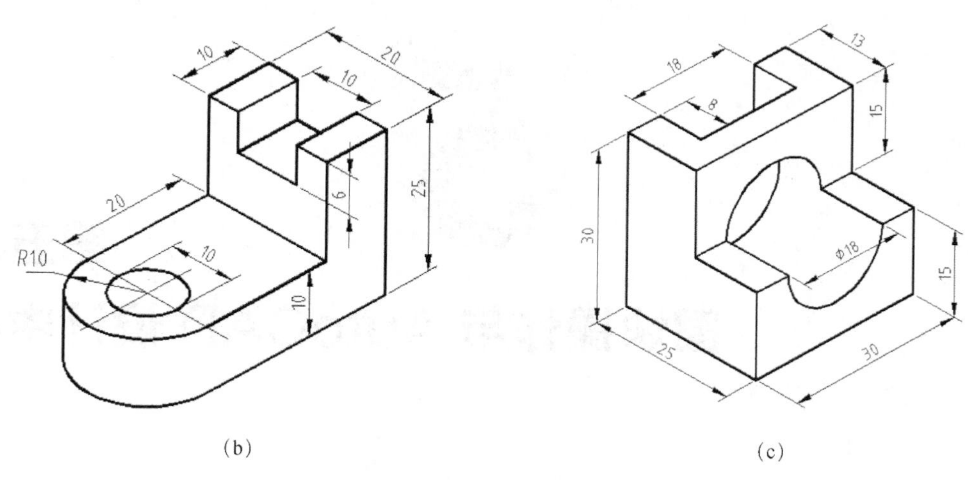

(b)　　(c)

图 4-34　轴测图（续）

Chapter 5

第五章 图块操作与 AutoCAD 设计中心

5.1 图块操作

在实际绘图中，经常有大量需要重复绘制的图形。为了提高绘图工作效率，可将这些图形定义成图块，当需要时将对应的图块插入即可。用户还可以定义由多个图块构成的图形库，绘图时利用设计中心可以方便地将图形库中的图形插入到当前所绘图形中。

5.1.1 块及属性定义

表面结构的图形符号是机械绘图中常见的标注内容，如图 5–1 所示。绘图时常将表面结构的图形符号定义成图块，标注时直接插入该图块即可。下面以定义表面结构的图形符号图块为例说明操作方法。

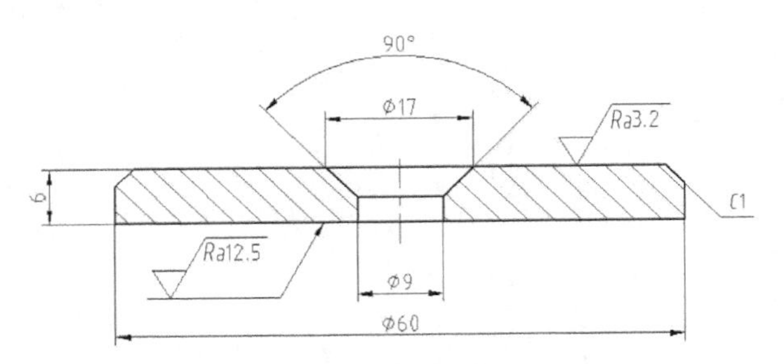

块——表面结构符号

图 5–1 表面结构要求标注示例

1. 绘制图形

参照国家标准《产品几何技术规范（GPS） 技术产品文件中表面结构的表示法》（GB/T 131—2006）对表面结构的图形符号的画法规定，画出图 5–2 所示图形。

2. 定义属性

表示机件的表面结构要求，除了图 5–2 所示的图形外，还应在该图形上注写表面结构参数和数值、加工方法、表面纹理方

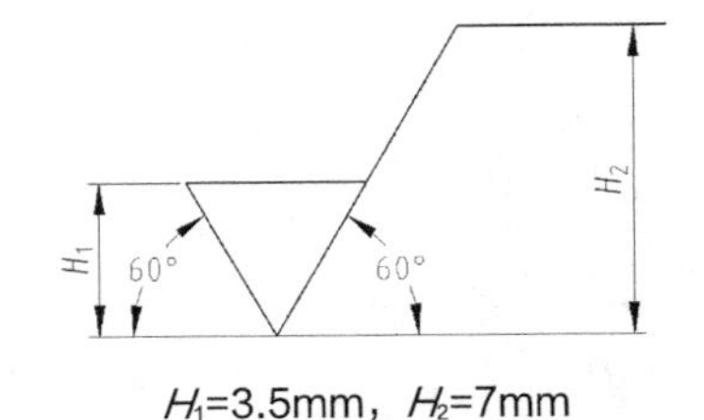

H_1=3.5mm，H_2=7mm

图 5–2 表面结构的图形符号

向、加工余量等内容，各参数在图形中的注写位置在国家标准中均有明确的规定，最常见的是标注表面结构参数和数值，其他参数按默认值可不标出。利用 AutoCAD 2014 的属性定义功能，在创建块之前，可将需要注写的与块相关的参数定义成块的属性。可采用以下方法之一激活属性定义命令。

- 命令行：attdef 或 att。
- 下拉菜单：选择【绘图】/【块】/【定义属性】菜单命令（AutoCAD 经典）。
- 单击【默认】功能选项卡【块】面板中的按钮。

提示

定义属性的功能按钮并不显示在【块】面板上，单击【块】面板下方按钮 块▾ ，即可弹出下拉菜单，单击【属性定义】按钮 即可激活定义属性命令。

执行命令后系统弹出【属性定义】对话框，如图 5-3 所示。其中各选项说明如下。

（1）【模式】选项组。

【不可见】复选框：若勾选此复选框，则属性值在块插入完成后不被显示和打印出来。

【固定】复选框：若勾选此复选框，则在插入块时给属性赋予固定值。

【验证】复选框：若勾选此复选框，则在插入块时，将提示验证属性值是否正确。

【预设】复选框：若勾选此复选框，则插入包含预置属性值的块时，将属性设置为默认值。

【锁定位置】复选框：若勾选此复选框，则锁定块参照中属性的位置。

【多行】复选框：若勾选此复选框，则指定属性值可以包含多行文字。

（2）【属性】选项组。

【标记】文本框：用于标记图形中每次出现的属性。在定义带属性的块时，属性标记作为属性标识和图形对象一起构成块的被选对象。当同一个块中包含多个属性时，每个属性都必须有唯一的标记，不可重名。属性标记在块被插入后被属性值取代。

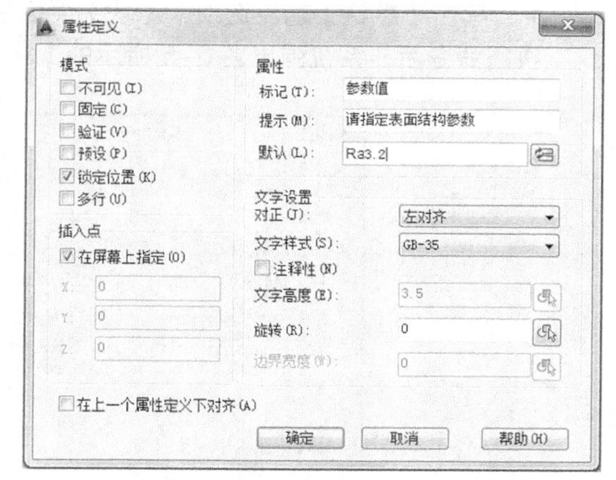

图 5-3　【属性定义】对话框

【提示】文本框：用于指定在插入包含该属性定义的块时显示的提示信息。如果不输入提示，则系统将自动以属性标记用作提示。

【默认】文本框：用于指定默认属性值。

（3）【文字设置】选项组。此选项组用于设置属性文字的对正、文字样式、注释性、文字高度、旋转角度等。

（4）【插入点】选项组。此选项组用于为属性指定位置，一般选择【在屏幕上指定】方式，同时在退出该对话框后用鼠标在图形上指定属性文字的插入点，如图 5-4（a）所示。在指定插入点时应注意与属性文字的对正方式相适应。

（5）【在上一个属性定义下对齐】复选框。此复选框用于将属性标记直接置于已定义的上一个属性的下面。此项只适用于多个属性定义的第二个及以后的属性，如果之前没有创建属性定义，则此选项不可用。

表面结构参数的属性定义各选项设置如图 5-3 所示，单击【确定】按钮退出对话框，系统提示如下。

指定起点：

在此提示下指定属性文字的插入点，完成标记为“参数值”的属性定义。AutoCAD 将属性标记按指定的对齐方式、文字样式显示在指定位置上，如图 5-4（b）所示。

3. 定义块

定义了相关的属性后，可利用创建块命令定义块。可采用以下方法之一激活创建块命令。

- 命令行：block。
- 下拉菜单：选择【绘图】/【块】/【创建】菜单命令（AutoCAD 经典）。
- 单击【默认】功能选项卡【块】面板中的按钮。

属性文字插入点

(a) (b)

图 5-4 属性文字的定位

执行命令后，系统弹出图 5-5 所示的【块定义】对话框。操作步骤如下。

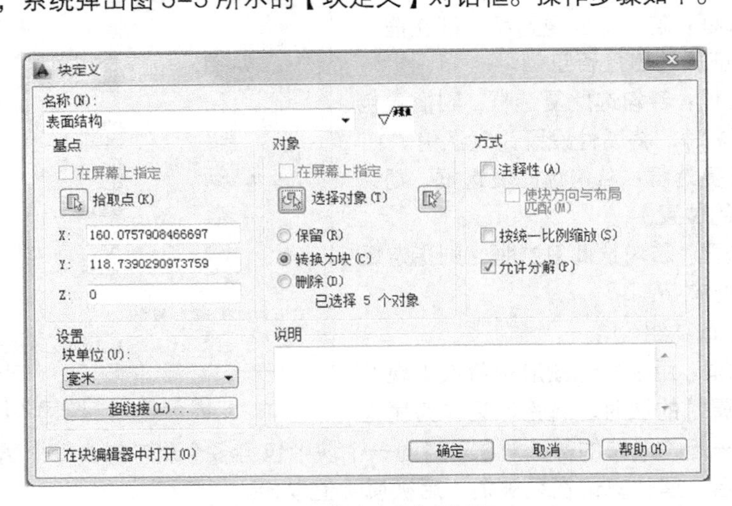

图 5-5 【块定义】对话框

（1）在【名称】下拉列表中输入块的名称。用户定义的每一个块都要有一个块名，以便管理和调用。可将此块命名为“表面结构”。

（2）指定块的基点。单击【基点】选项组的【拾取点】按钮，此时对话框暂时关闭，在绘图区中的块图形中指定插入块时用于定位的点，如图 5-6 所示。指定基点后系统返回【块定义】对话框。

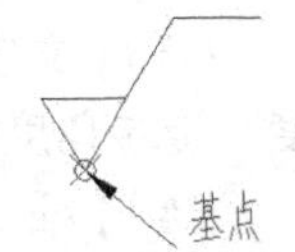

图 5-6 块的基点

（3）选择对象。单击【对象】选项组的【选择对象】按钮，此时对话框暂时关闭，在绘图区中选择构成块的图形对象和属性定义，此处应选择图 5-4（b）中的图形和“参数值”属性定义，选择对象后按 Enter 键返回对话框。该选项组还有 3 个单选框，具体如下。

【保留】单选框：选中此单选框后，在完成块定义操作后，图形中仍保留构成块的对象。

【转换为块】单选框：选中此单选框后，在完成块定义操作后，构成块的对象转换成一个块。

【删除】单选框：选中此单选框后，在完成块定义操作后，构成块的对象被删除。

以上 3 个选项可根据实际需要灵活选择。

（4）对话框中的其他选项。

【按统一比例缩放】复选框：勾选此项，则在插入块时将强制在 *X*、*Y*、*Z* 3 个方向上采用相同的比例缩放。一般不勾选。

【允许分解】复选框：指定插入的块是否允许被分解。一般应勾选此项。

【说明】文本框：输入块定义的说明。此说明可在设计中心中显示。

【块单位】下拉列表：把块插入到图形中的单位，默认为“毫米”。

【超链接】按钮：单击此按钮可打开【插入超链接】对话框，可将某个超链接与块定义相关联。

完成以上各项设置后，单击【确定】按钮，弹出图 5-7 所示的【编辑属性】对话框（若在【块定义】对话框中不选中【转换为块】单选框，则不会弹出此对话框），在文本框中输入一个参数值，如“Ra1.6”，单击【确定】按钮完成块的定义，此时用于定义块的图形对象及属性定义变为具有属性值的一个块，如图 5-8 所示。

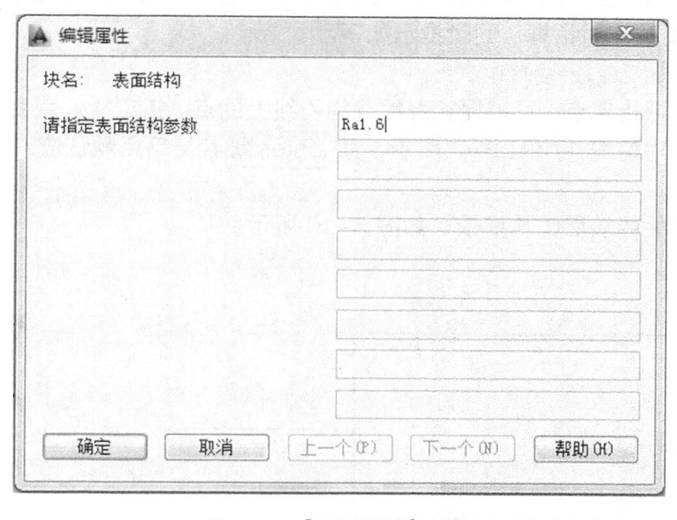

图 5-7 【编辑属性】对话框

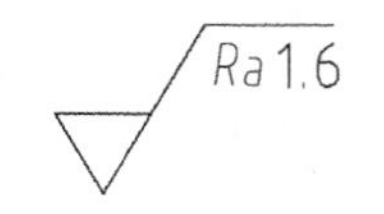

图 5-8 有属性值的块

5.1.2 插入块

在定义了块之后，当需要时即可利用插入块命令插入已定义的块。可通过以下方法之一激活插入块命令。

- 命令行：insert。
- 下拉菜单：选择【插入】/【块】菜单命令（AutoCAD 经典）。
- 单击【默认】功能选项卡【块】面板中的按钮 。

执行命令后，AutoCAD 弹出【插入】对话框，如图 5-9 所示。

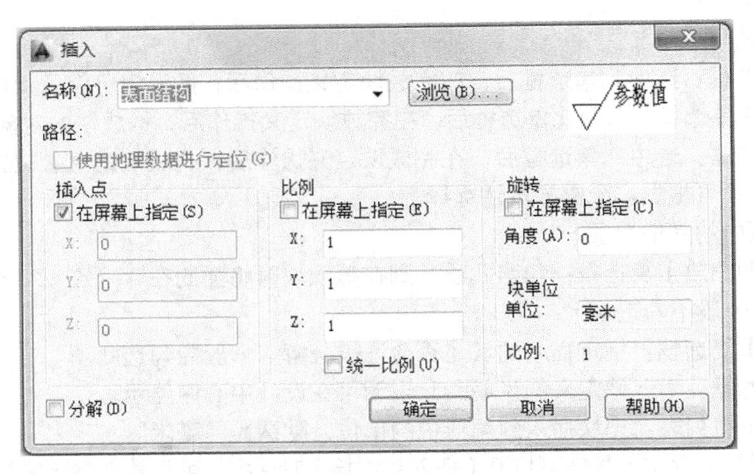

图 5-9 【插入】对话框

在【名称】下拉列表框中选择所需要的图块，这里选择已定义的“表面结构”图块，在【插入点】选项组中勾选【在屏幕上指定】复选框，表示将在屏幕上通过指定的方式确定块的插入位置；在【比例】选项组中，不勾选【在屏幕上指定】复选框，采用 1:1 的比例；在【旋转】选项组中，不勾选【在屏幕上指定】复选框，在【角度】文本框中根据需要输入块插入时的旋转角度。单击【确定】按钮，AutoCAD 将关闭对话框，同时提示如下。

```
指定插入点或[基点(B)/比例(S)/X/Y/Z/旋转(R)]:
```

在图形中需要插入图块的位置指定点，可捕捉轮廓线或指引线上的点。指定插入点后，系统弹出定义属性时的【编辑属性】对话框，如图 5-7 所示，按 Enter 键直接采用默认值或输入新的参数值，完成一个图块的插入。

重复以上步骤可标注图中各处的表面结构要求，如图 5-10 所示。

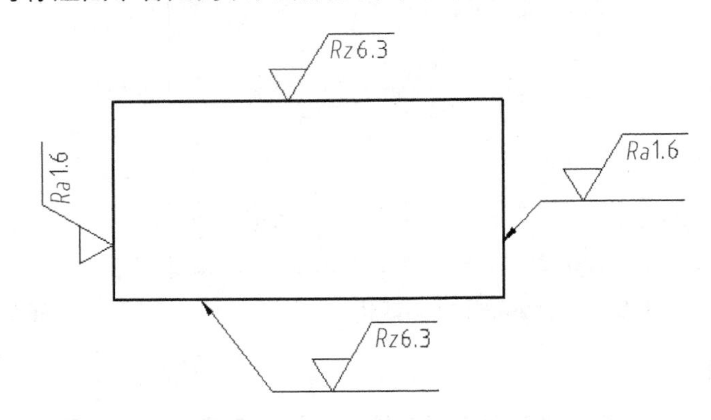

图 5-10 表面结构要求标注示例

5.1.3 块属性修改

已插入的带有属性值的块，还可利用编辑属性命令对其属性值进行修改。可采用以下方法之一激活编辑属性命令。

- 命令行：eattedit。
- 下拉菜单：选择【修改】/【对象】/【属性】/【单个】(AutoCAD 经典)。

➤ 单击【默认】功能选项卡【块】面板中的按钮 。

执行命令后，系统提示如下。

选择块：

选取需要修改的带有属性定义的块后，系统弹出【增强属性编辑器】对话框，如图 5-11 所示。对话框中有【属性】、【文字选项】和【特性】选项卡，各选项卡中均列出该块中的所有属性，在各选项卡中分别对各属性进行修改后，单击【确定】按钮，关闭对话框，结束编辑属性命令。也可以在修改属性后，单击【应用】按钮，完成一个块的修改，但不关闭对话框，也不结束命令，此时单击对话框中的【选择块】按钮，可选择另一个块进行修改。

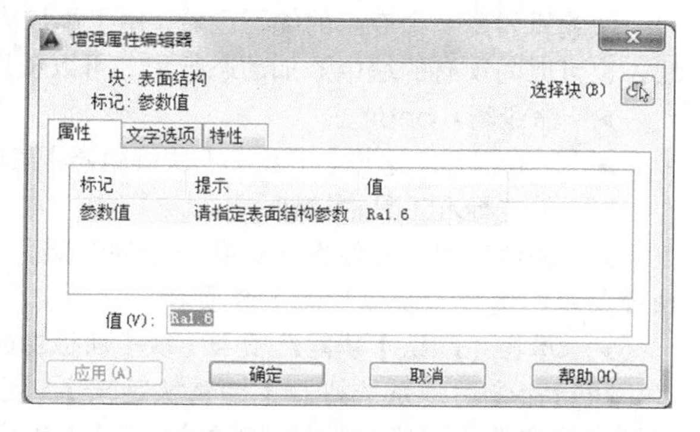

图 5-11　【增强属性编辑器】对话框的【属性】选项卡

直接双击带有属性定义的块，同样会弹出【增强属性编辑器】对话框。

对话框中各选项卡的含义如下。

【属性】选项卡：该选项卡用于显示当前属性的标记、提示和值。在【值】编辑框中可对属性值进行修改，如图 5-11 所示。

【文字选项】选项卡：该选项卡用于修改属性文字的样式、对正方式、高度等属性，如图 5-12 所示。

【特性】选项卡：该选项卡用于修改属性文字的图层、线型、颜色等属性，如图 5-13 所示。

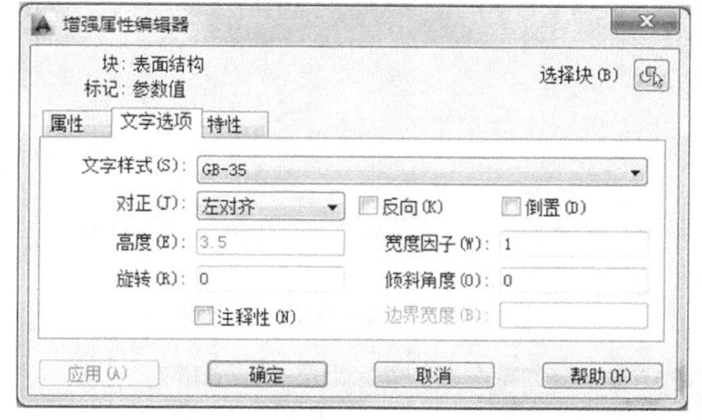

图 5-12　【增强属性编辑器】对话框的【文字选项】选项卡

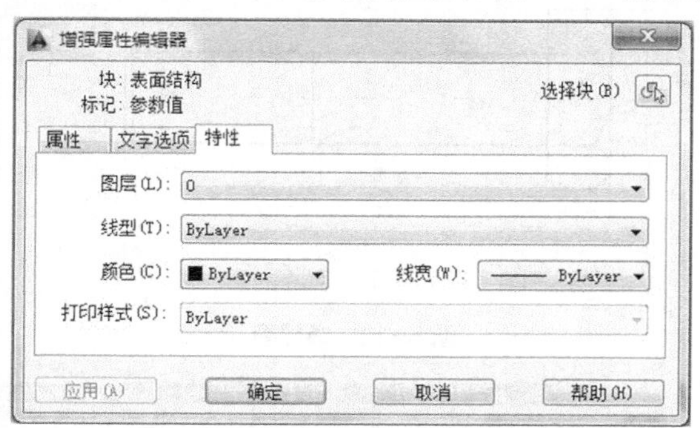

图 5-13　【增强属性编辑器】对话框的【特性】选项卡

5.1.4　动态块

动态块具有灵活性和智能性，用户在操作时可以轻松地更改图形中的动态块参照，可以通过自定义夹点或自定义特性来操作动态块参照中的几何图形。

图 5-14 所示的螺栓图是机械绘图中常用的图形。由于螺栓是标准件，因此其在机械制图中常采用比例画法，即除长度 l 根据被连接件的厚度确定外，其余各部分尺寸根据公称直径 d 按一定的比例确定。绘图时可将螺栓图定义为一个图块，需要时根据所需的直径，在插入图块时选用合适的比例来调整螺栓图形的大小，但螺栓长度 l 却不一定能符合要求。利用动态块功能，可以很方便地解决此类问题。建议在绘制图形时，以 d=10 的规格进行绘制，方便后续调用时确定缩放比例。

1. 创建动态块

下面以创建螺栓的动态块为例，说明动态块的创建方法。

在创建动态块时，应先按块定义的方法定义相应的块。如先按图 5-14 所示的图形，以 d=10，l=50 为基数，绘制一螺栓图，并以“螺栓”为名定义块。使用块编辑器创建动态块。

块编辑器是一个专门的编写区域，用于添加能够使块成为动态块的元素。用户可以从头创建块，也可以向现有的块中添加动态行为。可以使用下列方法之一启用块编辑器命令。

动态块——螺栓

➤ 命令行：bedit。

➤ 下拉菜单：选择【工具】/【块编辑器】菜单命令（AutoCAD 经典）。

➤ 单击标准工具栏按钮 。

➤ 快捷菜单：在绘图区选择一个块参照，单击鼠标右键，在弹出的快捷菜单中选择【块编辑器】选项。

➤ 单击【默认】功能选项卡【块】面板中的按钮

执行命令后，系统打开【编辑块定义】对话框，如图 5-15 所示，在列表框中选择已定义的块“螺栓”，单击【确定】按钮后，系统打开【块编写选项板】和【块编辑器】选项卡，如图 5-16 所示。

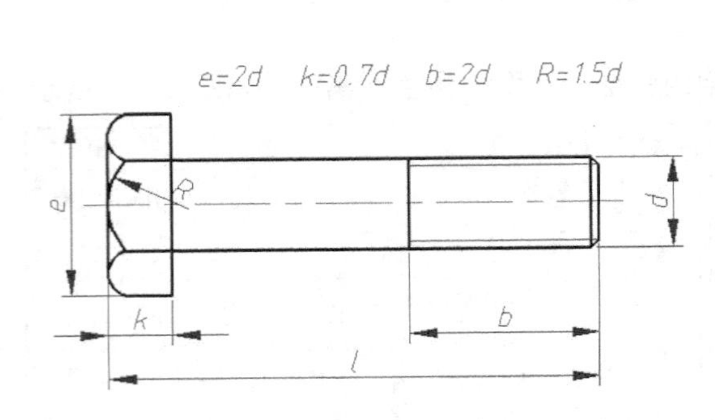

图 5-14 螺栓图

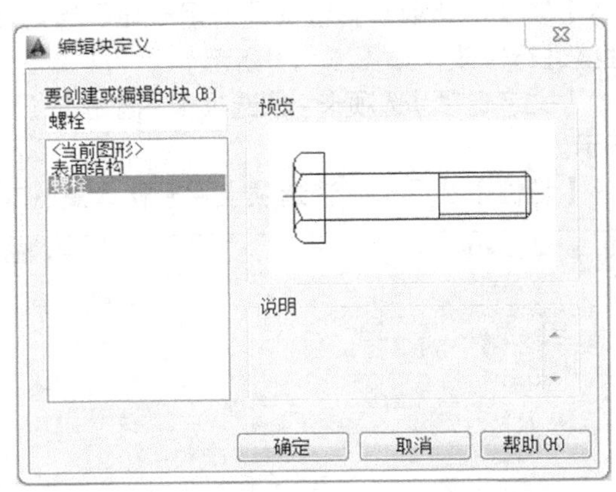

图 5-15 【编辑块定义】对话框

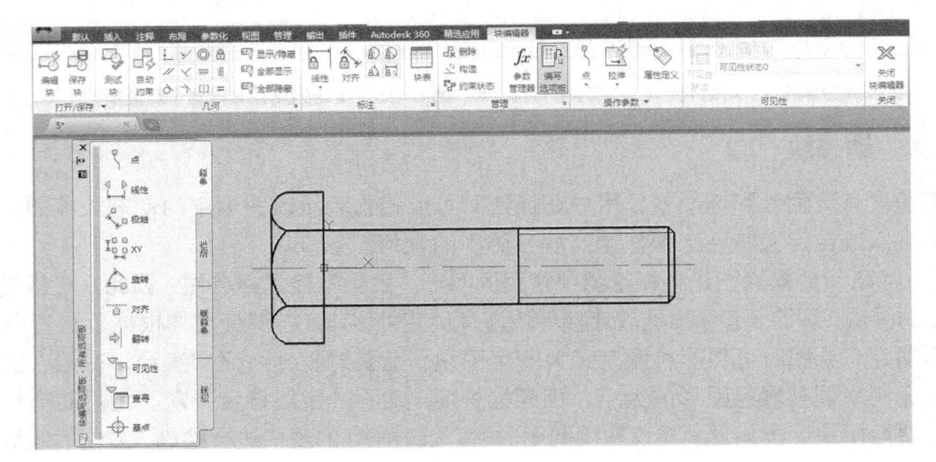

图 5-16 【块编写选项板】与【块编辑器】选项卡

（1）添加参数。在【块编写选项板】中选择【参数】选项卡，在此选项卡中选择【线性】线性按钮，系统提示如下。

命令：_bparameter

指定起点或[名称(N)/标签(L)/链(C)/说明(D)/基点(B)/选项板(P)/值集(V)]:

用鼠标指定螺栓长度的第一个定位点后，系统提示如下。

指定端点:

用鼠标指定螺栓长度的第二个定位点后，系统提示如下。

指定标签位置:

移动鼠标，确定“距离 1”标签的位置，结果如图 5-17 所示。

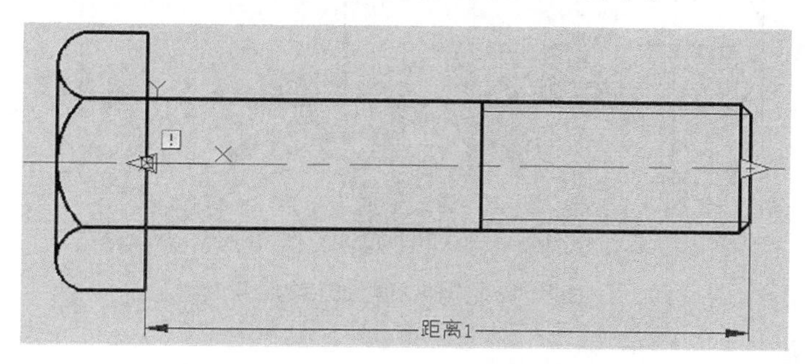

图 5-17　线性参数设置完成后的结果

（2）添加动作。在【块编写选项板】中选择【动作】选项卡，在此选项卡中选择【拉伸】拉伸按钮，系统提示如下。

命令：_bactiontool

选择参数:

选择图 5-17 中已经添加的标有“距离 1”的线性参数，系统提示如下。

指定要与动作关联的参数点或输入[起点(T)/第二点(S)]<起点>:

指定螺栓螺杆右侧端部除中点外的任一点后，系统提示如下。

指定拉伸框架的第一个角点或[圈交(CP)]:

指定拉伸框架的第一个角点后，系统提示如下。

指定对角点:

指定拉伸框架的对角点，矩形框框住所有需平移的对象，如图 5-18（a）所示，系统提示如下。

指定要拉伸的对象:

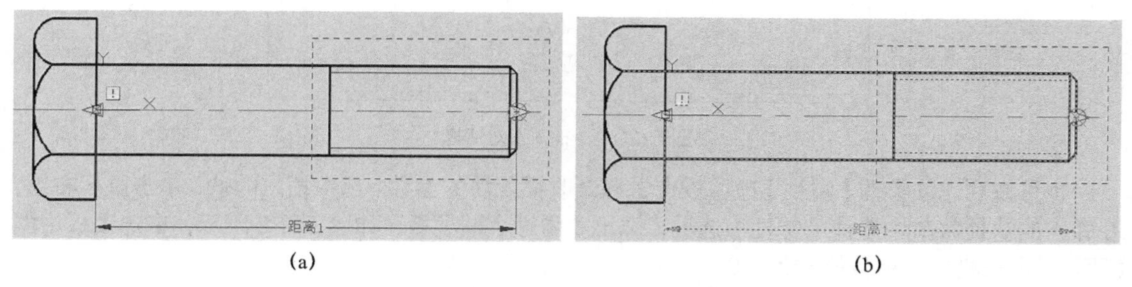

(a)　(b)

图 5-18　指定拉伸框架

单击选择螺杆部分的所有对象，包括中心线，被选中的图线均不变为虚线样式，如图 5-18（b）所示，选择完按 Enter 键确定后，完成拉伸动作的添加。此时，图块中出现拉伸图标，如图 5-19 所示。

同一个块可以同时添加多个参数和多个动作，设置完成后单击【块编辑器】选项卡的【关闭块编辑器】按钮，系统将弹出询问“是否保存”对话框，单击【是】按钮保存设置后完成动态块的定义。

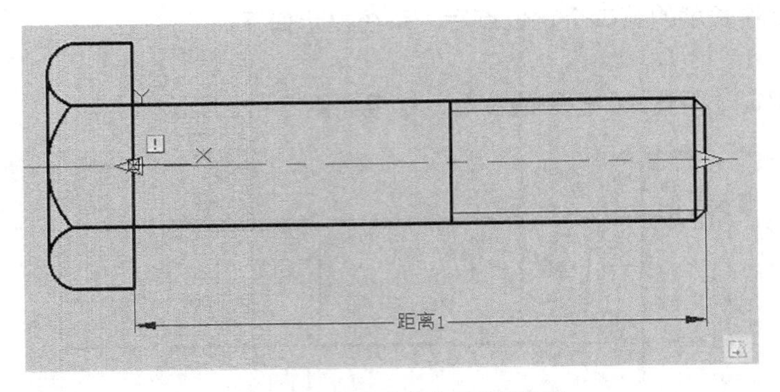

图 5-19　拉伸动作完成后的结果

2. 插入动态块

创建了动态块后，在需要时可插入动态块。例如当需要一个 d=12、l=80 的螺栓时，可利用插入块命令插入以上创建的“螺栓”块，在图 5-20 所示的【插入】对话框中，在【比例】选项组“X”一栏输入“1.2”，并勾选【统一比例】复选框，单击【确定】按钮，在合适的位置插入图块。

需要更改螺杆长度时，选中插入的图块，在螺栓轴线长度位置上多了拉伸标志，如图 5-21（a）所示。选中右侧的拉伸标志，在动态输入打开的状态下，将出现动态输入框，如图 5-21（b）所示，在输入框中输入数值 80，按 Enter 键，则螺栓长度拉长为 80，如图 5-21（c）所示。

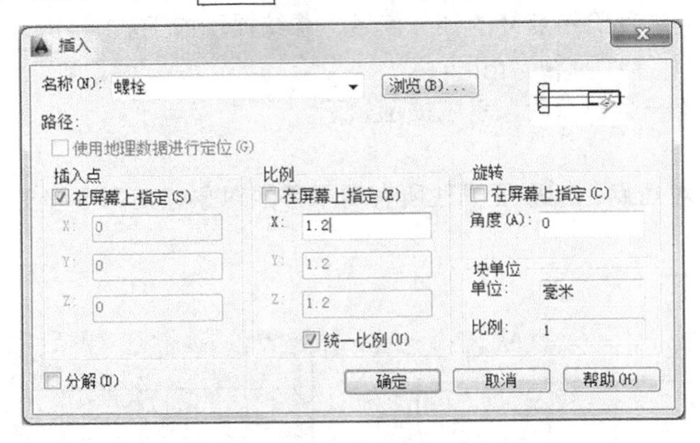

图 5-20　【插入】对话框

也可以利用块参照【特性】选项板查看和修改插入块的参数。选中插入的块，单击鼠标右键，在弹出的快捷菜单中选择【特性】选项，弹出【特性】选项板，如图 5-22 所示，在选项板中的【距离 1】一栏中，将数值改为“80”。

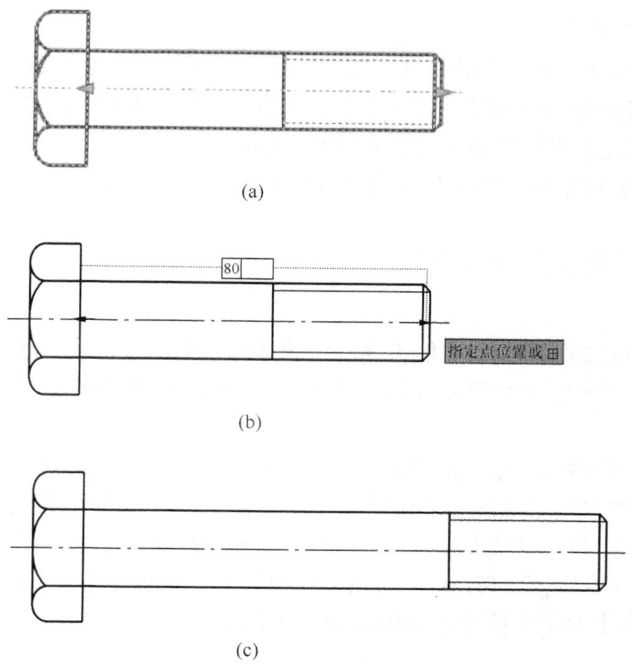

图 5-21　插入螺栓动态块

图 5-22　块参照的【特性】选项板

5.1.5　块的存储和调用

1. 块的存储

在实际绘图工作中，经常要频繁使用同类图形，如螺栓、螺母、轴承等标准件。为提高绘图工作效率，人们常根据不同的用途，按不同类别建立一些图形库，将常用图形存储在相应的图形库中，需要时直接调用。可采用多种方法建立图形库，其中最简单常用的方法是通过块来实现。采用 block 命令定义的块，通常称为“内部块”，只能由块所在的图形使用，不能直接被其他图形调用（可通过 AutoCAD 设计中心调用）。使用 wblock 命令，可以创建独立的图形文件，通常称为“外部块”，可插入到其他图形中，独立的图形文件更易于创建和管理，将其存储于相应的文件夹中，更方便需要时调用。

使用 wblock 命令打开【写块】对话框，如图 5-23 所示。对话框中各选项的含义如下。

图 5-23　【写块】对话框

（1）在对话框的【源】选项组中，有 3 个单选框。

【块】单选框：选中此单选框，在右侧下拉列表框中选择已定义的块，可将选择的块存储到外部文件中。

【整个图形】单选框：选中此单选框，可将整个图形作为块存储到外部文件中。

【对象】单选框：选中此单选框，可选择图形中的对象来作为块存储到外部文件中。选中此单选框后，【基点】和【对象】选项组才可用。

【基点】选项组：用于指定块的基点。单击【拾取点】按钮，在绘图区的图形中指定。

【对象】选项组：指定要用于创建外部块的对象。单击【选择对象】按钮，在绘图区中选择对象。该选项组中的其他选项与【块定义】对话框中相应选项的含义相同。

（2）【目标】选项组中的【文件名和路径】下拉列表用于设定块的名称和存储路径。单击右侧的 ... 按钮，可选择存储的路径。

【插入单位】的下拉列表框用于设置块插入时的单位。

2. 块的调用

有经验的设计人员通常会建立自己的图形库，按照不同的用途建立分类目录，采用存储块的方法将常用图形存储于相应的目录，需要时采用插入块的方法方便地调用。以调用前面所定义的“螺栓”块为例，讲解操作方法如下。

在绘图中需要用到螺栓图时，执行插入命令，激活命令后，AutoCAD 弹出图 5-24 所示的【插入】对话框，首次在此图形文件中使用“螺栓”图块时，在【名称】下拉列表中找不到“螺栓”图块，单击该栏右侧的【浏览】按钮，打开图 5-25 所示的【选择图形文件】对话框，找到图形库中存储该图块的目录，从中选择“螺栓”图块，单击【打开】按钮，返回【插入】对话框，设置好比例和角度等相关选项后单击【确定】按钮即可将图块插入到图形中。

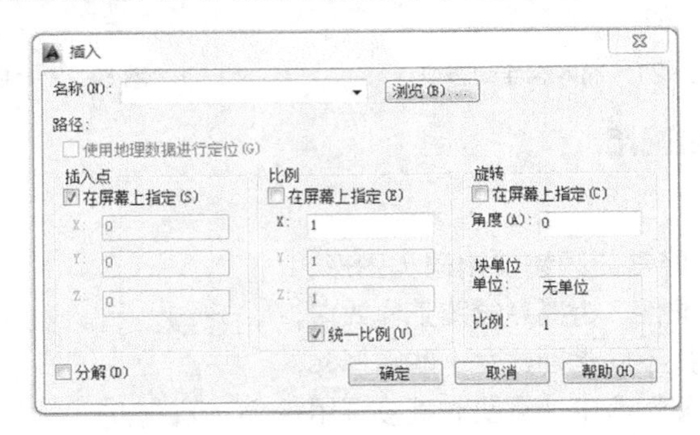

图 5-24 【插入】对话框

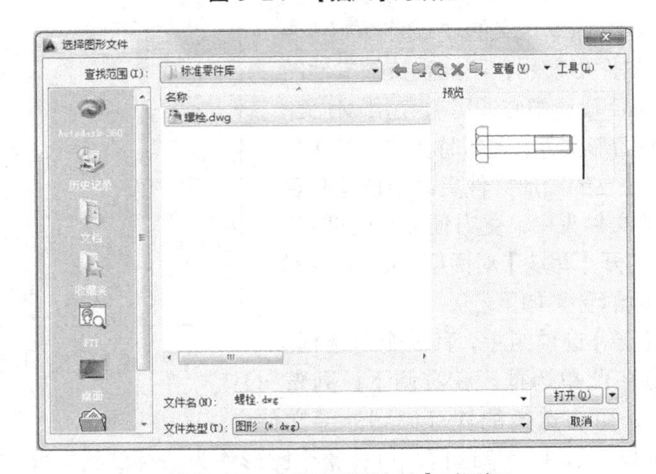

图 5-25 【选择图形文件】对话框

5.2　AutoCAD 设计中心

AutoCAD 设计中心是 AutoCAD 中一个功能强大的工具，它类似于 Windows 资源管理器的界面，可以管理图块、外部参照、光栅图像以及来自其他源文件或应用程序的内容，将位于本地计算机、局域网或因特网上的图块、图层、外部参照和用户定义的图形内容复制并粘贴到当前绘图区中。如果在绘图区同时打开多个文档，则在多个文档之间可以通过拖放操作来实现图形的复制和粘贴。粘贴内容包括图形以及图层定义、线型、字体等内容。

5.2.1　设计中心的启动和界面

可通过以下方法之一调用 AutoCAD 的设计中心。

- 命令行：adcenter。
- 下拉菜单：选择【工具】/【选项板】/【设计中心】菜单命令（AutoCAD 经典）。
- 单击【视图】功能选项卡【选项板】面板中的按钮 。
- 单击标准工具栏中的按钮 （AutoCAD 经典）。
- 快捷键：Ctrl+2。

执行命令后，AutoCAD 打开图 5-26 所示的【设计中心】界面。首次启动设计中心时，它默认打开的选项卡为【文件夹】，内容显示区显示了所浏览资源的有关细目或内容，资源管理器的左边显示了系统的树形结构。

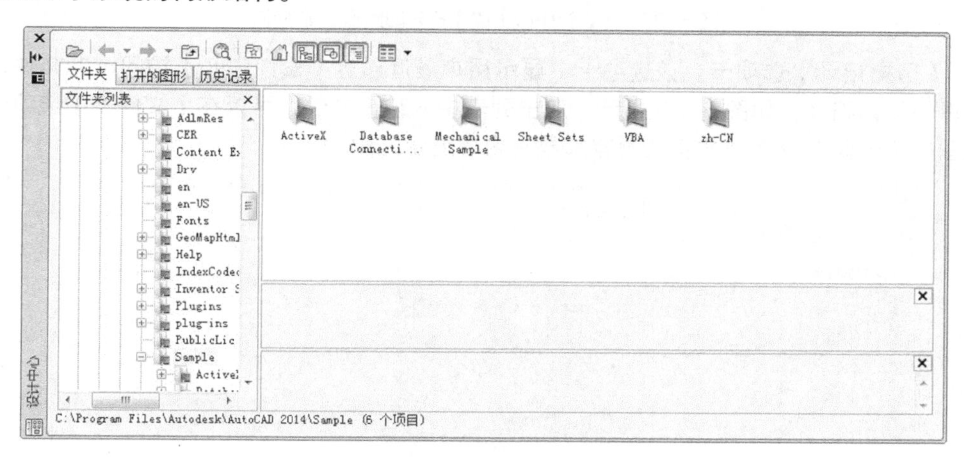

图 5-26　【设计中心】界面

【设计中心】界面的各个部分可以用鼠标拖动边框来改变大小，用鼠标拖动设计中心的标题栏可以改变设计中心位置，还可通过设计中心标题栏的【自动隐藏】按钮自动隐藏设计中心。

5.2.2　图形信息的显示

AutoCAD 2014 设计中心通过选项卡和工具栏两种方式显示图形信息。

1. 选项卡

如图 5-26 所示，AutoCAD 2014 设计中心有 3 个选项卡：【文件夹】、【打开的图形】和【历史记录】。

（1）【文件夹】选项卡。该选项卡显示设计中心的资源，与 Windows 资源管理器类似。该选项卡显示导航图标的层次结构，包括网络和计算机、Web 地址、计算机驱动器、文件夹、图形和相关的支持文件、外部参照、布局、填充样式和命名对象，图形包括图形中的块、图层、线型、文字样式、标注样式和表格样式。

（2）【打开的图形】选项卡。该选项卡显示在当前环境中打开的所有图形，其中包括最小化了的图形，如图 5-27 所示，此时选择某个图形文件，就可以在右边显示该图形的有关设置，如标注样式、表格样式、布局、块、图层等。

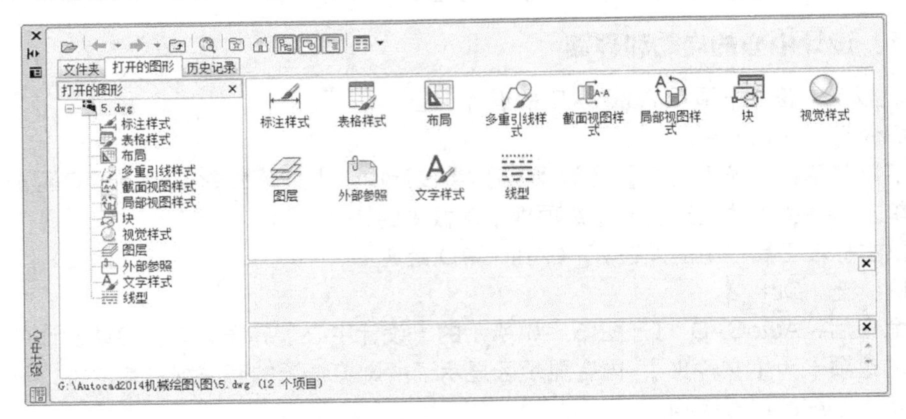

图 5-27 【设计中心】的【打开的图形】选项卡

（3）【历史记录】选项卡。该选项卡中显示用户最近通过【设计中心】访问过的文件，包括这些文件的具体路径，如图 5-28 所示。双击列表中的某个文件，可以在【文件夹】选项卡中的树状视图中定位此图形文件并将其内容加载到内容显示区中。

图 5-28 【设计中心】的【历史记录】选项卡

2. 工具栏

【设计中心】界面顶部有一工具栏，包括多个工具按钮，如图 5-29 所示。

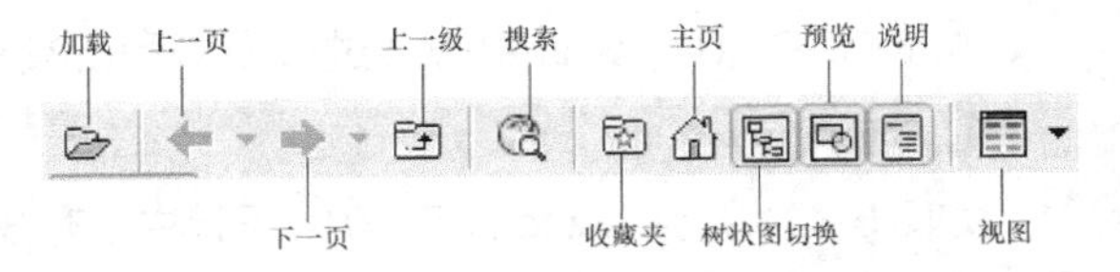

图 5-29 【设计中心】的工具栏

（1）【加载】按钮：用于打开【加载】对话框，用户可利用该对话框从 Windows 桌面、收藏夹或因特网上加载文件。

（2）【搜索】按钮：用于打开【搜索】对话框，用户可利用该对话框查找对象。

（3）【收藏夹】按钮：在【文件夹】列表中显示 Favorites/Autodesk 文件夹内容，用户可以通过收藏夹来标记存放在本地磁盘、网络驱动器或网页上的内容。

（4）【主页】按钮：快速定位到设计中心文件夹中，该文件夹位于\AutoCAD 2014\Sample 下。

（5）【树状图切换】按钮：单击该按钮，可在设计中心界面的“树状图”和“桌面图”之间切换。

（6）【预览】按钮和【说明】按钮：这两个按钮分别用于控制【设计中心】界面上预览区和说明区的显示或隐藏。

5.2.3 查找内容

单击设计中心工具栏的【搜索】按钮，弹出图 5-30 所示的对话框，利用该对话框，可以搜索所需的资源。在设计中心可以查找的内容有图形、填充图案、填充图案文件、图层、块、图形和块、外部参照、文字样式、线型、标注样式和布局等。

例如要搜索一名称为“螺栓”的图形文件，已知该图形文件存储于 D 盘，操作步骤如下。

（1）打开设计中心。

（2）单击【搜索】按钮，打开【搜索】对话框。

（3）在【搜索】下拉列表框中选择“图形”，在【于】下拉列表框中选择“E：\”。

（4）打开【图形】选项卡，在【搜索文字】下拉列表框中输入“螺栓”，在【位于字段】下拉列表框中选择【文件名】。

（5）单击【立即搜索】按钮，进行搜索。

搜索结果如图 5-30 所示。

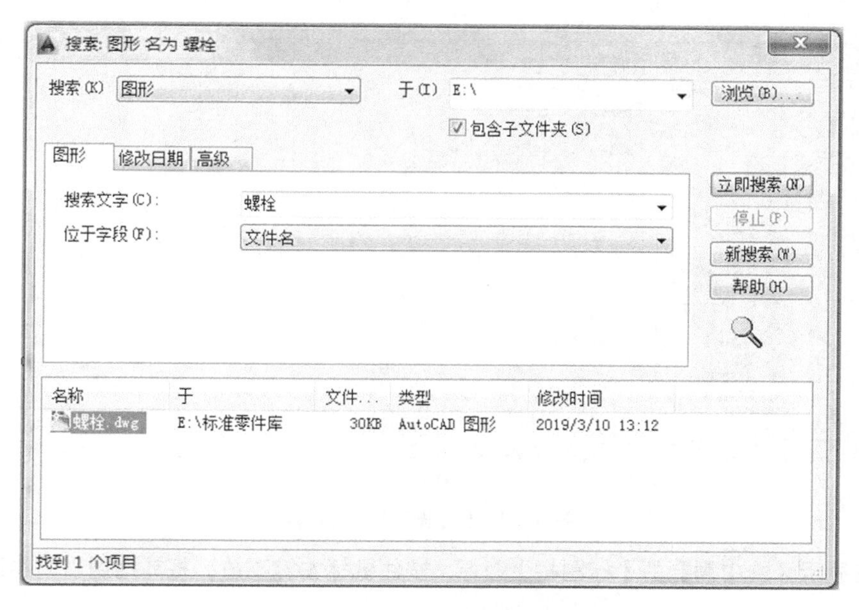

图 5-30 设计中心的【搜索】对话框

5.2.4 向图形中添加内容

使用 AutoCAD 设计中心，可以将指定文件中的图形资源复制到当前图形中。可复制的图形资源包括块、外部参照、光栅图像、图层、线型、文字样式、标注样式及自定义内容等。

1. 添加图层、线型、文字样式及标注样式

如果要将已有文件的资源复制到当前文件中，则应首先在文件夹列表区找到资源所在文件的位置，例如要将 E 盘“autocad 图”文件夹中的“螺栓.dwg”图形文件中的“标题栏”表格样式复制到当前图形中，应首先在文件夹列表区找到该文件，如图 5-31（a）所示，并双击该文件列表下的“表格样式”，在内容显示区显示了该文件中的所有表格样式，如图 5-31（b）所示。之后可采用以下方法之一来复制需要的样式。

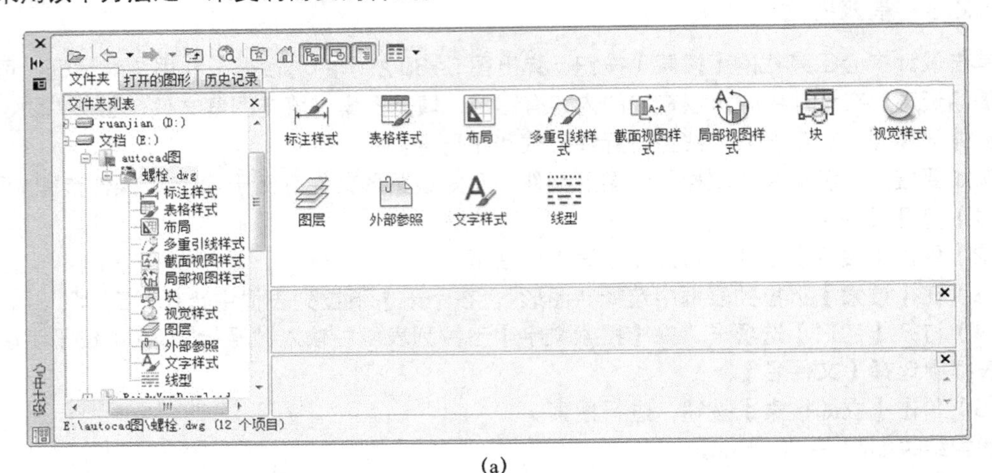

(a)

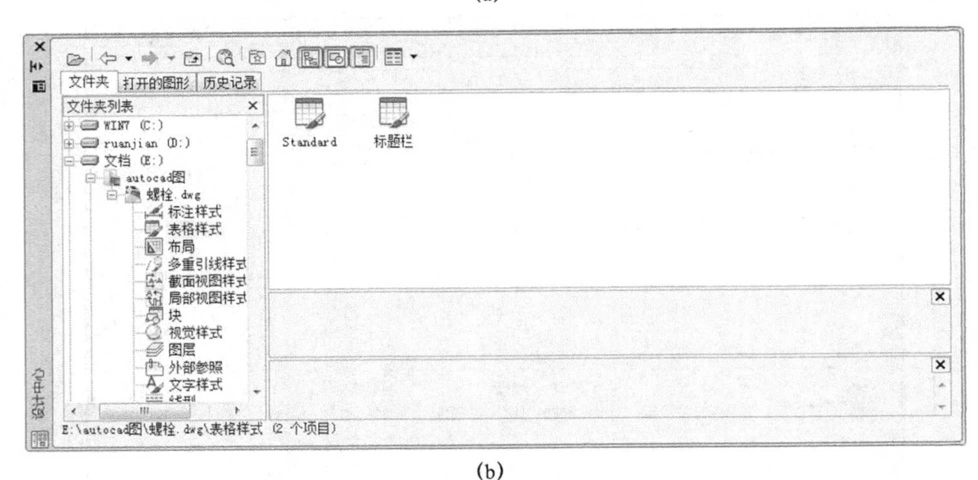

(b)

图 5-31　显示图形文件的资源

（1）在显示区选中需要的【标题栏】图标，按住鼠标左键不放，将其拖到当前绘图区后松开鼠标。

（2）鼠标右键单击【标题栏】图标，在弹出的快捷菜单中选择【复制】选项，在绘图区单击鼠标右键，在弹出的快捷菜单中选择【粘贴】选项。

（3）鼠标右键单击【标题栏】图标，在弹出的快捷菜单中选择【添加表格样式】选项。

（4）鼠标双击【标题栏】图标，同样可将该表格样式复制到当前图形。

如果知道表格样式名称为“标题栏”，但不知道该样式所在文件的位置，则可利用设计中心的“搜索”功能，搜索到该图形文件。在搜索结果列表中，选中该表格样式，单击鼠标右键，从快捷菜单中选择【添加表格样式】或选择【复制】后再“粘贴”到绘图区，如图 5-32 所示。

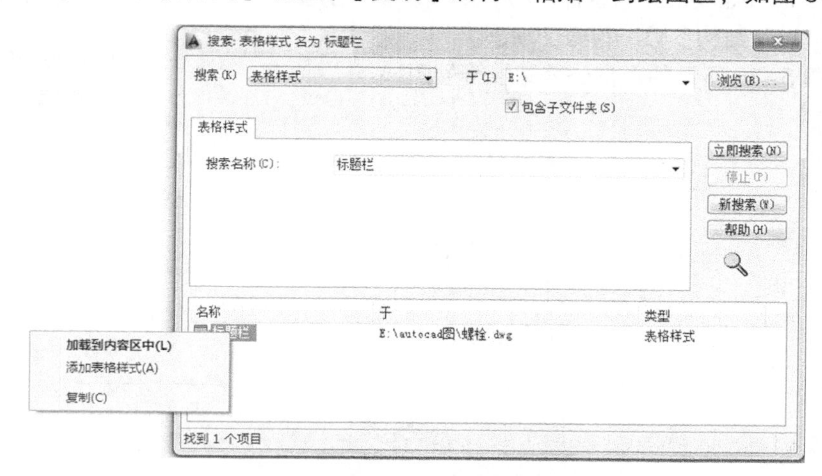

图 5-32 通过“搜索”功能将图形资源添加到图形中

2. 添加块

在 AutoCAD 设计中心，可以使用两种方法添加块。

（1）拖放法。与上述添加表格样式等资源的方法一样，先在【文件夹】列表区或【搜索】对话框中找到所要插入的块，用鼠标将其拖放到绘图区的相应位置，块将以默认的比例和旋转角度插入到当前图形中。

（2）双击法。双击内容区或搜索区中的块，或者鼠标右键单击内容区或搜索区中的块，都将弹出【插入】对话框，如图 5-33 所示，此对话框与执行插入命令所显示的一样。

3. 添加光栅图像

通过 AutoCAD 设计中心，可方便地把图像插入到当前图形文件中。先在【文件夹】列表区或【搜索】对话框中找到所要插入的图像文件，双击该图像文件图标，弹出【附着图像】对话框，如图 5-34 所示，在对话框中设置好比例、旋转角度等即可将图像插入图形文件中。

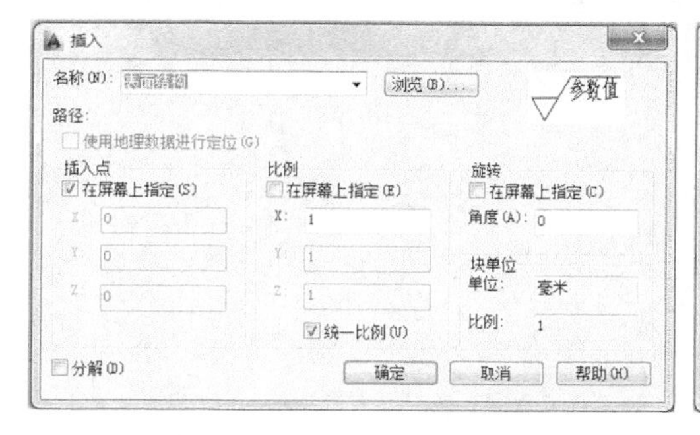

图 5-33 【插入】对话框

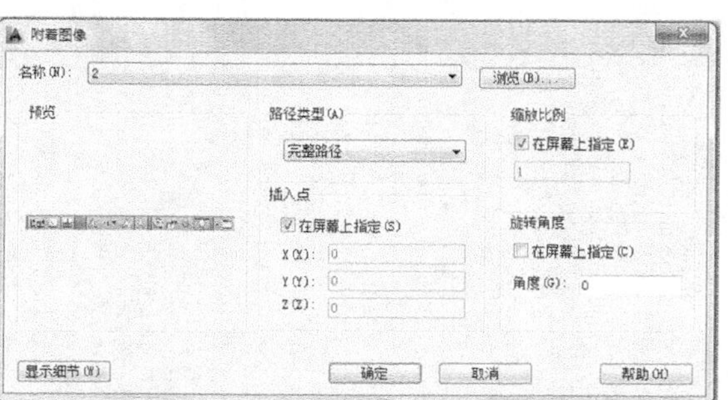

图 5-34 【附着图像】对话框

思考与练习

1. 内部块和外部块有什么区别?
2. 使用图块插入图形有哪些优点?
3. 使用 AutoCAD 2014 的设计中心可以实现哪些功能?
4. 创建“表面结构参数”符号图块。
5. 创建图 5-35 所示的形位公差基准符号图块。

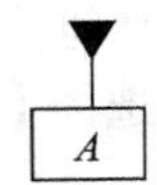

图 5-35　形位公差基准图形符号

6 Chapter

第六章 机械图样绘制

6.1 典型零件图的画法

机械零件的结构形状千变万化，但从总体结构上可以大致分为轴套类零件、轮盘类零件、叉架类零件、箱体类零件 4 种典型结构。一张完整的零件图除了图形外，一般还包括尺寸、公差、粗糙度等内容。下面通过实例分析零件图的绘制过程和方法。

6.1.1 样板图制作

为了使 AutoCAD 绘制的图样符合国家标准要求，同时提高作图的准确性，在每次绘图过程中，都需要对绘图环境如图纸的幅面、绘图单位、图层、字体样式、标注样式等进行设置，这样做费时又费力，如果直接调用样板图则可以大大提高绘图效率。样板图一般包含选定的图幅及其边框和标题栏、图层的设置、工程标注用的文字和标注样式等内容。AutoCAD 2014 提供了部分设置好绘图环境的样板图形（扩展名为“.dwt”的文件），供用户选择使用。用户也可以根据需要创建一组个性化的图形样板，以方便选择使用。下面以制作 A4 样板图为例，介绍符合机械制图国家标准的样板图的制作方法。

1. 设置图幅

（1）选择【格式】/【图形界限】菜单命令（AutoCAD 经典），系统提示如下。

命令：_limits
重新设置模型空间界限：
指定左下角点或 [开(ON)/关(OFF)] <0.0000,0.0000>：按 Enter 键。
指定右上角点 <420.0000,297.0000>：输入 210，297。

（2）缩放显示绘图区域。

命令：_zoom
指定窗口的角点，输入比例因子 (nX 或 nXP)，或者
[全部(A)/中心(C)/动态(D)/范围(E)/上一个(P)/比例(S)/窗口(W)/对象(O)] <实时>：输入选项“A”。

2. 设置绘图单位

选择【格式】/【单位】菜单命令，打开【图形单位】对话框，设置长度类型为“小数”，精度为“0.00”，角度类型为“十进制度数”，精度为“0.0”，插入内容的单位为“毫米”。

3. 设置图层

选择【格式】/【图层】菜单命令，打开【图层特性管理器】对话框，根据绘制机械图样的需要，一般应设置表 6-1 所示的几个图层。

表 6-1 图层设置

图层	线型	颜色	线宽
粗实线	Continuous	白色	0.50mm
细实线	Continuous	绿色	0.25mm
细点画线	CENTER	红色	0.25mm
虚线	DASHED	黄色	0.25mm
波浪线	Continuous	绿色	0.25mm
双点画线	PHANTOM	粉红色	0.25mm
粗点画线	CENTER	棕色	0.50mm
双折线	Continuous	绿色	0.25mm

4. 设置文字样式

机械制图国家标准对机械图样中的汉字规定采用长仿宋体，在 AutoCAD 中相应的字体文件为 gbcbig.shx，数字和字母可采用正体和斜体，在 AutoCAD 中相应的字体文件为 gbenor.shx 和 gbeitc.shx，在机械图样中常用的文字样式有表 6-2 中所列的 4 种，具体设置如下。

表 6-2 常用文字样式

文字样式名称	字体	字号	用途
尺寸标注	gbeitc.shx, gbcbig.shx	3.5	尺寸标注中的文字
注释	gbeitc.shx, gbcbig.shx	7	技术要求等注释性文字
标题栏内容	gbeitc.shx, gbcbig.shx	5	填写标题栏内容
图样名称	gbeitc.shx, gbcbig.shx	7	填写标题栏中图样名称

（1）选择【格式】/【文字样式】菜单命令，打开【文字样式】对话框。

（2）单击【新建】按钮，在打开的【新建文字样式】对话框的【样式名】文本框中将“样式 1”改为“尺寸标注”，单击【确定】按钮。

（3）勾选【使用大字体】复选框，在“尺寸标注”样式的【字体名】下拉列表中选择“gbenor.shx”或“gbeitc.shx”，在【大字体】下拉列表中选择“gbcbig.shx”，输入字体高度“3.5”，宽度因子“1”，单击【应用】按钮即完成“尺寸标注”样式的设置。

重复单击【新建】按钮，即可分别设置其余文字样式，不同样式只是字体高度不一样，可按表 6-2 所示设置，其余设置与上面相同。

5. 设置尺寸标注样式

根据不同标注的需要，在样板图中可以设置不同的标注样式。操作步骤如下。

（1）激活标注样式命令，打开【标注样式管理器】对话框，单击【新建】按钮，在打开的【创建新标注样式】对话框中的【新样式名】文本框输入“尺寸-3.5”，单击【继续】按钮，打开【新建标注样式】对话框。各选项设置如下。

➤ 【线】选项卡：在【尺寸线】选项组中设置【基线间距】为“7”；在【尺寸界线】选项组中设置【超出尺寸线】为“2”，【起点偏移量】为“0”。

➤ 【符号和箭头】选项卡：设置【箭头大小】为“3”；【圆心标记】选择“无”；【弧长符号】选择“标注文字的上方”。

➤ 【文字】选项卡：在【文字外观】选项组中，【文字样式】选择自定义的文字样式“尺寸标注”；在【文字位置】选项组中，指定文字的【垂直】位置为“上”，【水平】位置为“居中”；【文字对齐】选择“ISO 标准”。

➤ 【主单位】选项卡：在【线性标注】选项组中，【单位格式】选择“小数”，【精度】选择“0”，【小数分隔符】选择“.”（句点）；【角度标注】选项组中，【单位格式】选择“十进制度数”，【精度】选择“0”。

➤ 【调整】、【换算单位】、【公差】选项卡一般保持系统默认值不变。

（2）设置角度尺寸标注样式。

继续单击【新建】按钮，在打开的【创建新标注样式】对话框中的【基础样式】下拉列表中选择“尺寸-3.5”，在【用于】下拉列表中选择“角度标注”，单击【继续】按钮，打开【新建标注样式：尺寸-3.5：角度】对话框。将【文字】选项卡中【文字对齐】设置为“水平”；【调整】选项卡中【文字位置】设置为“尺寸线上方，带引线”。单击【确定】按钮完成设置。

6. 绘制图框和标题栏

图框和标题栏应按国家标准规定绘制。其中标题栏可以用绘图和编辑命令直接绘制，也可以通过创建表格的方式或创建外部块的方式绘制，这在前面已有详细介绍，不再赘述。

7. 样板图的保存

样板图设置完成后，选择【文件】/【另存为】菜单命令，打开【图形另存为】对话框，在【文件类型】下拉列表中选择“AutoCAD 图形样板（*.dwt）”，在【文件名】下拉列表框中输入样板名称“A4 图纸-纵向”，单击【保存】按钮，弹出图 6-1 所示的【样板选项】对话框，可以输入对该样板的说明，也可以省略不输入。单击【确定】按钮保存该文件，完成 A4 样板图的制作。

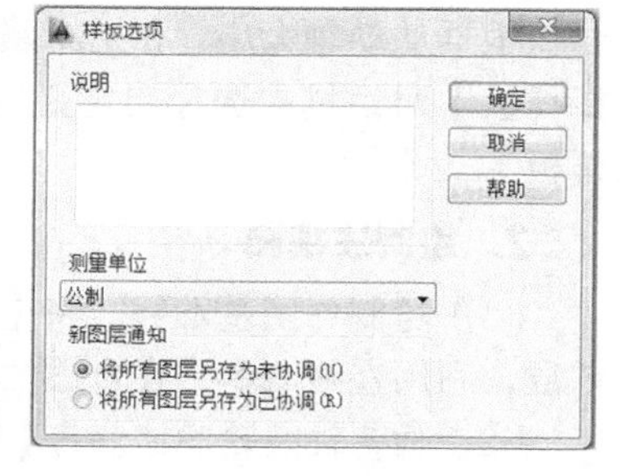

图 6-1 【样板选项】对话框

采用同样的方法可以制作 A3 等其他样式的样板图。

6.1.2 轴类零件图绘制实例

轴类零件的结构比较简单，其零件图一般由一个主视图再加上断面图、局部放大图、局部剖视图等表达，作图时可以先画出主视图再画其余视图。下面分析图 6-2 所示的减速器从动轴的绘制步骤。其结构形状由主视图、2 个键槽断面图及 1 个局部放大图表达。

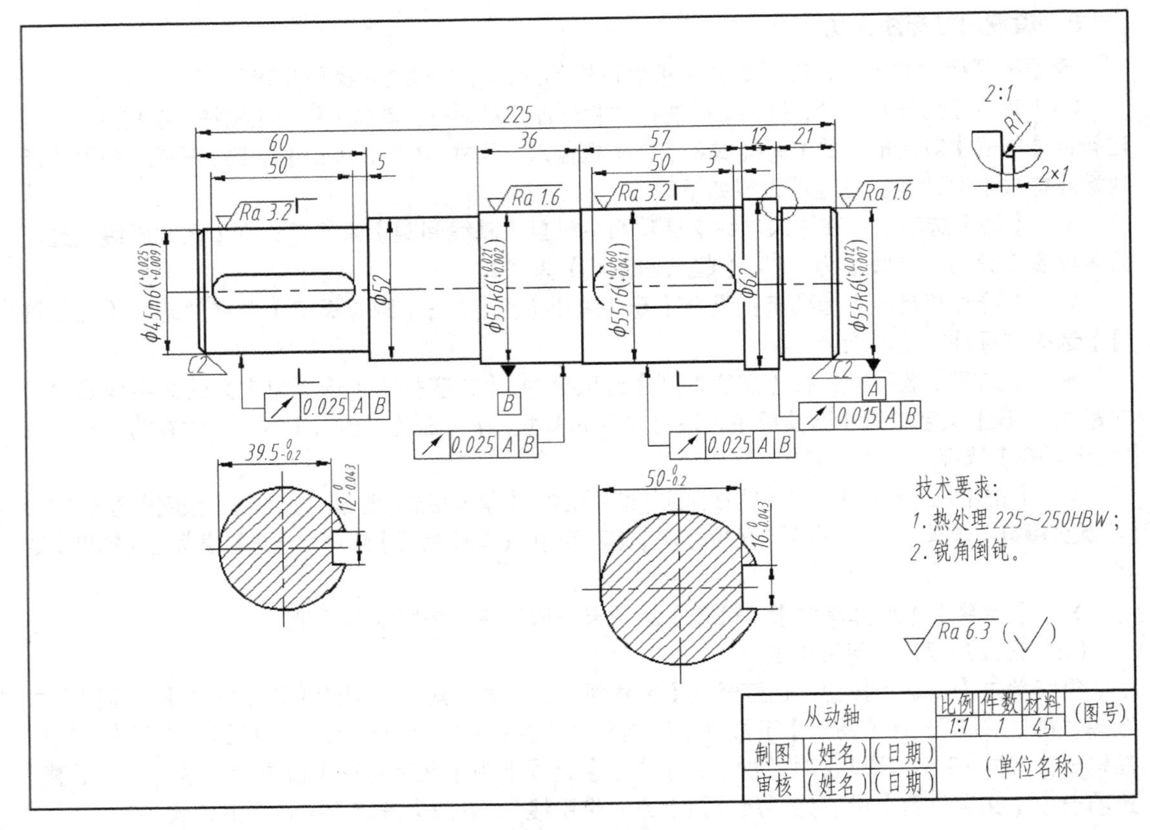

图 6-2　从动轴

1. 新建文件夹

从动轴-1

从动轴-2

根据从动轴大小，利用新建命令，在打开的【选择样板】对话框中选择自定义的“A3 图纸-横向”样板。

2. 绘制主视图

（1）绘制作图基准线。将【点画线】层设置为当前层，利用直线命令，在合适位置画一条水平中心线作为作图基准线，直线长度约 240。

（2）画各轴段轮廓线。将【粗实线】层设置为当前层，利用直线等命令按尺寸分别画出各轴段轮廓线，结果如图 6-3 所示。

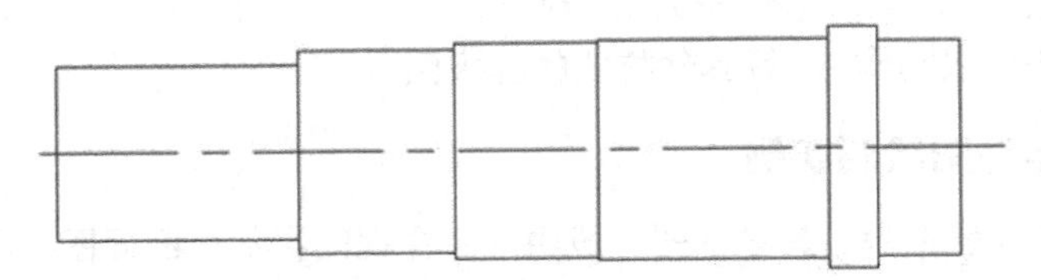

图 6-3　绘制各轴段轮廓线

（3）绘制砂轮越程槽。利用偏移和修剪命令按尺寸画出砂轮越程槽，结果如图 6-4 所示。

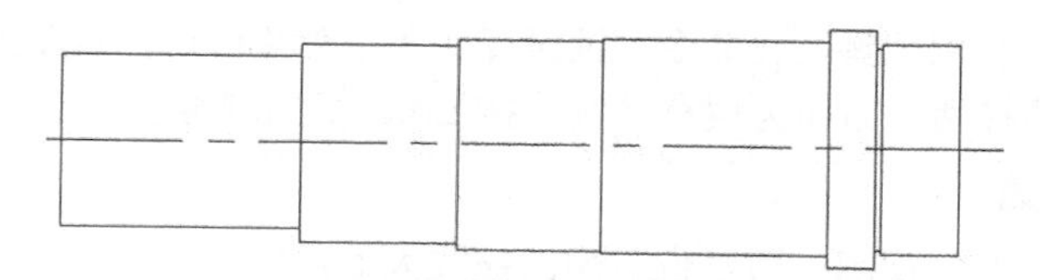

图 6-4　绘制砂轮越程槽

（4）绘制倒角。利用倒角命令，输入选项“D”，将两个倒角距离设置为“2”，修剪出两端各个倒角；再利用直线命令连接倒角线，结果如图 6-5 所示。

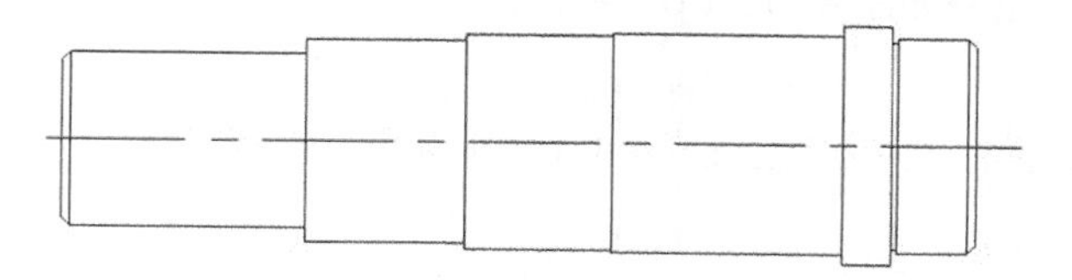

图 6-5　绘制倒角

（5）绘制键槽轮廓线。先利用圆命令，按尺寸画出两个圆；再利用直线命令并捕捉到切点，分别画出两圆的公切线；然后利用修剪命令，以公切线为修剪边界，修剪掉多余圆弧，结果如图 6-6 所示。

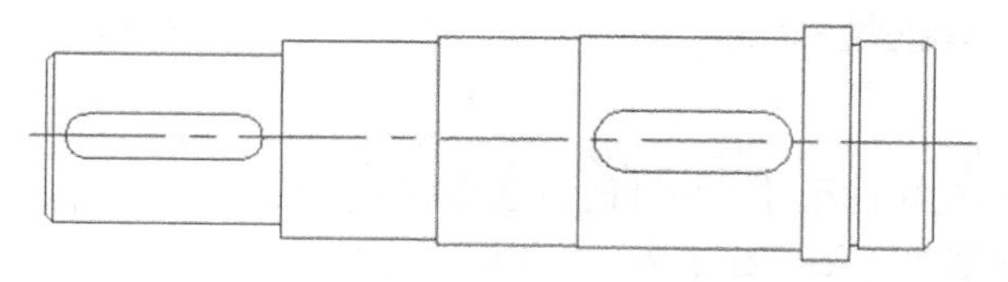

图 6-6　绘制键槽轮廓线

3. 绘制断面图

根据零件结构和图纸幅面，绘制移出断面图，并将其配置在剖切线的延长线上。

（1）绘制断面中心线及圆。利用直线命令，分别作出两个断面图的中心线。作图时注意使垂直中心线在键槽长度范围内适当位置，水平中心线在同一水平线上。利用圆命令，捕捉中心线交点为圆心，分别绘制两断面的圆，如图 6-7 所示。

（2）绘制键槽断面轮廓线。利用偏移命令，将中心线按键槽尺寸进行偏移，再用修剪命令将多余的线条修剪掉，结果如图 6-8 所示。

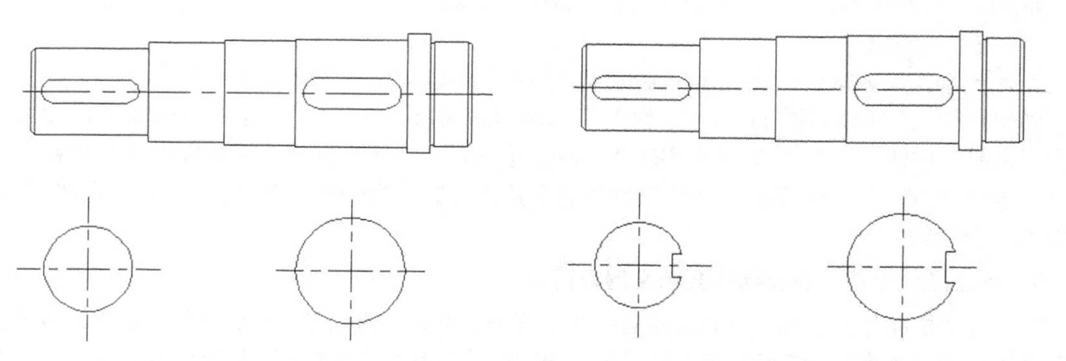

图 6-7　绘制断面中心线及圆　　图 6-8　绘制键槽断面轮廓线

（3）绘制剖面线。利用图案填充命令，设置图案为“ANSI31”，角度为“0”，比例为“1”，其余采用默认设置，选择两个断面为填充区域，按 Enter 键完成填充，如图 6-9 所示。

4. 绘制局部放大图

（1）利用圆命令，在主视图上适当位置圈出被放大的部位。

（2）利用复制命令，将放大部位的轮廓线复制到合适位置，在【细实线】层，利用样条曲线命令画出局部放大图的波浪线边界，如图 6-10（a）所示。

（3）利用修剪命令将多余的线条修剪掉。激活圆角命令，输入选项“R”，将圆角半径设置为“2”，画出越程槽底部圆角，结果如图 6-10（b）所示。

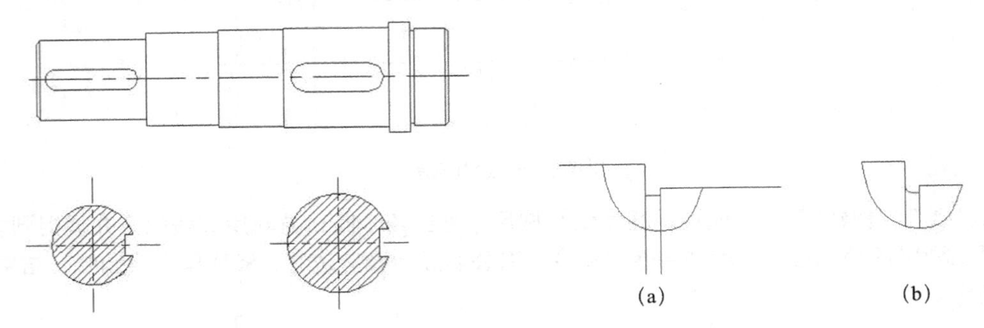

图 6-9　绘制断面剖面线　　　　图 6-10　画局部放大图

5. 标注尺寸

图 6-2 中的尺寸都是线性尺寸，标注时应注意以下几点。

（1）将当前图层设置为【细实线】层。

（2）标注应按一定顺序进行。先标注主视图上各轴段的径向尺寸，再标注轴向尺寸，最后标注其他视图上的尺寸。

（3）在非圆视图上标注直径、标注具有公差的尺寸或在局部放大图上标注尺寸等时，可在命令执行的过程中，通过[多行文字（M）]选项，打开【多行文字编辑器】选项卡，改变尺寸标注文字进行标注。下面以 $\phi 45\text{m}6\left(\begin{smallmatrix}+0.025\\+0.009\end{smallmatrix}\right)$ 尺寸为例说明标注方法。

激活线性标注命令后，系统提示如下。

```
命令：_dimlinear
指定第一条尺寸界线原点或 <选择对象>:  捕捉ϕ45 轮廓线端点。
指定第二条尺寸界线原点:  捕捉ϕ45 另一轮廓线端点。
指定尺寸线位置或
[多行文字(M)/文字(T)/角度(A)/水平(H)/垂直(V)/旋转(R)]:  输入选项“M”。
```

弹出【多行文字编辑器】选项卡，输入“ϕ45m6(+0.025^+0.009)”，选中“+0.025^+0.009”，单击“堆叠”按钮 ，完成标注文字输入，单击【确定】按钮，将尺寸线放置在适当位置完成标注。应该注意，为了保证上、下偏差数值的小数点对齐，当偏差值为“0”时，应在“0”之前输入一个空格。

6. 标注形位公差、表面结构要求及剖切符号

（1）为了提高作图效率，将形位公差的基准符号、表面结构代号、剖切符号等常用符号定义为带有属性的块并保存。它们的图形可以参考国家标准的有关要求绘制，创建块的方法在第 5 章中已有详细讲解，不再重复。

（2）形位公差包括基准符号和公差代号两部分。

① 基准符号一般用插入块的形式标注，标注应符合制图国家标准要求。

② 公差代号标注一般和引线标注结合使用，具体方法如下。

激活引线命令 qleader 后，系统提示如下。

命令：_qleader

指定第一个引线点或［设置(S)］<设置>：输入“S”，按Enter键确认。

系统弹出【引线设置】对话框，如图 6-11 所示，在【注释】选项卡的【注释类型】中选择“公差”，单击【确定】按钮，将引线命令设置成标注形位公差模式。

指定第一个引线点或［设置(S)］<设置>：指定引线第一点，即箭头起点。

指定下一点：指定引线第二点。

指定下一点：指定引线第三点。

确定引线第三点后，系统弹出【形位公差】对话框，如图 6-12 所示。单击【符号】框，系统打开【特征符号】对话框，如图 6-13 所示，可选择形位公差项目。【公差 1】和【公差 2】用于输入形位公差值，分别由两个框格组成，单击左边框格可控制直径符号“ϕ”的输入状态，右边框格用于输入数值。【基准 1】、【基准 2】及【基准 3】用于输入基准代号，也由两个框格组成，左边框格用于输入基准代号字母，单击右边框格，可选择附加符号。

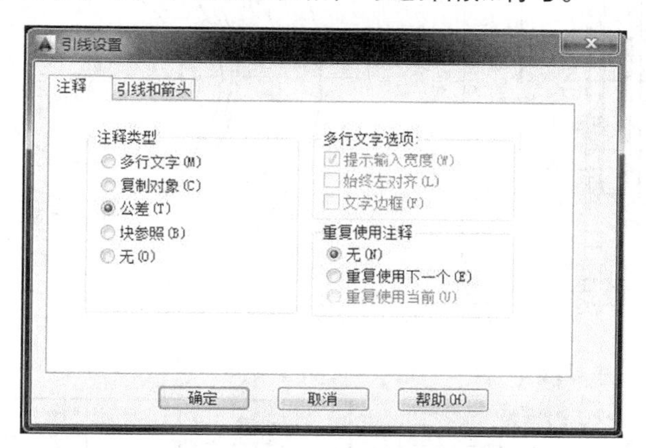

图 6-11 【引线设置】对话框

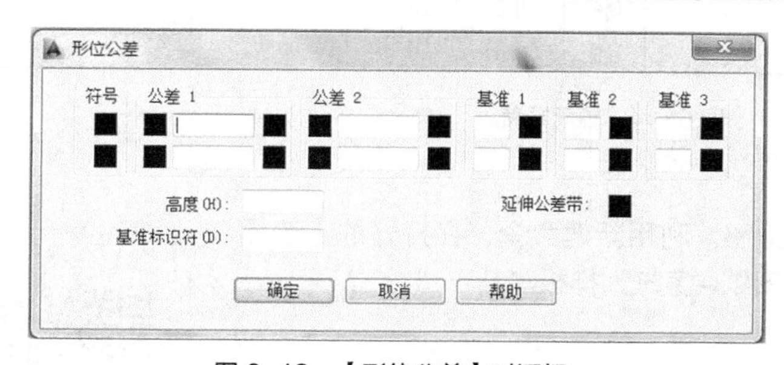

图 6-12 【形位公差】对话框

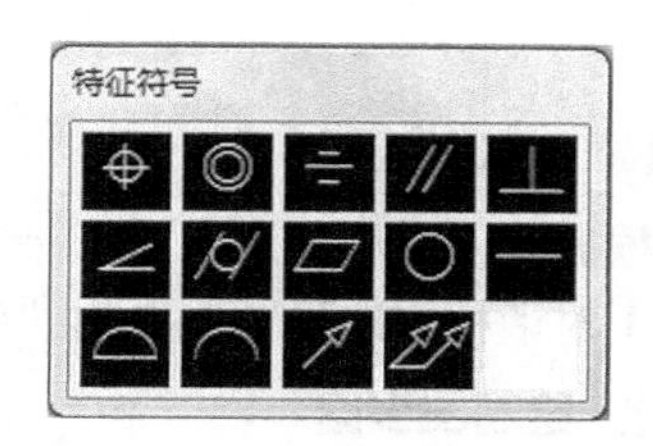

图 6-13 【特征符号】对话框

（3）表面结构要求和剖切符号采用插入块的方式标注。其中在插入表面结构要求块时可配合“最近点”捕捉确定插入点。

7. 填写标题栏，书写技术要求

将【细实线】层置为当前图层，选择“gb-35”文字样式，利用多行文字命令注写技术要求文字。选择“标题栏内容”和“图样名称”文字样式填写标题栏。最后将图形全屏显示，以“传动轴.dwg”为名保存在指定目录，完成作图。

6.1.3 轮盘类零件图绘制实例

轮盘类零件的主要结构一般由多个同轴回转体组成，在其端面还常有均布孔，在中心孔中有键槽等结构。零件图采用主视图、左视图及必要的局部视图表达，主视图采用全剖或半剖视图。下面分析图 6-14 所示的轴承端盖的绘制步骤。轴承端盖的结构用主、左两个视图表达，主视图表达内外轮廓的形状，左视图表达端面圆形结构和均布孔位置。在绘制具有回转特性的零件图时，一般先绘制圆视图，再绘制其他视图，所以，应先绘制左视图。

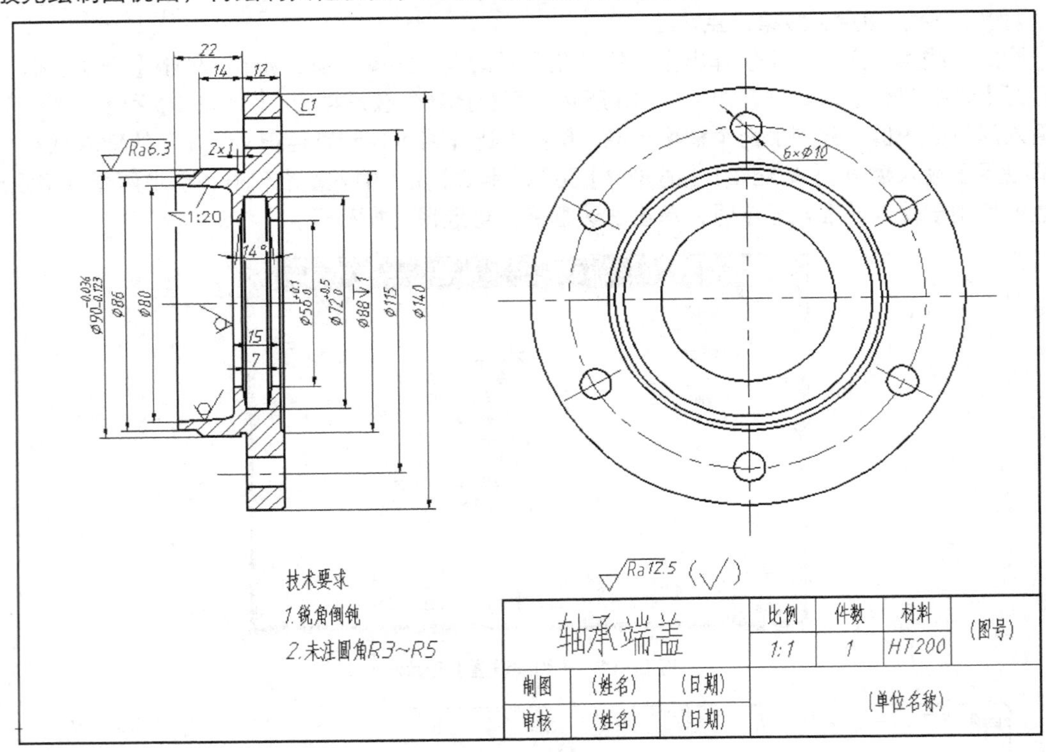

图 6-14 轴承端盖

1. 选择样板图

根据零件大小，采用 1:1 比例绘图，利用新建命令，在打开的【选择样板】对话框中选择自定义的“A3 图纸–横向”样板。

2. 绘制左视图

（1）绘制中心线及同心圆。在【点画线】层，利用直线命令画出圆的中心线，在【粗实线】层用圆命令捕捉到中心线交点作为圆心画出各同心圆，如图 6-15 所示。

（2）绘制均布圆孔。利用圆命令，捕捉到 A 点作为圆心，画出 ϕ10 小圆；用直线命令画出 ϕ10 小圆的辅助中心线 L_1；利用阵列命令，选择“环形阵列”，捕捉到同心圆圆心 O 作为阵列中心点，选择 ϕ10 小圆及其辅助中心线为阵列对象，阵列复制结果如图 6-16 所示。最后删除多余的辅助中心线 L_1、L_2。

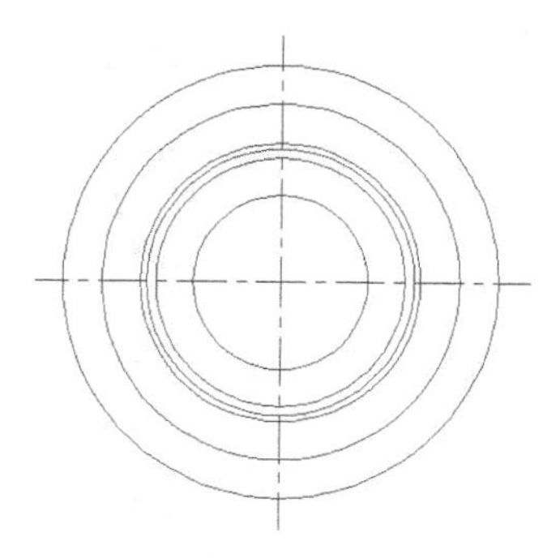

图 6-15　画中心线及同心圆

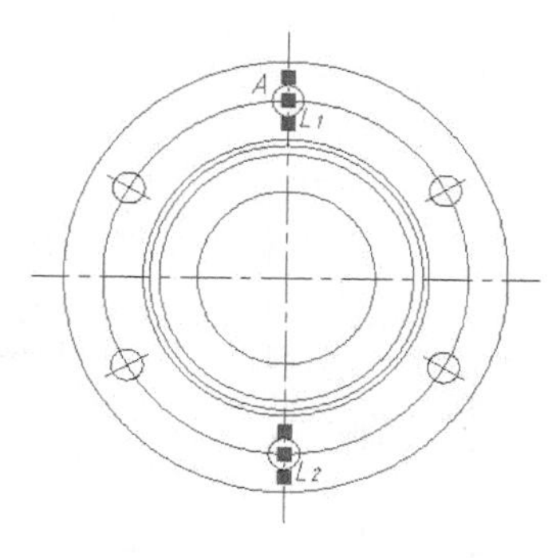

图 6-16　绘制均布圆孔

3. 绘制主视图

由于端盖零件具有对称性，因此先画出主视图一半轮廓线，另一半利用镜像命令绘制。

（1）绘制中心线。激活直线命令，捕捉到左视图水平中心线端点并追踪水平极轴，在适当位置画出端盖主视图中心线。

（2）绘制外轮廓线。激活直线命令，利用对象捕捉追踪功能捕捉到左视图上的相应点并结合图形尺寸输入相应的尺寸数值，可连续画出主视图上半部外形轮廓线，并用倒角命令作出倒角。结果如图 6-17 所示。

（3）绘制内部轮廓线。利用直线命令，通过捕捉左视图上对应点，利用极轴追踪结合图形尺寸输入相应数值可作出内部轮廓线，利用圆角命令，绘制左侧凹孔铸造圆角 $R3\sim R5$。其中 1:20 斜线的绘制可参考 2.4.2 节中锥面斜线的画法，结果如图 6-18 所示。

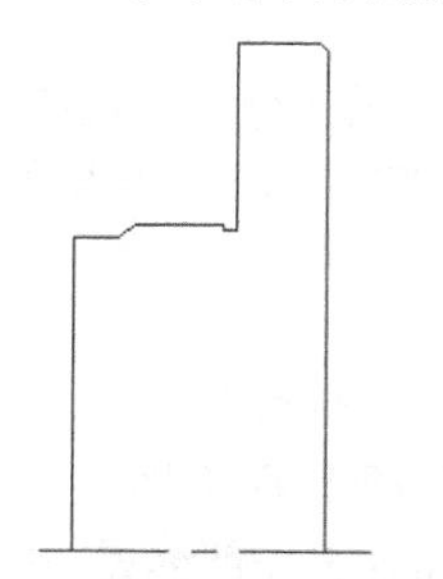

图 6-17　绘制主视图上部外轮廓线

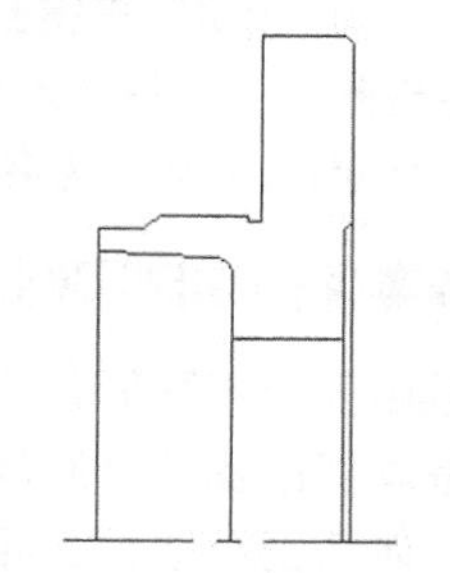

图 6-18　绘制内部轮廓线

（4）绘制密封槽。

① 利用偏移命令，将 B_1B_2 直线向上偏移 8；利用直线命令，捕捉偏移直线的中点并追踪水平极轴，输入 3.5 确定 C_1 为起点，输入相对极坐标“@10＜−97”（10 是任意确定的数，应大于斜线长度），画出密封槽侧面倾斜线；同理，以 C_2 为起点，输入相对极坐标“@10＜−83”，画出密封槽另一侧面倾斜线（第二条斜线也可通过镜像作出），如图 6-19（a）所示。

② 利用修剪命令，剪掉密封槽多余线条；利用直线命令，分别以密封槽各顶点为起点绘制直线与中心线垂直相交，结果如图 6-19（b）所示。

（5）绘制 ϕ10 孔，镜像处理，填充剖面线。利用直线命令，结合左视图上交点和捕捉追踪命令画出 ϕ10 孔中心线及轮廓线；利用镜像命令，将已绘制的图形以中心线为对称轴，进行镜像复制；利用图案填充命令填充剖面线，结果如图 6-20 所示。

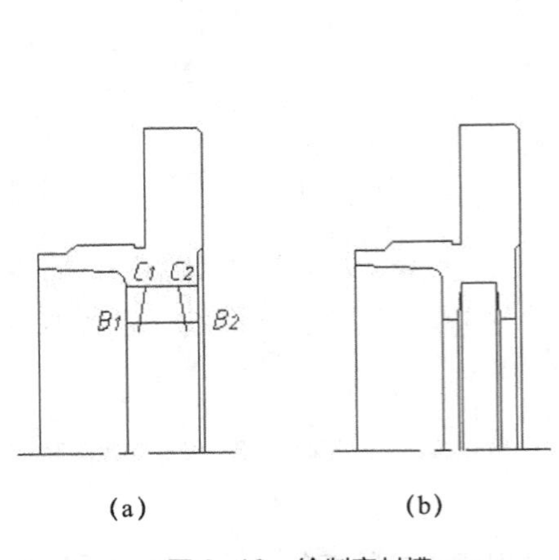

图 6-19　绘制密封槽

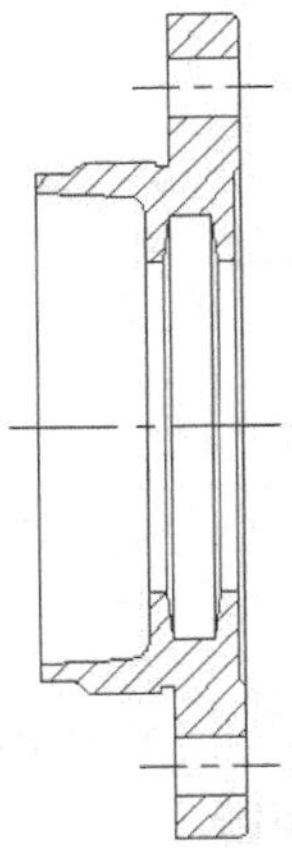

图 6-20　完成主视图绘制

（6）整理。打开线宽显示，将各图线调整至正确图层，利用夹点编辑调整各中心线至合适长度，并调整至合适的线型比例。

4. 轴承端盖标注

（1）将【细实线】层置为当前层。

（2）轴承端盖标注时直径尺寸一般标注在非圆视图——主视图上。标注方法上例（6.1.2 节）已有叙述，应注意图中“ϕ88↧1”尺寸中的特殊符号↧在编辑文字时的输入方法。可通过单击 @· 按钮，选择【其他】选项，在打开的字符映射表中选择符号↧；也可用键盘输入小写字母“x”，再将“x”字体改为“gdt”来得到特殊符号↧。

（3）标注表面结构要求、注写技术要求及标题栏的方法同上例。标注结束后检查无误，将图形全屏显示，以“轴承端盖.dwg”为名保存在指定目录，完成作图，结果如图 6-14 所示。

6.1.4　叉架类零件图绘制实例

叉架类零件一般由多个不同形状的基本体组合而成，常带有孔、肋、槽等结构，其结构一般需要两个以上的基本视图及部分局部视图表达。下面分析图 6-21 所示支架的绘制步骤。支架的安装部分由长方体切割而成，上面有两个安装连接孔；工作部分是一个开槽圆筒，圆筒左侧凸出一个半圆形凸台，通过半圆形凸台上的螺纹孔可以夹紧零件；工作部分和安装部分由倾斜的 T 形肋板连接。其结构采用主、左两个基本视图，一个移出断面图和一个局部视图表达，作图应按各个组成部分逐步绘制。

1. 选择样板图

根据零件大小，采用 1:1 比例绘图，利用新建命令，并选择自定义的“A3 图纸-横向”样板新建文件。

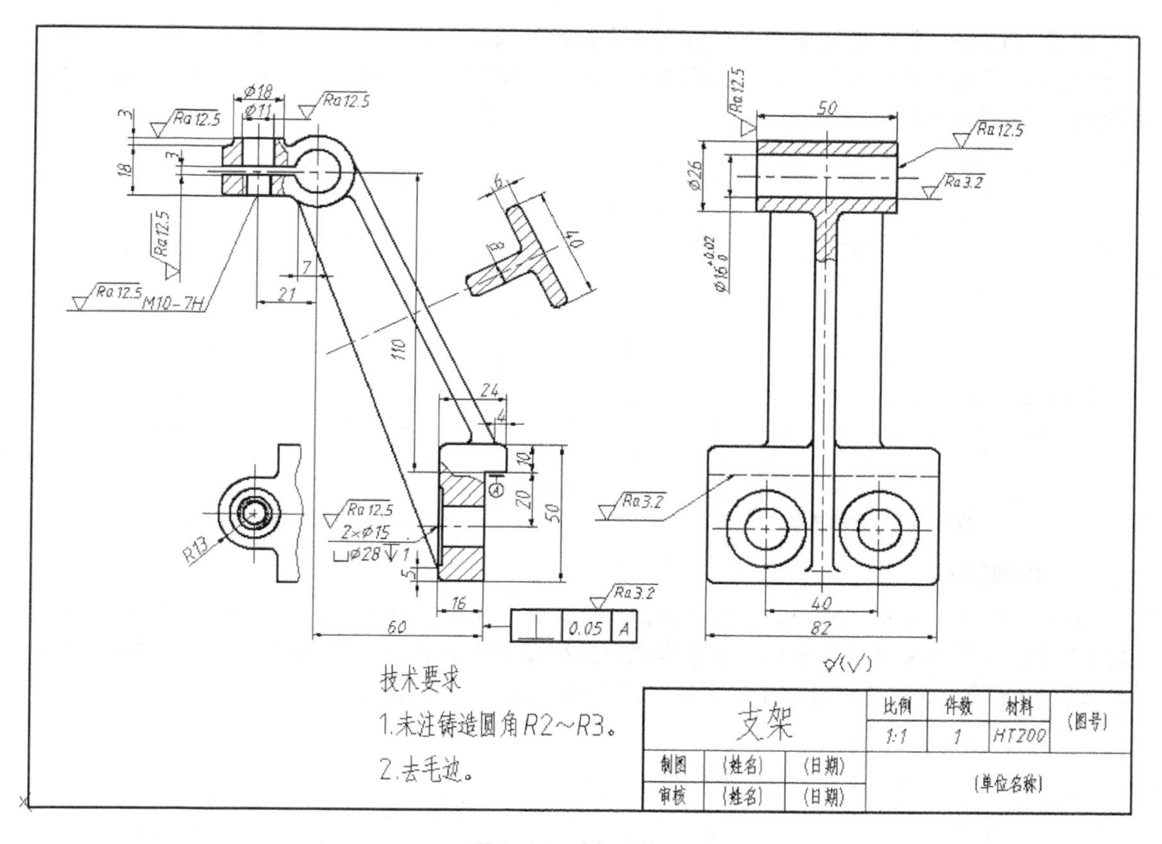

图 6-21 支架零件图

2. 绘制作图基准线和中心线

（1）将【点画线】层置为当前图层。

（2）激活构造线命令，输入“H”选项，画出 3 条水平基准线①、②、③，基准线①的位置根据图面布置要求确定，基准线②距基准线①为 20，基准线③距基准线②为 110；同样利用构造线命令，输入“V”选项，画出垂直基准线④、⑤、⑥，基准线④、⑤的位置根据图面布置要求确定，中心线⑤距基准线④为 60，如图 6-22 所示。

支架-1

支架-2

支架-3

3. 绘制安装板

（1）将【粗实线】层置为当前图层。

（2）绘制安装板外轮廓。利用直线命令，捕捉到交点 *A* 为起点，配合极轴追踪连续绘制直线，画出安装板在主视图上的多边形；重复直线命令，捕捉到 *B* 点并追踪水平极轴，输入 41 确定起点，根据图形尺寸连续绘制直线，画出安装板在左视图上的矩形；再利用直线命令在虚线层上画出截切平面交线的左视图投影，如图 6-23 所示。

（3）绘制安装板上的圆孔。利用圆命令，按尺寸在左视图中画出安装孔 ϕ15 和沉孔 ϕ28

的圆及其中心线，利用直线命令，结合高平齐的投影关系，从左视图通过水平对齐，在主视图上绘制表示两孔轮廓的直线，结果如图 6-24 所示。安装板上的铸造圆角等局部细小结构及剖切符号可在后面绘制。

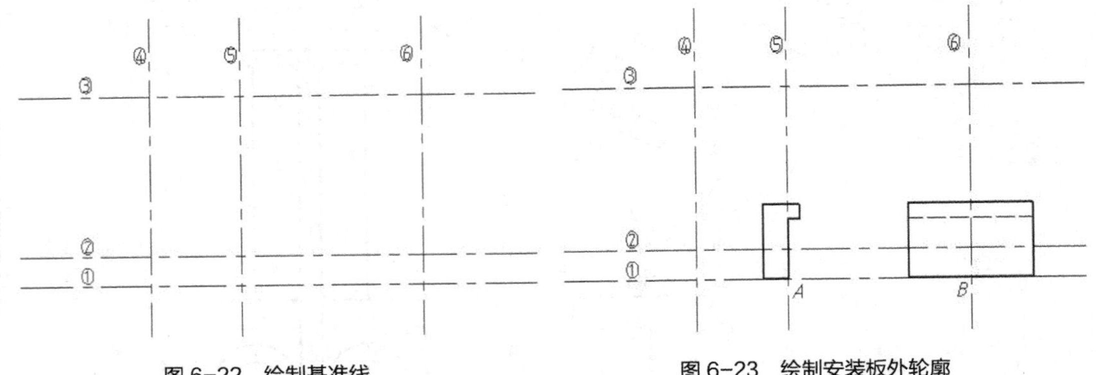

图 6-22　绘制基准线　　　　图 6-23　绘制安装板外轮廓

4. 绘制圆筒

利用圆命令，捕捉到中心线③和④的交点为圆心，在主视图上画 ϕ16、ϕ26 同心圆；利用直线命令，根据高平齐的关系利用水平极轴在左视图上绘制 ϕ26 圆柱体的轮廓线，再画出表示 ϕ16 孔的直线，并在【点画线】层画出圆筒的中心线，结果如图 6-25 所示。

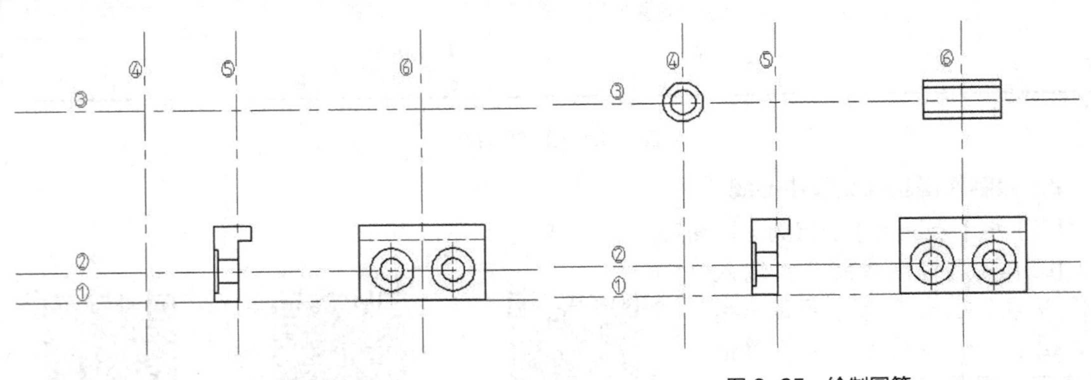

图 6-24　绘制安装板圆孔　　　　图 6-25　绘制圆筒

5. 绘制连接部分肋板

（1）绘制肋板主视图。利用偏移命令，将中心线④向左偏移 7，得到与 ϕ26 圆的交点 C；利用直线命令，捕捉到安装板主视图左下角点并追踪垂直极轴，输入数值 5 确定直线的第一点 D，以交点 C 为第二点，绘制肋板右下直线 L_1；重复直线命令，捕捉到安装板主视图右上角点并追踪水平极轴，输入数值 4 确定 E 点为起点，捕捉 ϕ26 圆的切点为第二点，绘制肋板轮廓线 L_2；利用偏移命令，将直线 L_2 向左下偏移 6，结果如图 6-26（a）所示。

利用圆角命令绘制 $R2\sim R3$ 的铸造圆角，注意应将圆角的模式设置为“不修剪”，再利用修剪命令，将圆角后多余的线条修剪掉。将多余的辅助线删去，结果如图 6-26（b）所示。

（2）绘制肋板左视图。利用直线命令，在【细实线】层绘制肋板与安装板相交的过渡线的辅助线，直线起点位置应从主视图中的交点对齐得到，长度适当；利用偏移命令，输入“L”选项，将偏移对象的图层设置为当前，再将中心线⑥向左右各偏移 4 和 20，如图 6–27（a）所示。利用圆角命令修剪铸造圆角，注意肋板与安装板及圆筒相交处的圆角应使用“不修剪”模式；再利用修剪命令，修剪圆角处多余线条，如图 6–27（b）所示。

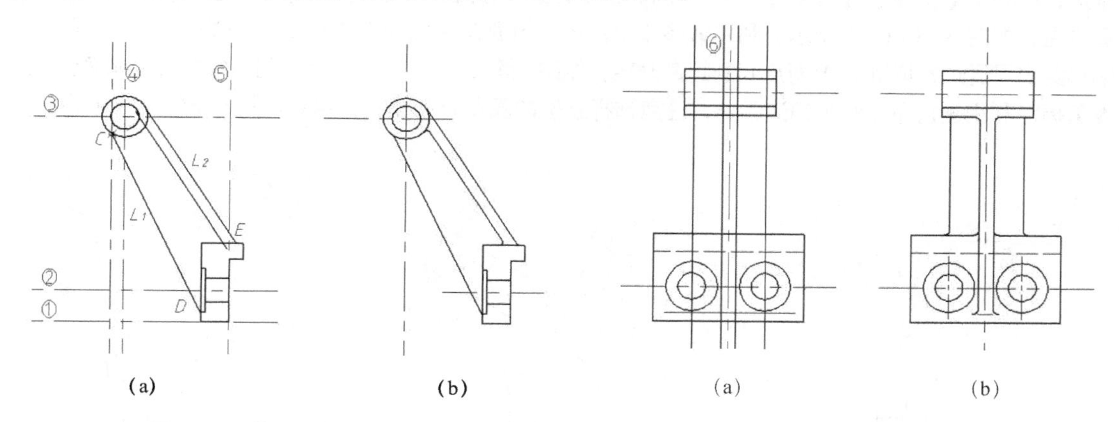

(a) (b) (a) (b)

图 6–26 绘制肋板主视图 图 6–27 绘制肋板左视图

6. 绘制主视图左边半圆形凸台

利用偏移命令，将圆筒的水平中心线向上、下各偏移 1.5 和 9，圆筒垂直中心线向左偏移 21，偏移时注意对象的图层；利用直线命令绘制半圆形凸台左侧直线及 ϕ18 凸台轮廓线，如图 6–28（a）所示。利用圆角命令修剪铸造圆角，利用修剪命令剪去多余线条，结果如图 6–28（b）所示。利用直线命令绘制 ϕ11 孔及 M10 螺纹孔的直线，螺纹孔的底线应在【细实线】层，结果如图 6–28（c）所示。

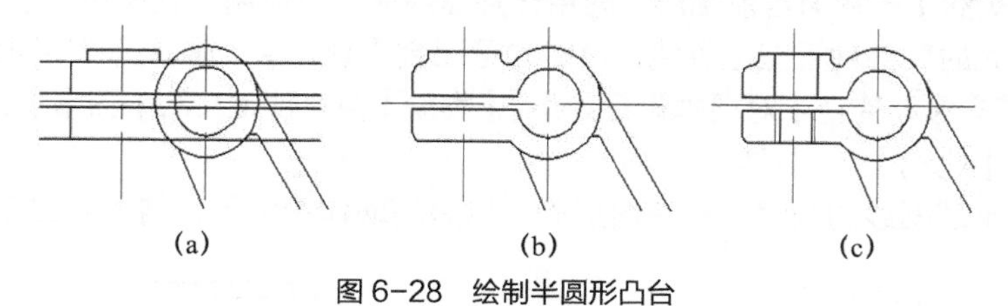

(a) (b) (c)

图 6–28 绘制半圆形凸台

7. 绘制半圆形凸台的局部视图

利用直线命令在【点画线】层画出中心线，位置根据图纸幅面布置确定，长度为 36；利用圆命令，以中心线交点为圆心，分别绘制 *R*13、ϕ18、ϕ11 及 M10 螺纹孔各圆，其中 M10 螺纹大径为 ϕ10，画在【细实线】层，小径约为 ϕ8；利用修剪命令，以垂直中心线为边界，剪去 *R*13 右半圆；利用打断命令，将螺纹大径的圆剪去约 1/4，如图 6–29（a）所示。利用直线命令，捕捉到 *R*13 圆弧端点，以此为起点按图形尺寸连续绘制直线，利用圆角命令修剪铸造圆角；再用镜像命令将所画直线及圆角以水平中心线为对称轴镜像到另一侧，如图 6–29（b）所示。利用样条曲线命令在【细实线】层绘制波浪线，如图 6–29（c）所示。

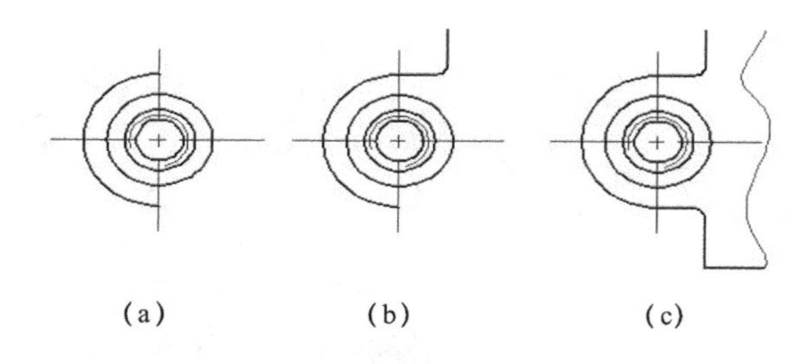

(a) (b) (c)

图 6–29 半圆形凸台局部视图

8. 绘制肋板断面图

利用直线命令，在适当位置绘制断面图的对称线 L_3，注意 L_3 的第二点应捕捉到与肋板轮廓线 L_2 的垂足，并利用【修改】/【拉长】菜单命令将 L_3 拉长至合适长度；利用复制命令将肋板轮廓线复制至合适位置，如图 6-30（a）所示。利用偏移命令，将 L_3 分别向两侧偏移 4 和 20，并将 L_4 向左下角偏移，偏移距离可通过拾取 M、N 两点间的距离确定，结果如图 6-30（b）所示。利用修剪命令将多余线条修剪掉，利用圆角命令修剪铸造圆角，注意选择正确的圆角修剪模式，结果如图 6-30（c）所示。

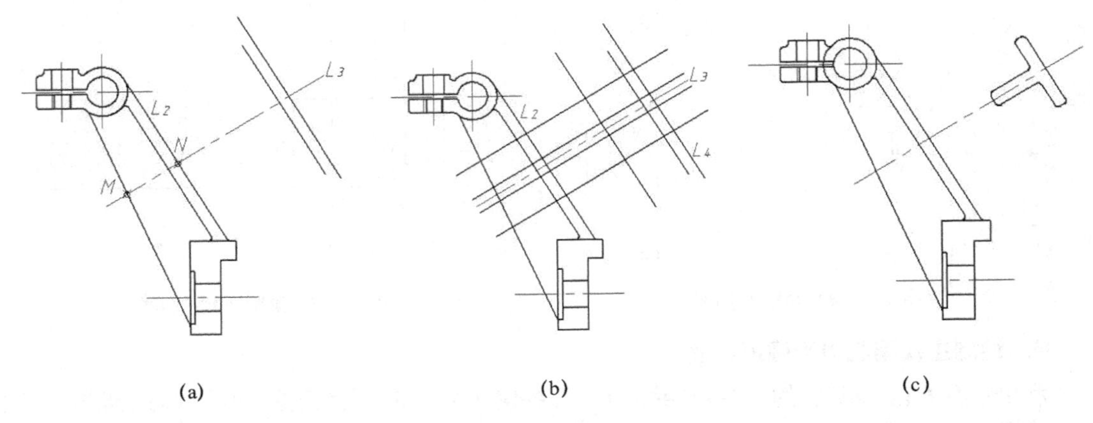

图 6-30　绘制肋板断面图

9. 填充剖面线，整理图形

（1）将【细实线】层置为当前图层。利用样条曲线命令，绘制主视图中安装板、半圆形凸台及左视图中圆筒处的局部剖视图边界线，绘图时可配合“最近点”捕捉；利用图案填充命令填充剖面线，【图案填充和渐变色】对话框设置如下：【类型】为“预定义”，【图案】选择“ANSI31”，【角度】为“0”，【比例】为“1”。

（2）检查、整理图线的长度、所在图层等，删除辅助作图线等，结果如图 6-31 所示。

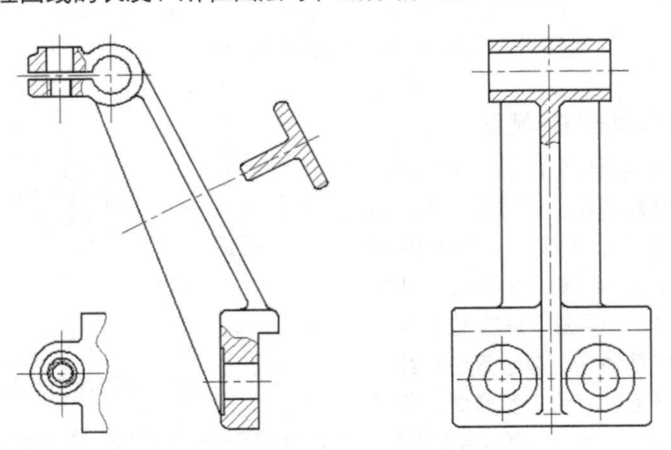

图 6-31　填充剖面线，整理图形

10. 支架标注

支架的形状比较复杂，由安装板、连接肋板、工作圆筒及锁紧凸台 4 个基本部分组成，其设计基准如图 6-22 所示。尺寸标注时应逐一标注各基本组成部分的定形尺寸和定位尺寸，最后标注形体的总体尺寸并进行总体调整。具体方法参考前面章节，此处不再重复。标注表面结构要求、注写技术要求及标题栏方法同前。标注结束后检查无误，将图形全屏显示，并以“支架.dwg”为名保存在指定目录，完成作图，结果如图 6-21 所示。

6.1.5 箱体类零件图绘制实例

箱体类零件结构形状比较复杂，箱体上有内腔及各种孔、凸台、肋板、安装连接板等结构。绘制零件图时，一般先画出主要形体的内外结构，再逐步绘制其他各个组成部分，当各部分结构用多个视图表达时，应同步绘制。下面分析图 6-32 所示的底座零件图的绘制步骤。底座由底板和立柱组成，内腔是圆孔，立柱外有一个凸台，主视图采用局部剖视表达内部形状。

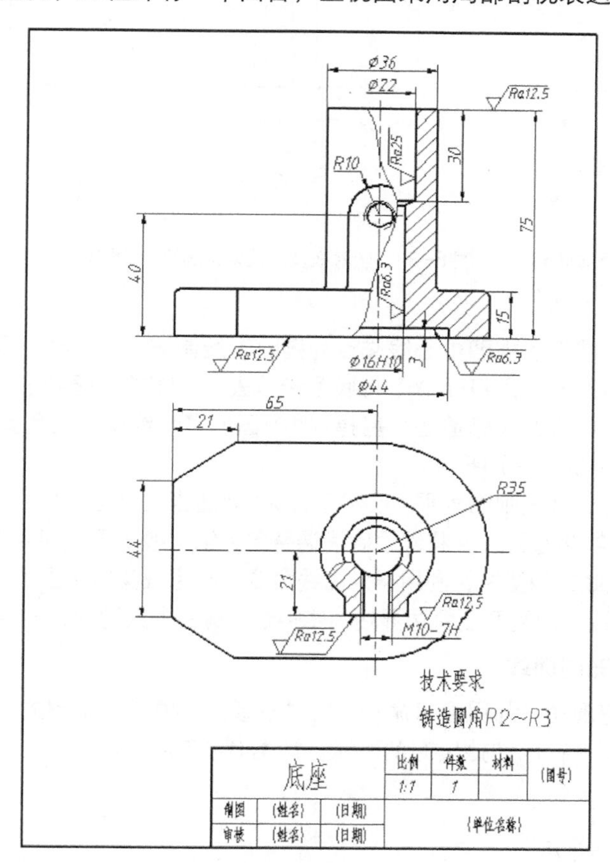

图 6-32 底座

1. 选择样板图

根据零件大小，采用 1:1 比例绘图，利用新建命令，调用自定义的“A4 图纸-纵向”样板新建文件。

2. 绘制作图基准线和中心线

以底平面及立柱中心线为作图基准线，利用直线命令，根据幅面布置要求在【点画线】层绘制作图基准线及中心线，如图 6-33 所示。

3. 绘制底板和立柱的外轮廓线

切换到【粗实线】层，利用圆命令，以中心线交点为圆心，分别绘制 $R35$、$\phi36$、$\phi22$ 及$\phi16$ 圆；利用修剪命令，以垂直中心线为修剪边，剪掉 $R35$ 左半圆；利用直线命令，捕捉 $R35$ 端点为起点，连续绘制直线至 $R35$ 的另一端点，画斜直线时采用输入相对坐标方式确定下一点；利用直线命令按长对正投影关系分别绘制底板及立柱主视图；删除主视图底面基准线，结果如图 6-34 所示。

4. 绘制内腔轮廓线

利用样条曲线命令，在【细实线】层绘制局部剖视图的边界波浪线，注意控制在 M10 螺纹孔附近的位置；切换到【粗实线】层，利用直线命令绘制内腔轮廓线，结果如图 6-35 所示。

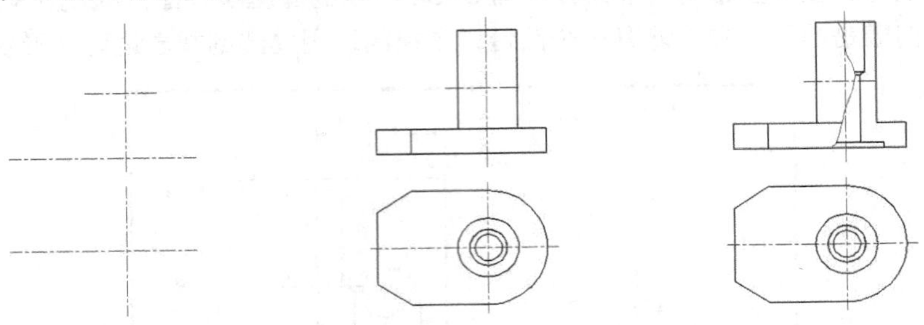

图 6-33　画基准线　　图 6-34　画底板及立柱外轮廓线　　图 6-35　绘制内腔轮廓线

5. 绘制凸台

（1）利用圆命令，捕捉主视图中心线交点为圆心，绘制 $R10$ 及 M10 螺纹孔，螺纹孔顶圆半径为 $R4$，底圆半径为 $R5$；利用打断命令将底圆修剪去约 1/4 并调整到【细实线】层；利用修剪命令，以波浪线和水平中心线为修剪边，剪掉 $R10$ 圆的多余线条；利用直线命令绘制凸台左边线，画出主视图如图 6-36（a）所示。

（2）利用直线命令，在俯视图水平中心线下方 21 处适当位置画出水平线，重复直线命令，分别绘制凸台及螺纹孔左半边直线，并将螺纹底线调整到【细实线】层；利用镜像命令，以垂直中心线为对称轴，将所作直线镜像复制；利用样条曲线命令，在【细实线】层绘制局部剖视图的边界波浪线；利用修剪命令，以波浪线及凸台边界线为修剪边，剪去多余图线，结果如图 6-36（b）所示。

6. 修剪圆角，填充剖面线

利用圆角命令修剪圆角；利用修剪命令，将“不修剪”模式下绘制的铸造圆角处的多余线条剪掉；利用图案填充命令在剖切处填充剖面线，如图 6-37 所示。

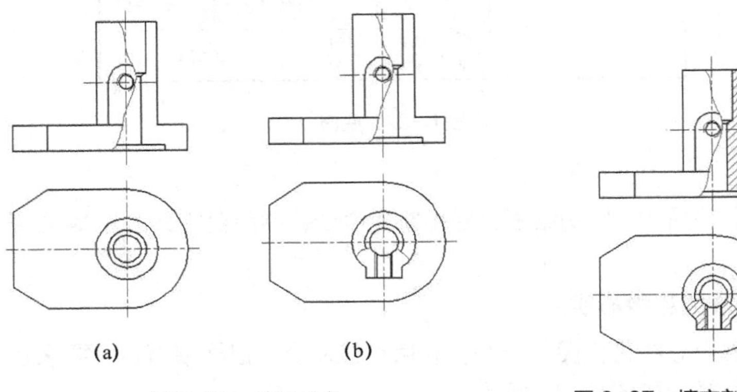

图 6-36　绘制凸台　　图 6-37　填充剖面线

7. 底座标注

在【细实线】层标注尺寸、技术要求及文字等，方法同前。其中 ϕ44、ϕ22、ϕ16 尺寸可以利用【标注样式管理器】对话框中的样式【替代】选项，将【尺寸样式】对话框中的【线】选项卡的【尺寸线 2】和【尺寸界限 2】隐藏，结果如图 6-32 所示。

6.2　装配图画法

6.2.1　装配图画法和步骤

1. 装配图的绘制方法

利用 AutoCAD 绘制装配图主要有两种方法，一种是直接绘制装配图，另一种是用零件图块插入法拼画装配图。

（1）直接绘制装配图。在设计新产品时，一般先设计出装配图，再根据装配图设计各零件工作图。采用这种方法绘制装配图，可直接利用 AutoCAD 的二维绘图及编辑命令，按照手工绘制装配图的画法和步骤直接绘制装配图，具体绘图及编辑命令的使用技巧与绘制零件图相同。由于装配图由多个零件组成，因此绘图时应先画出基础零件的主要轮廓线，再根据各零件的装配顺序和连接关系，依次画出主要零件，再画出次要零件。对于一些常用标准零件如螺纹连接件、轴承等，可以利用现有图库采用零件图块插入法绘制，以提高作图效率。

（2）零件图块插入法绘制装配图。在进行机器部件测绘时，可以先画出各零件图，再利用插入零件图块的方式绘制装配图。采用零件图块插入法绘图，应先将组成部件的各个零件图形创建成图块，然后按零件的相对位置关系，将零件图块逐个插入到装配图中，再根据装配图的表达要求进行修整，拼画成装配图。

2. 装配图的作图步骤

装配图的一般作图步骤如下。

（1）选择装配图样板。根据部件大小及比例选择合适的图形样板，并根据国家标准要求对绘图环境进行设置。

（2）用直接法或零件图块插入法绘制装配图。

（3）标注尺寸及技术要求、文字等。

（4）编写序号，填写标题栏及明细栏。

（5）保存图形文件。

6.2.2　装配图绘制实例

图 6-38 所示为一微型千斤顶的装配图。微型千斤顶由底座、顶杆、螺母和螺钉组成，各零件结构尺寸简图如图 6-39 所示。由于各零件图形已经画出，可以采用零件图块插入法绘制装配图。

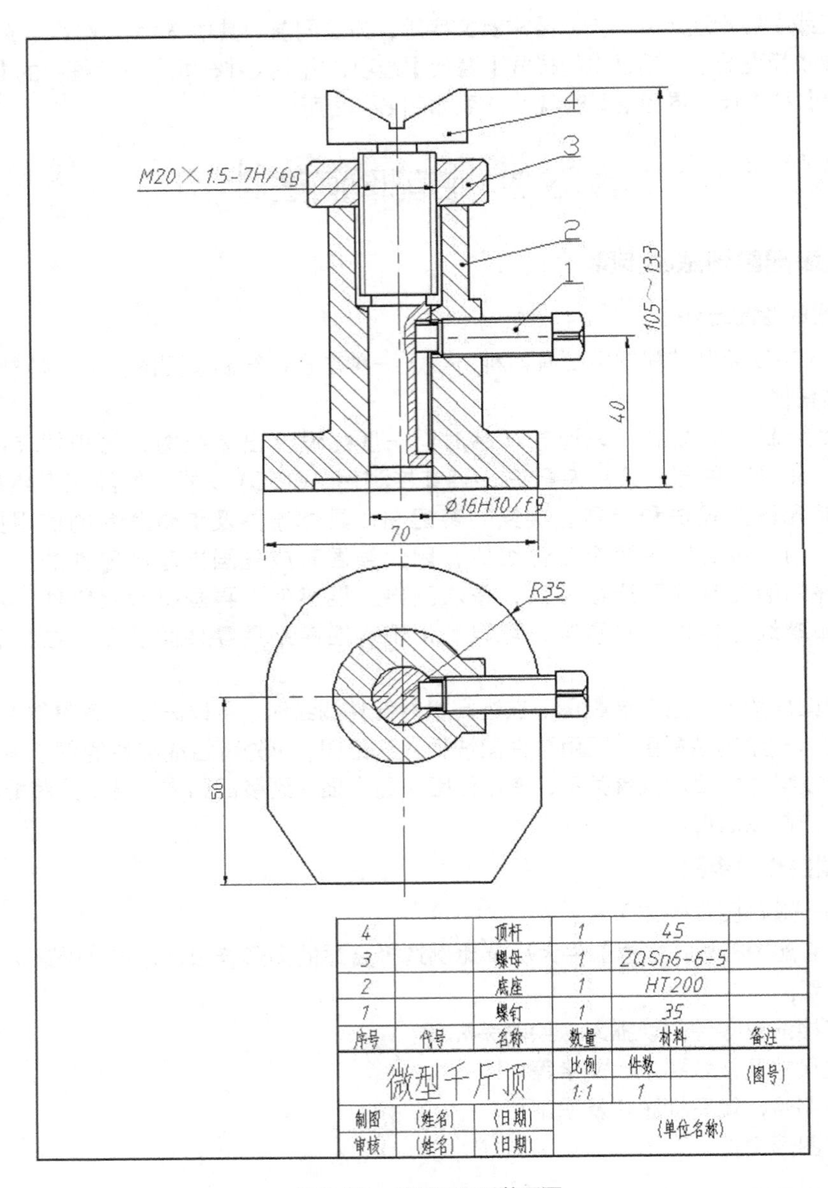

图 6-38 微型千斤顶装配图

1. 创建零件图块

利用零件图块插入法绘制装配图前，可先将各零件创建成图块。下面以底座为例，说明创建零件图块的方法。

（1）打开画好的底座零件图，将尺寸、剖面线、技术要求所在的图层关闭。由于底座零件的视图表达与装配图不同，因此应按装配图的要求对零件图进行必要的编辑修改，结果如图 6-40 所示。

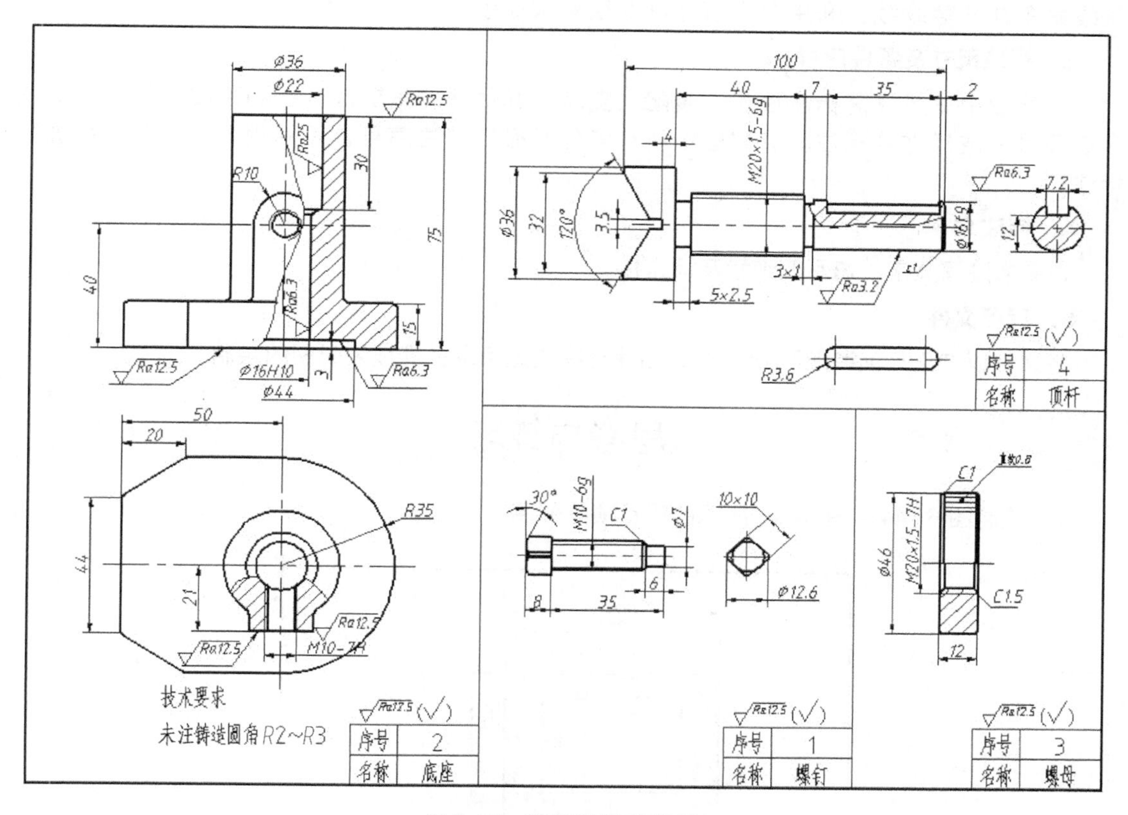

图 6-39　微型千斤顶零件图

（2）输入命令 wblock，将修改后的图形定义为外部块，将其保存在指定的路径。在确定各零件图块的基点时，应先对装配体进行分析，选择合适的基点。在千斤顶装配图中，底座没有具体的定位要求，因此可选择便于确定图形位置的点作为基点；顶杆、螺母和螺钉可分别以相应的端面中点作为基点。为了便于将零件图块插入图中，一个零件的多个视图可以分别创建多个图块，如底座可将主视图和俯视图分别创建为两个图块。

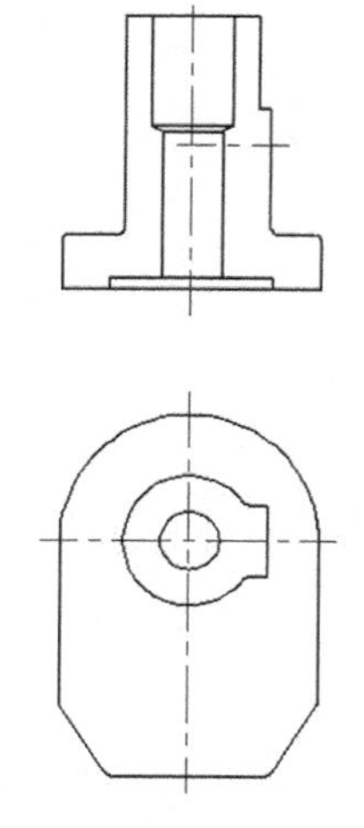

图 6-40　编辑修改后的底座

2. 拼画千斤顶装配图

（1）利用新建命令，选择自定义的 A4 装配图样板。

（2）利用插入块命令，依次插入底座、顶杆、螺钉及螺母图块。插入时应根据零件之间的装配关系确定插入点，插入后如果位置不符合要求，还可通过移动命令进行调整，准确定位各零件之间的位置。利用分解命令将图块分解；利用修剪或删除命令将零件被遮挡部分的线条删除；利用直线命令补画螺纹线；利用图案填充命令绘制剖面线。

3. 标注尺寸及零件序号

装配图中一般只需标注性能、装配、安装及其他一些重要尺寸，利用相应的尺寸标注命令即可完成尺寸的标注。装配图中所有零件都必须标注序号，可利用多重引线命令进行标注。

4. 标注文字

按要求注写文字，填写明细栏及标题栏。

5. 保存文件

将文件以“千斤顶装配图.dwg”为名保存在指定目录，完成装配图的绘制。

思考与练习

1. 绘制图6-41～图6-45所示的千斤顶零件图。

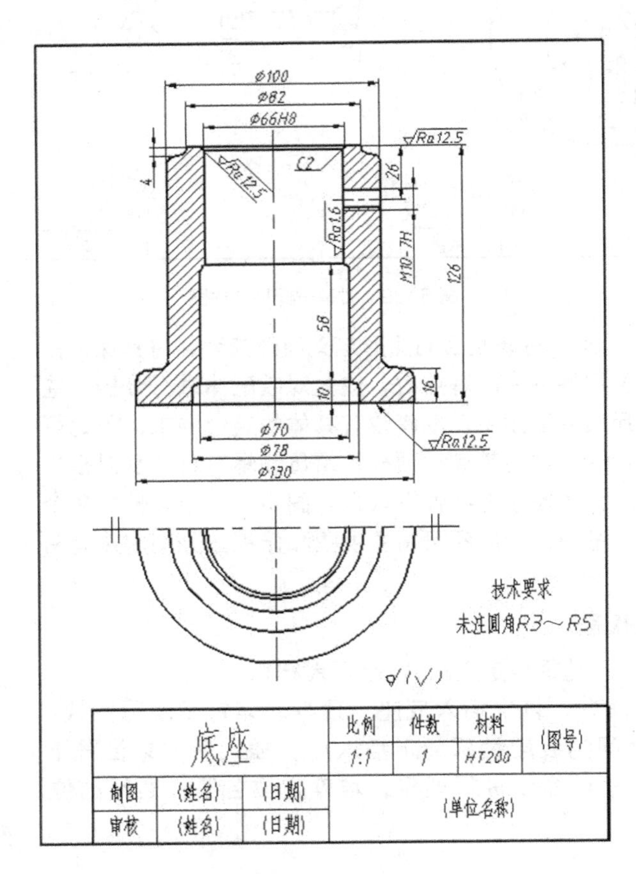

图6-41 底座零件图

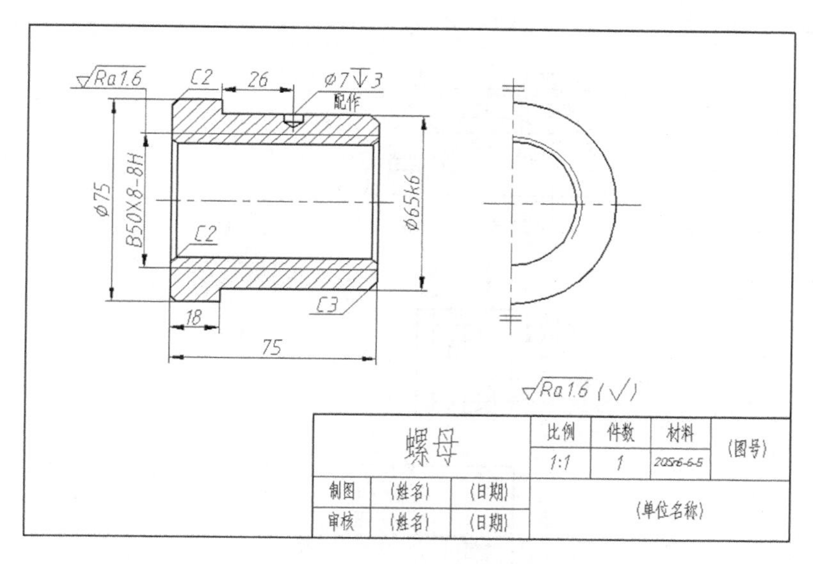

图 6-42 螺母零件图

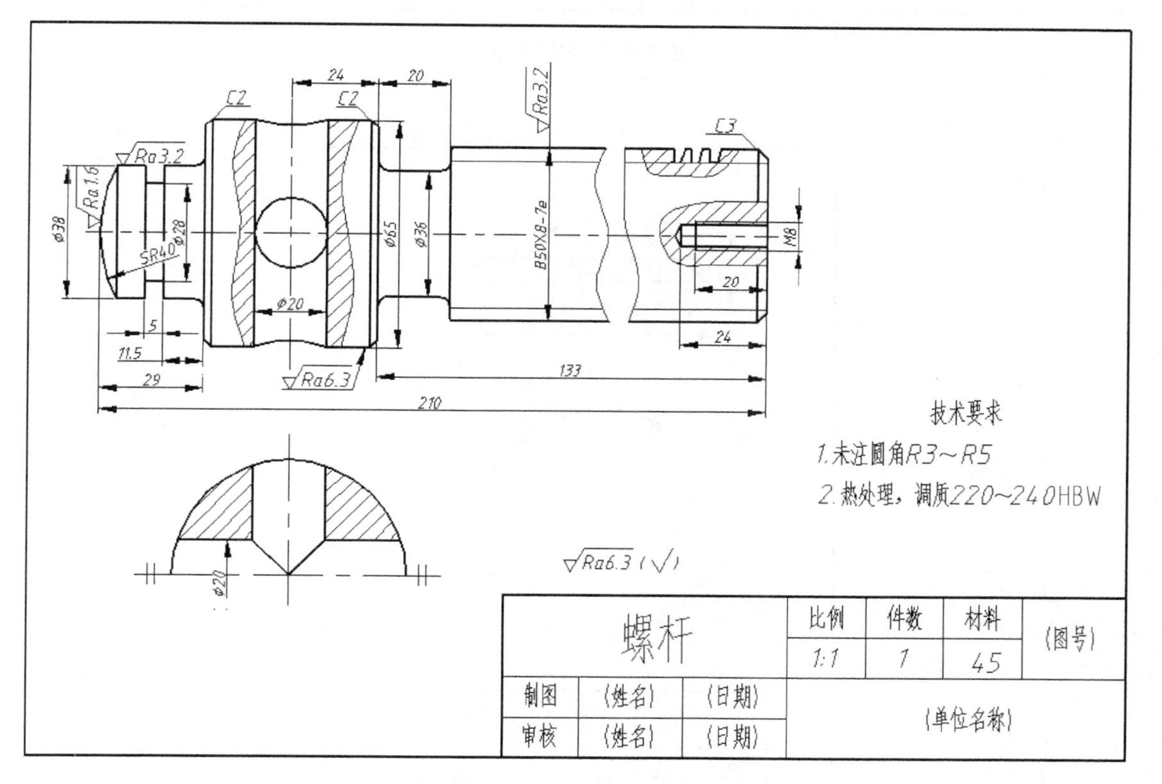

图 6-43 螺杆零件图

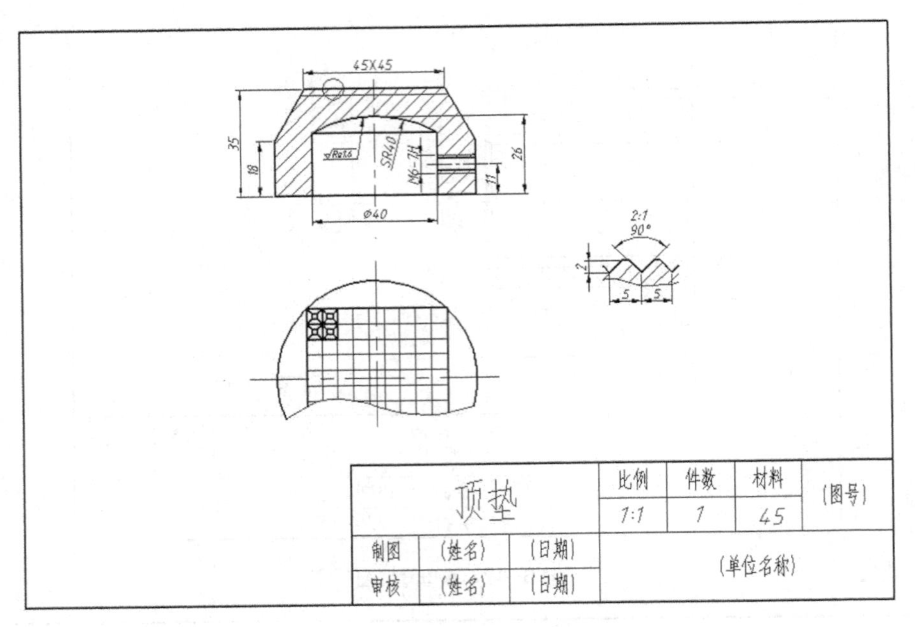

图 6-44 顶垫零件图

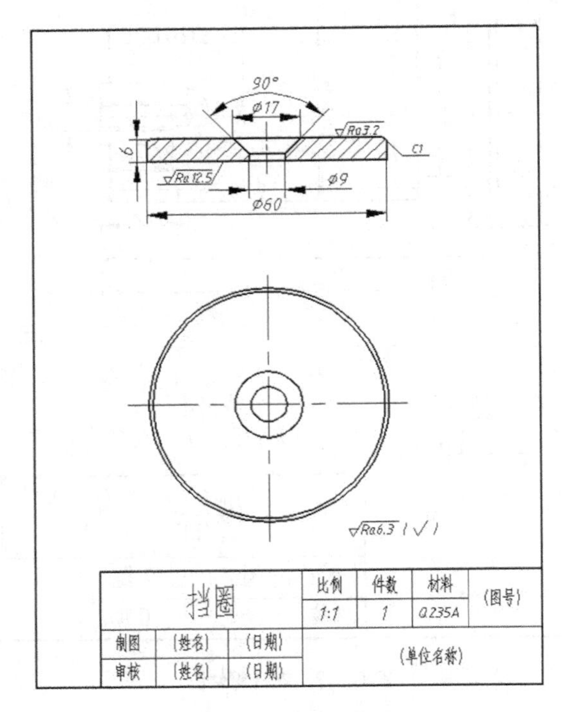

图 6-45 挡圈零件图

2. 利用本章所介绍的方法，结合第 1 题的零件图，绘制图 6-46 所示的千斤顶装配图。

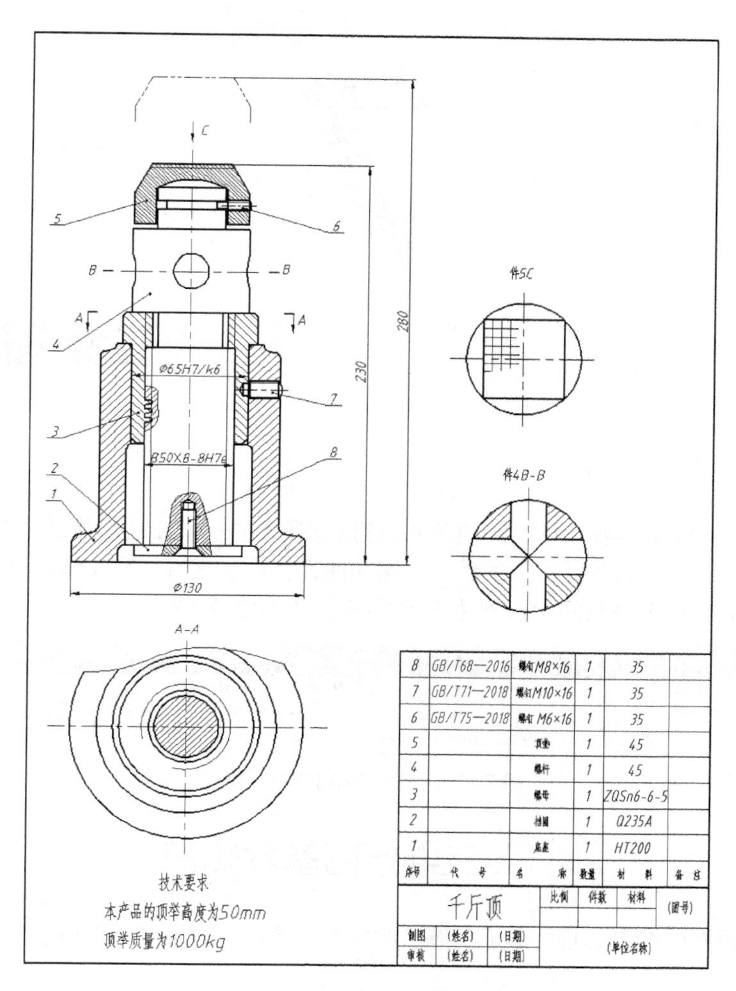
C
5
6
B
B
A
A
4
280
230
Φ65H7/k6
7
3
B50X8-8H7e
8
2
1
Φ130
件5C
件4B-B
A-A
8 GB/T68—2016 螺钉M8×16 1 35
7 GB/T71—2018 螺钉M10×16 1 35
6 GB/T75—2018 螺钉 M6×16 1 35
5 顶垫 1 45
4 螺杆 1 45
3 螺母 1 ZQSn6-6-5
2 挡圈 1 Q235A
1 底座 1 HT200
序号 代号 名称 数量 材料 备注
千斤顶
比例 件数 材料
(图号)
制图 (姓名) (日期)
审核 (姓名) (日期)
(单位名称)
技术要求
本产品的顶举高度为50mm
顶举质量为1000kg

图 6-46　千斤顶装配图

Chapter 7

第七章 三维图形绘制

AutoCAD 2014 除了具有二维绘图功能外，还具有强大的三维绘图功能。利用 AutoCAD 2014 的三维绘图功能，可以绘制各种三维的线、平面和曲面，可以进行三维实体造型，绘制出形象逼真的三维立体图形。将工作空间切换到【三维建模】，功能区如图 7-1 所示。

图 7-1 【三维建模】工作空间

7.1 三维绘图基本知识

在进行三维图形的绘制之前，必须了解三维模型的类型、三维坐标系以及三维图形的观察与显示设置。

7.1.1 三维模型的分类

在 AutoCAD 2014 中，用户可以创建 3 种类型的三维模型：线框模型、表面模型和实体模型。

1. 线框模型

线框模型是一种轮廓模型，它用三维空间的直线及曲线表达三维立体，不包含面及体的信息，不能使该模型消隐或着色。由于其不含有体的数据，因此用户也不能得到对象的质量、质心、体积、惯性矩等物理特性，不能进行布尔运算。线框模型结构简单，易于绘制。图 7-2（a）所示为三维线框模型。

2. 表面模型

表面模型是用物体的表面表示物体的。表面模型具有面及三维立体边界信息。表面不透明，能遮挡光线，因而表面模型可以被渲染及消隐。对于计算机辅助加工，用户还可以根据零件的表面模型形成完整的加工信息，但是不能进行布尔运算。图 7-2（b）所示为三维表面模型。

3. 实体模型

实体模型具有线、表面、体的全部信息。对于此类模型，可以区分对象的内部及外部，可以对其进行打孔、切槽和添加材料等布尔运算，对实体装配进行干涉检查，分析模型的质量特性，如质心、体积和惯性矩等。对于计算机辅助加工，用户还可以用实体模型的数据生成数控加工代码，进行数控刀具轨迹仿真加工等。图 7-2（c）所示为三维实体模型。

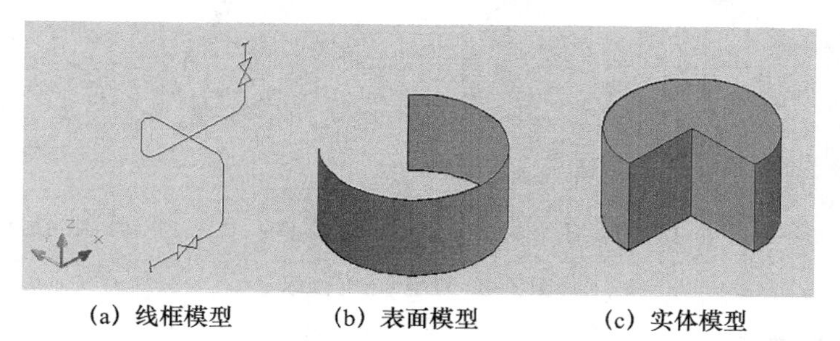

(a) 线框模型　(b) 表面模型　(c) 实体模型

图 7-2 3 种类型的三维模型

实体模型是最容易实现的三维建模类型，本书主要介绍三维实体建模。

7.1.2 三维坐标系

1. 坐标系

AutoCAD 2014 提供两个坐标系：一个称为世界坐标系（WCS），另一个称为用户坐标系（UCS）。默认状态时，AutoCAD 2014 的坐标系是世界坐标系。世界坐标系是唯一的、固定不变的，在二维绘图时，通常采用世界坐标系。用户坐标系是用户可以自定义的可移动坐标系。在创建三维模型时，通常采用用户坐标系，通过重定义 UCS，可以大大简化绘图工作。

AutoCAD 2014 在三维情况下，定义有三维笛卡儿坐标、柱坐标和球坐标 3 种坐标。

（1）三维笛卡儿坐标（直角坐标）。其用 3 个坐标值来定义点的位置。三维笛卡儿坐标系是三维绘图中最常用的坐标系，具体格式如下。

绝对坐标格式：x，y，z。

相对坐标格式：@ x，y，z。

（2）柱坐标。柱坐标与二维空间的极坐标相似，只是增加了该点距 xOy 平面的垂直距离。柱坐标由以下 3 项来定位该点的位置：空间某一点在 xOy 平面上的投影与当前坐标系原点的距离、该点和原点的连线在 xOy 平面上的投影与 x 轴正方向的夹角、垂直于 xOy 平面的 z 轴高度，即距离、角度、z 坐标，如图 7-3（a）所示。具体格式如下。

绝对坐标格式：距离<角度，z 坐标。

相对坐标格式：@距离<角度，z 坐标。

（3）球坐标。球坐标也类似于二维空间的极坐标，由以下 3 项来定位该点的位置：空间某一点与当前坐标系原点的距离、该点和原点的连线在 xOy 平面上的投影与 x 轴正方向的夹角、该点和坐标原点的连线与 xOy 平面的夹角，即距离、角度、角度，如图 7-3（b）所示。具体格式如下。

绝对坐标格式：距离<角度<角度。

相对坐标格式：@距离<角度<角度。

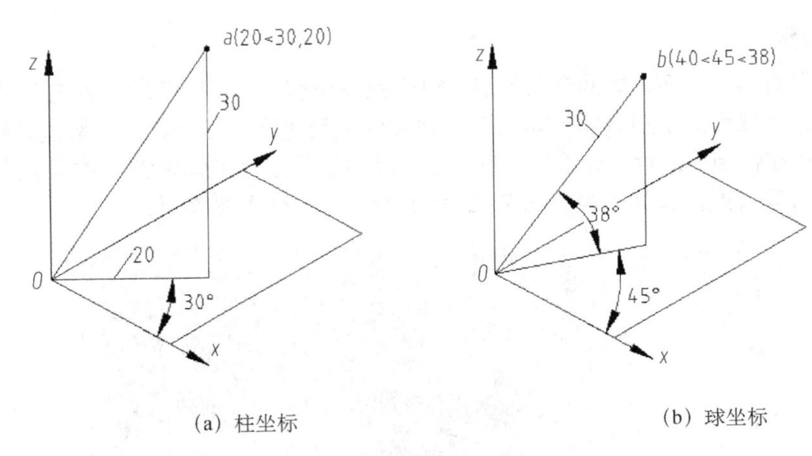

（a）柱坐标　　（b）球坐标

图 7-3　柱坐标和球坐标

2. 建立用户坐标系

在三维绘图中，用户可以通过 UCS 命令，在任意位置、任意方向建立合适的用户坐标系，使绘图更加简便。

在【常用】功能选项卡【坐标】面板中单击按钮，或者在命令行中输入“UCS”，即可启动 UCS 命令。

启动 UCS 命令后，系统提示如下。

```
指定 UCS 的原点或 [面(F)/命名(NA)/对象(OB)/上一个(P)/视图(V)/世界(W)/X/Y/Z/Z 轴(ZA)] <世界>:
```

系统默认的选项是“指定 UCS 的原点”，此时指定用来定位新坐标系原点的点后，系统提示如下。

```
指定 X 轴上的点或 <接受>:
```

此时按 Enter 键接受，或指定一个点来确定 x 轴的方向。如果指定第二点，UCS 将绕先前指定的原点旋转，以使 UCS 的 x 正半轴通过该点。系统提示如下。

```
指定 XY 平面上的点或 <接受>:
```

此时按 Enter 键接受，或者指定一个点来确定 xy 平面的方向。如果指定第三点，UCS 将绕 x 轴旋转，以使 UCS 的 xy 平面的 y 轴正半轴包含该点。

利用 UCS 命令的“指定 UCS 的原点”选项，可简单地通过指定一个新原点来平移原坐标系，或者通过指定 2 个或 3 个点来移动并改变坐标系的方向，这是初学者最常用的方法。图 7-4（a）所示为原坐标系，图 7-4（b）所示为指定一个点平移坐标系，图 7-4（c）所示为指定点 1 确定坐标系的原点、指定点 2 确定 x 轴方向、指定点 3 确定 y 轴方向。UCS 命令的其他选项简要说明如下。

[面（F）]：在三维实体上选择一个面，将 UCS 与三维实体的选定面对齐。选择面时，应在该面的边界内或面的边上单击，被选中的面将亮显，UCS 的 x 轴将与该面上最近的边对齐。

[命名（NA）]：该选项用于按名称保存当前的 UCS、恢复或删除已保存的 UCS。

[对象（OB）]：根据选定的三维对象定义新的坐标系。

[上一个（P）]：恢复上一个 UCS。系统自动保存用户创建的最后 10 个坐标系，重复选择此选项将逐步返回上一个坐标系。

[视图（V）]：以垂直于观察方向的平面（屏幕）为 *xy* 平面，建立新的坐标系，UCS 原点保持不变。

[世界（W）]：将当前坐标系设置为世界坐标系。

[X/Y/Z]：将当前坐标系绕指定轴旋转一定的角度。

[Z 轴（ZA）]：通过指定新坐标系的原点及 *z* 轴正方向上的一点来建立坐标系。

也可以通过选择【工具】/【新建 UCS】菜单命令（AutoCAD 经典）来启动 UCS 命令，在下拉菜单中可选择相应的选项。

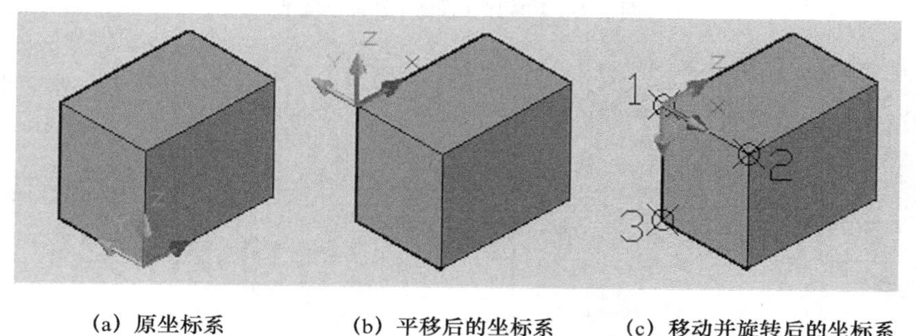

(a) 原坐标系　　(b) 平移后的坐标系　　(c) 移动并旋转后的坐标系

图 7-4　平移或旋转坐标系

7.1.3　三维图形的观察与显示

1. 设置观察方向

AutoCAD 默认的视图是 *xy* 平面，方向是 *z* 轴的正方向。默认的视图方向没有立体感，不便于观察三维图形。图 7-5（a）所示为系统默认的俯视图。在三维绘图过程中，经常要变换观察图形的方向。AutoCAD 提供了多种创建三维视图的方法，可方便沿不同的方向观察模型。图 7-5（b）为西南等轴测视图。

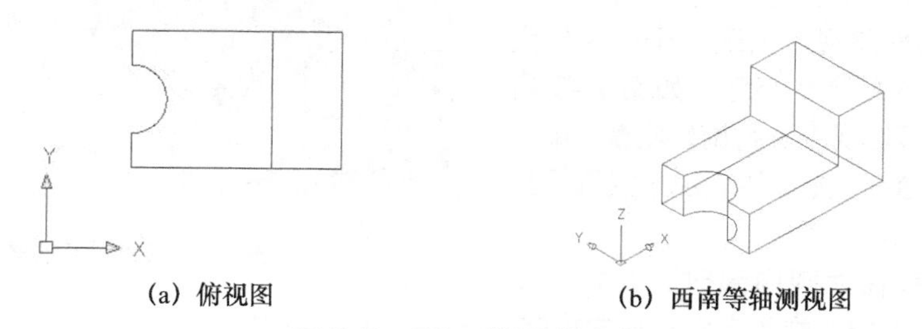

(a) 俯视图　　(b) 西南等轴测视图

图 7-5　观察三维图形的方向

（1）用【视图】工具选择标准视图。AutoCAD 2014 提供了俯视图、仰视图、左视图、右视图、主视图、后视图、西南等轴测视图、东南等轴测视图、东北等轴测视图、西北等轴测视图等标准视图。

用户可以通过功能区【常用】或者【视图】功能选项卡【视图】面板，如图 7-6 所示；或者 AutoCAD 经典模式的下拉菜单【视图】/【三维视图】的相应选项选择需要的视图，如图 7-7 所示，或单击【视图】工具栏中的相应按钮，选择需要的视图，如图 7-8 所示。

图 7-6 功能区【视图】功能选项卡

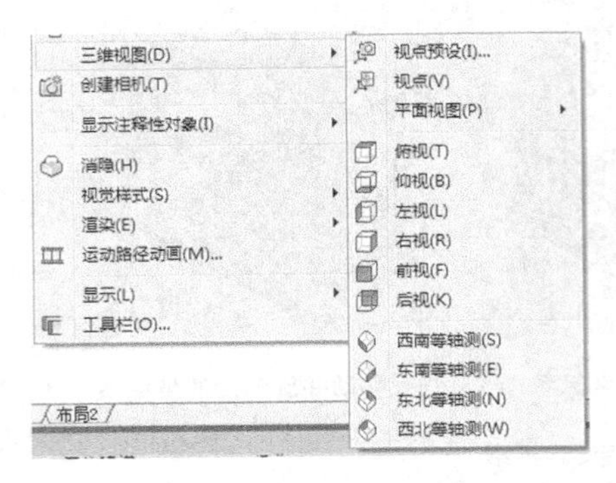

图 7-7 【视图】下拉菜单的【三维视图】选项

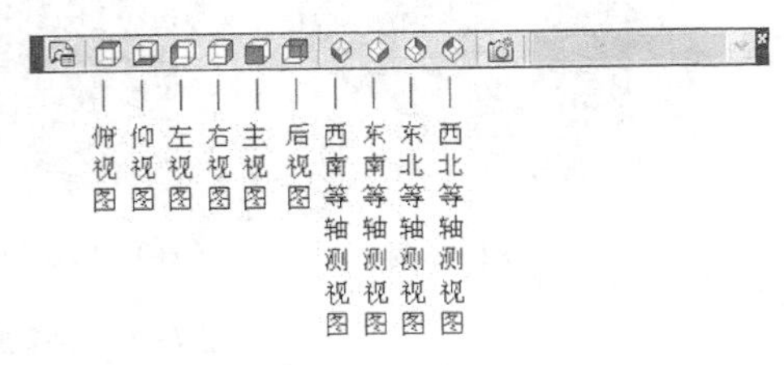

图 7-8 【视图】工具栏

（2）使用“三维动态观察器”。AutoCAD 2014 提供了具有交互功能的三维动态观察器。用三维动态观察器可以实时控制和改变当前视口中创建的三维视图，以得到用户期望的效果。在命令行输入命令 3dorbit，或者单击绘图区右侧的导航栏的按钮 ，打开三维动态观察器后，在当前视口出现一个绿色的大圆，在圆上有 4 个绿色的小圆，如图 7-9 所示。拖动鼠标即可对视图进行旋转观察。鼠标在大圆的不同位置时，光标的表现形式及视图的旋转效果也不同。

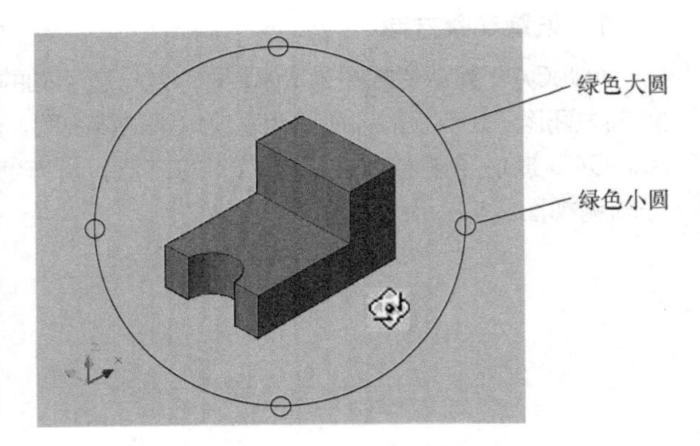

图 7-9 三维动态观察器

① 鼠标指针在大圆内部时，光标形式为 ，拖动鼠标可控制视图在任意方向旋转。

② 鼠标指针在大圆外部时，光标形式为 ，拖动鼠标可使视图绕通过绿色大圆的中心并与屏幕垂直的轴旋转。

③ 鼠标指针在绿色大圆左右两边的小圆内时，光标的形式为 ，拖动鼠标可使视图绕通过绿色大圆中心的铅垂轴线旋转。

④ 鼠标指针在绿色大圆上下两边的小圆内时，光标的形式为 ，拖动鼠标可使视图绕通过绿色大圆中心的水平轴线旋转。

（3）利用对话框设置视点。利用【视点预设】对话框也可设置观察方向。“视点”可理解为在观察三维模型时，用户在三维空间中的位置。视点与坐标原点的连线即为观察方向。

在命令行输入 ddvpoint 命令或者选择【视图】/【三维视图】/【视点预设】菜单命令，执行命令后系统弹出图 7–10 所示的【视点预设】对话框。

在【视点预设】对话框中，【绝对于 WCS】和【相对于 UCS】单选框指设置观察角度时，相对于世界坐标系（WCS）或用户坐标系（UCS）的查看方向。左侧的图形用于确定视点和原点的连线在 *xy* 平面的投影与 *x* 轴正方向的夹角；右侧的图形用于确定视点和原点的连线与其在 *xy* 平面的投影的夹角。也可以在【自：X 轴】和【自：XY 平面】两个文本框中输入相应的角度。【设置为平面视图】按钮用于将三维视图设置为默认的平面视图。

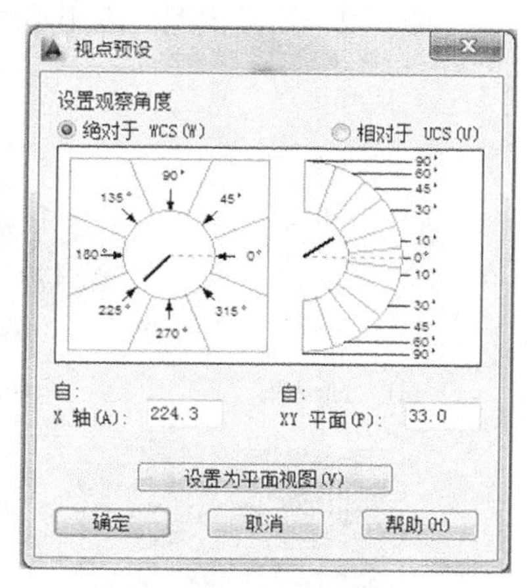

图 7–10　【视点预设】对话框

2. 设置视觉样式

观察三维模型的效果除了与观察的方向有关，还和视觉样式的设置有关。AutoCAD 2014 提供二维线框、概念、隐藏、真实、着色、带边缘着色、灰度、勾画、线框、X 射线等 10 种默认的视觉样式。可通过功能区【常用】功能选项卡【视图】面板选择，如图 7–11 所示。或者在命令行输入命令 visualstyles 来进行视觉样式的设定。执行命令后，系统弹出图 7–12 所示【视觉样式管理器】选项板，含有可供选用的视觉样式的样例图像面板及对应的参数设置选项卡。

图 7–11　常用视觉样式

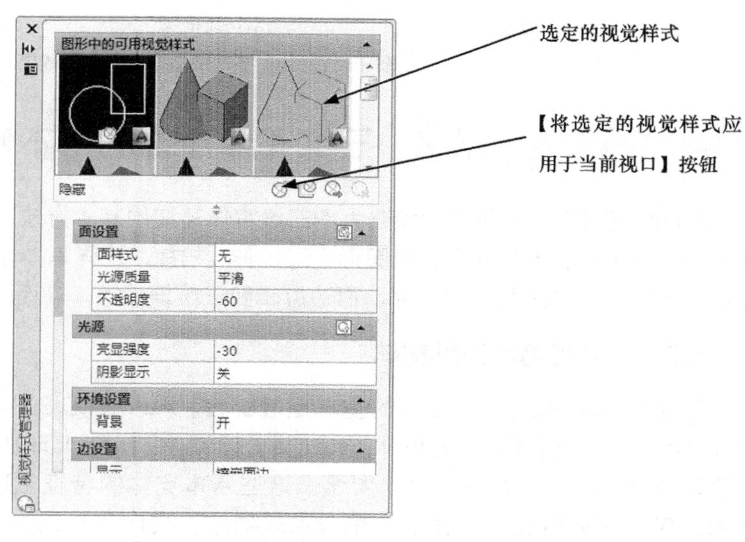

图 7–12　【视觉样式管理器】选项板

选定的视觉样式显示黄色边框，其名称显示在样例图像面板的底部。单击【将选定的视觉样式应用于当前视口】按钮，或用鼠标双击选定的样例图像，即可将选定的视觉样式应用于当前视口。

对于同一三维模型，应用不同视觉样式的视觉效果如图 7-13 所示。

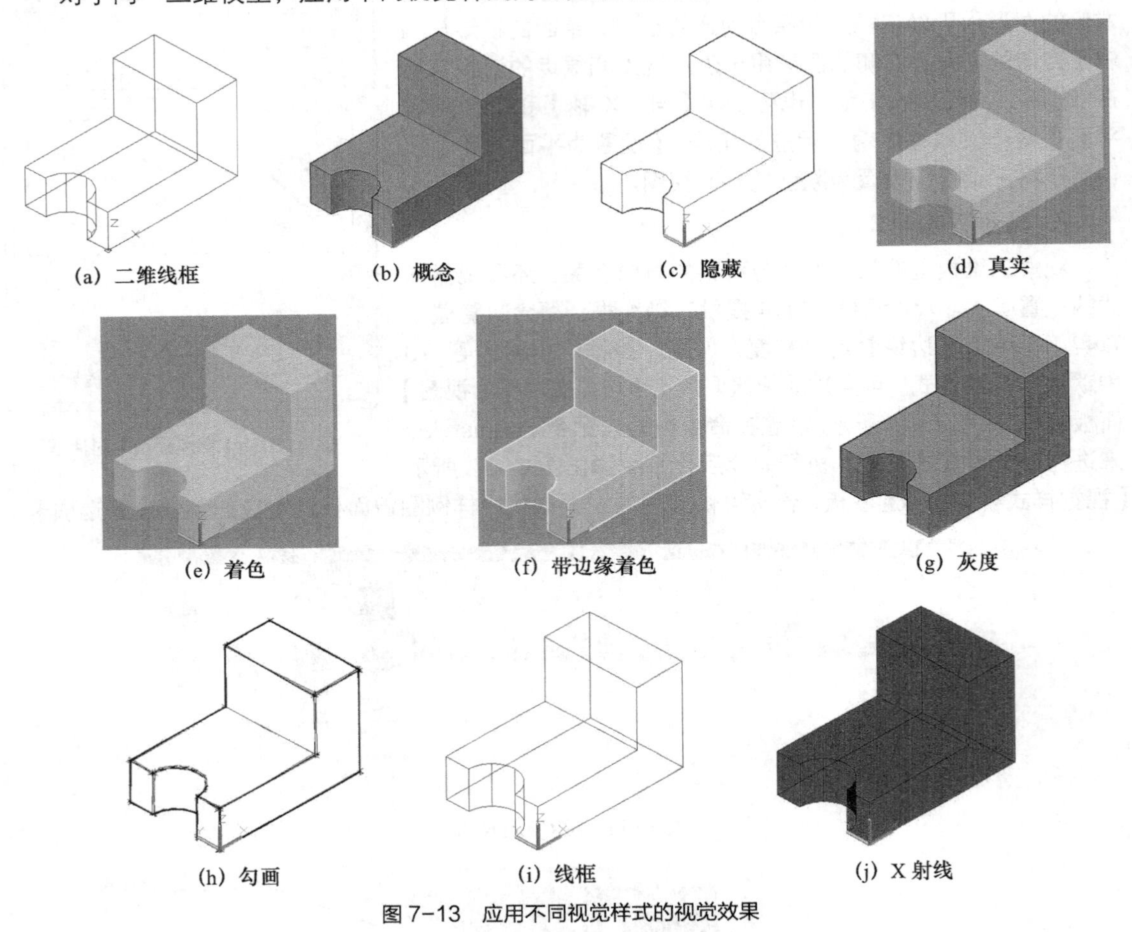

(a) 二维线框　(b) 概念　(c) 隐藏　(d) 真实　(e) 着色　(f) 带边缘着色　(g) 灰度　(h) 勾画　(i) 线框　(j) X 射线

图 7-13　应用不同视觉样式的视觉效果

7.2　三维实体建模的基本方法

AutoCAD 2014 提供了功能强大的三维实体建模的基本方法，可直接创建长方体、圆柱体等规则的基本形体，也可利用二维图形通过拉伸、扫掠、放样等操作生成复杂的三维实体，还可对已创建的三维实体进行布尔运算、面边编辑和三维操作等，从而完成复杂实体的造型。

7.2.1　创建基本三维实体

基本形体是构造复杂形体的基本组成部分，AutoCAD 2014 可创建的基本形体有多段体（polysolid）、长方体（box）、楔体（wedge）、圆锥体（cone）、球体（sphere）、圆柱体（cylinder）和圆环体（torus），如图 7-14 所示。这些基本实体的特征主要由实体位置和实体尺寸两种参数决定，实体位置可由角点、中心点来确定，实体尺寸则由半径、直径及长、宽、高等来确定。与二维绘图相似，可通过功能区中相应面板的按钮（见图 7-15）来激活相应的命令。

激活命令后，按提示指定相应的定位点及尺寸数值，即可创建基本三维实体，具体操作步骤不再详述。

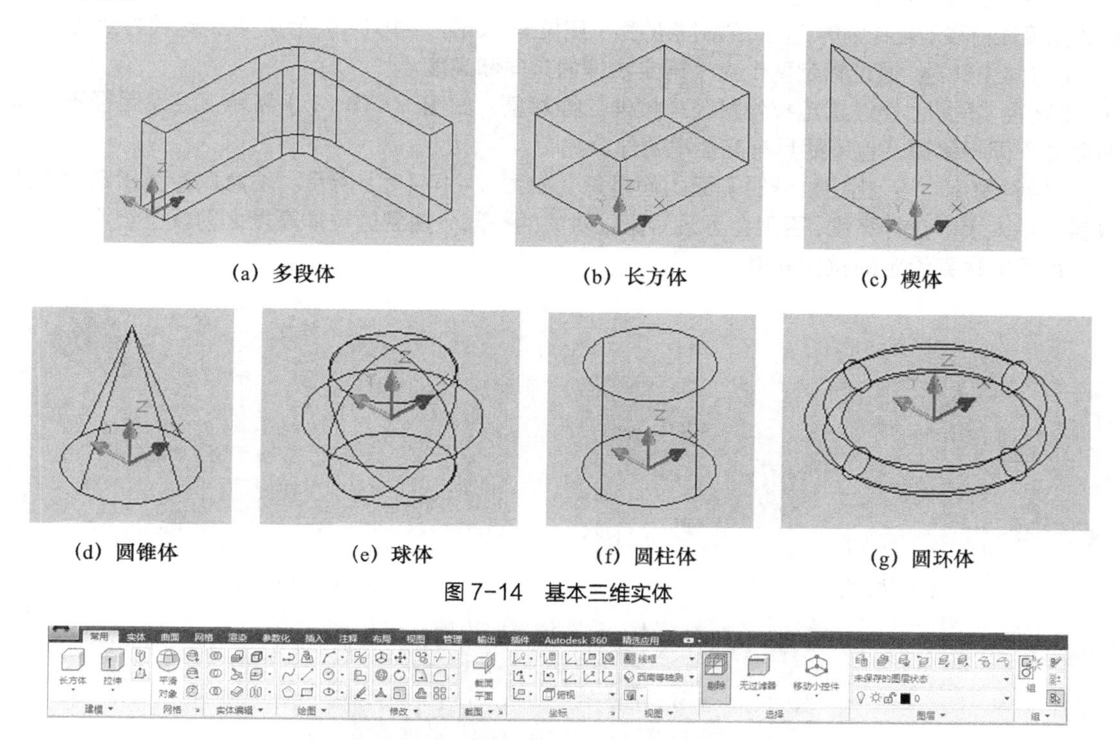

(a) 多段体　(b) 长方体　(c) 楔体

(d) 圆锥体　(e) 球体　(f) 圆柱体　(g) 圆环体

图 7-14　基本三维实体

图 7-15　【三维建模】的【常用】功能选项卡

7.2.2　利用二维对象生成三维实体

AutoCAD 2014 可以通过拉伸、旋转二维平面对象来构造三维实体，还可通过扫掠和放样来构造三维实体。

1. 创建拉伸实体

使用拉伸命令可将某一闭合的二维对象拉伸一定高度或沿指定路线拉伸，从而创建拉伸实体。可拉伸的闭合对象有多段线、多边形、矩形、圆、椭圆、闭合的样条曲线等。对于由多段直线或圆弧构成的轮廓对象，在进行拉伸之前，应先利用【编辑多段线】（pedit）命令的【合并】选项，将其转换成单一的多段线，或使用【面域】（region）命令将其转换成一面域。

可通过以下方法之一激活拉伸命令。

- 命令行：extrude。
- 功能区：单击【常用】功能选项卡【建模】面板的按钮。
- 下拉菜单：选择【绘图】/【建模】/【拉伸】菜单命令（AutoCAD 经典）。

激活命令后系统提示如下。

```
命令：_extrude
当前线框密度： ISOLINES=4
选择要拉伸的对象：
```

指定用于拉伸的二维闭合对象后，系统提示如下。

```
指定拉伸的高度或 [方向(D)/路径(P)/倾斜角(T)]:
```

默认选项为“指定拉伸的高度”，输入高度值后，将二维对象沿其法向方向按指定的高度拉伸，输入高度值前移动鼠标则确定向二维对象的哪一侧拉伸，如图 7-16（a）所示。其他选项的含义如下。

[方向（D）]：通过指定两个点来确定拉伸的方向和高度。

[路径（P）]：通过指定拉伸路径来拉伸二维对象，如图 7-16（b）所示。注意路径不能与对象处于同一平面，也不能具有高曲率的部分。

[倾斜角（T）]：指定拉伸时侧面的倾斜角，如图 7-16（c）所示。注意应避免指定太大的倾斜角或太大的拉伸高度，否则会导致对象或对象的一部分在到达拉伸高度之前就已经汇聚到一点，而不能达到设定的拉伸高度。

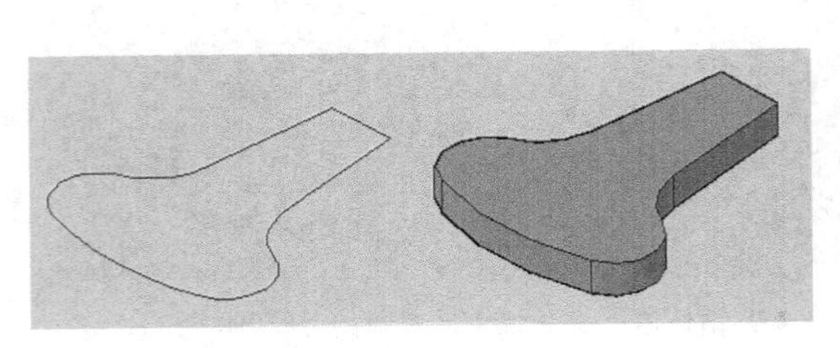

(a) 按拉伸高度拉伸

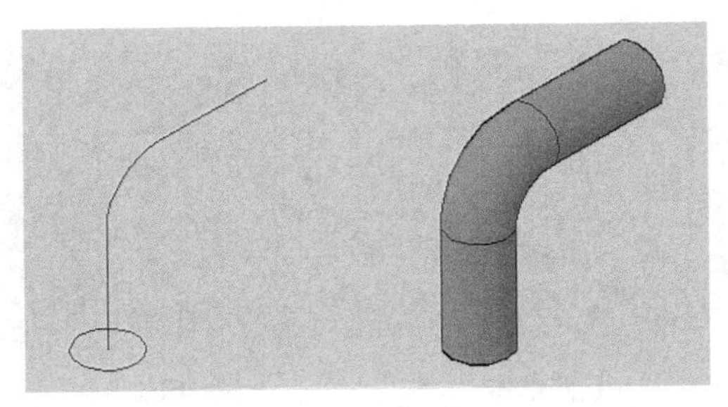

(b) 沿路径拉伸对象

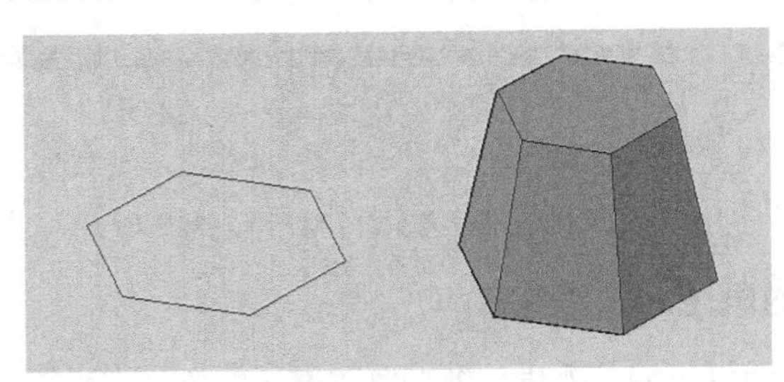

(c) 拉伸时按一定角度倾斜

图 7-16　创建拉伸实体

2. 创建旋转实体

使用旋转命令 revolve，可将某一闭合的二维对象绕某一指定的轴线旋转一定的角度来创建实体。与拉伸命令类似，对于由多段直线或圆弧构成的轮廓对象，应先将其合并为单一的多段线或面域。对于回转体机件，利用旋转命令来创建实体尤为简便。以图 7-17 所示的手柄为例，作图步骤如下。

（1）利用图 7-17（a）所示的二维图形，删去尺寸标注及多余的线条，使图形成为一封闭的轮廓，如图 7-17（b）所示，并将其合并为多段线，或使用【面域】命令将轮廓图形转换为一面域。

（2）通过以下方法之一激活旋转命令。

- 命令行：revolve。
- 功能区：单击【常用】功能选项卡【建模】面板的按钮。
- 下拉菜单：选择【绘图】/【建模】/【旋转】菜单命令（AutoCAD 经典）。

激活命令后系统提示如下。

```
命令: _revolve
```

当前线框密度： ISOLINES=4

选择要旋转的对象：

指定用于旋转的二维对象，这里选择已画好的轮廓图形（多段线或面域），系统提示如下。

指定轴起点或根据以下选项之一定义轴 [对象(O)/X/Y/Z] <对象>:

指定点 1 和点 2 来确定旋转轴，指定旋转轴后系统提示如下。

指定旋转角度或 [起点角度(ST)] <360>:

指定旋转角度，输入 360 或直接按 Enter 键采用默认值，结果如图 7-17（c）所示。

（3）在功能区选择【常用】/【视图】/【西南等轴测】菜单命令，将视图改为西南等轴测视图，并将视觉样式设为“概念”视觉样式，结果如图 7-17（d）所示。

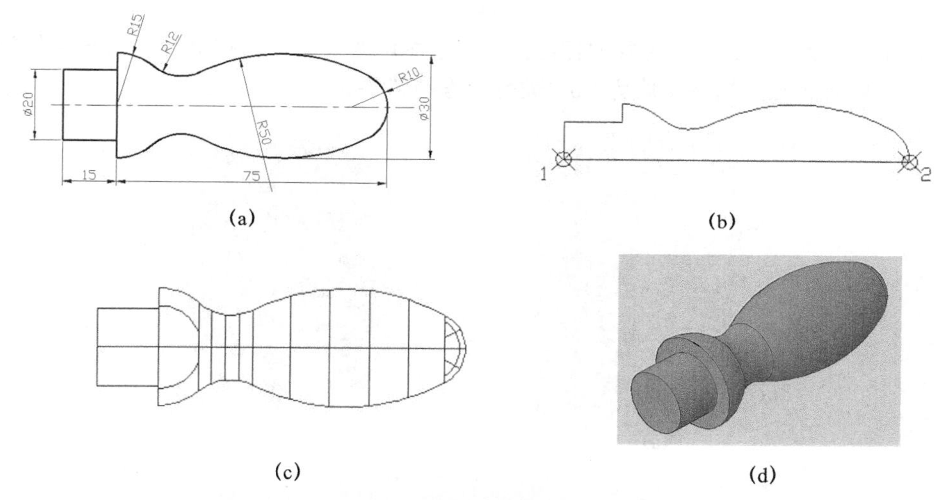

(a) (b)

(c) (d)

图 7-17 创建旋转实体

定义旋转轴的其他选项的含义如下。

[对象（O）]：通过指定现有对象来定义旋转轴，现有的对象可以是直线、线性多段线线段、实体或曲面的线性边。

[X]：使用当前 UCS 的正向 *x* 轴作为旋转轴。

[Y]：使用当前 UCS 的正向 *y* 轴作为旋转轴。

[Z]：使用当前 UCS 的正向 *z* 轴作为旋转轴。

3. 扫掠

使用扫掠命令 sweep，可以通过沿二维或三维路径扫掠指定轮廓来创建实体。图 7-18（a）所示为一个三维螺旋线和一个圆，图 7-18（b）所示为通过扫掠操作创建的三维实体。可通过以下方法之一激活扫掠命令。

- 命令行：sweep。
- 功能区：单击【常用】功能选项卡【建模】面板的按钮。
- 下拉菜单：选择【绘图】/【建模】/【扫掠】菜单命令（AutoCAD 经典模式）。

激活命令后系统提示如下。

命令： _sweep

当前线框密度：ISOLINES=4

选择要扫掠的对象：选择图 7-18（a）中的小圆。

选择扫掠路径或 [对齐(A)/基点(B)/比例(S)/扭曲(T)]：选择螺旋线作为扫掠路径。

完成扫掠操作的结果如图 7-18（b）所示。其他选项的含义如下。

[对齐（A）]：指定是否自动将轮廓对齐到扫掠路径切向的法向方向。默认情况下，轮廓是对齐的。

[基点（B）]：用于指定要扫掠对象的基点。

[比例（S）]：指定进行扫掠操作的比例因子。当输入比例因子时，扫掠对象从扫掠路径的起点开始逐渐缩放，到达扫掠路径终点时的缩放比例为设定的比例因子。图 7-18（c）所示为按默认比例因子（默认比例因子为 1）操作的结果，图 7-18（d）所示为输入比例因子 0.5 进行操作的结果。

[扭曲（T）]：设置被扫掠的对象的扭曲角度。扭曲角度指定沿扫掠路径全部长度的旋转量。图 7-18（e）所示为输入扭曲角度为 60° 进行操作的结果。

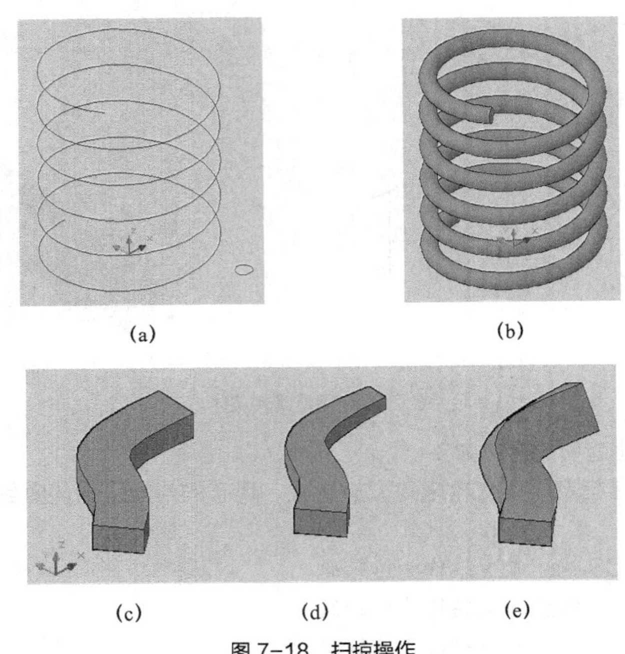

(a) (b)

(c) (d) (e)

图 7-18 扫掠操作

4. 放样

使用放样命令 loft 可以通过指定一系列横截面来创建新的实体。横截面用于定义结果实体截面轮廓（形状）。使用 loft 命令时必须指定至少两个横截面。可通过以下方法之一激活放样命令。

- 命令行：loft。
- 功能区：单击【常用】功能选项卡【建模】面板的按钮。
- 下拉菜单：选择【绘图】/【建模】/【放样】菜单命令（AutoCAD 经典）。

激活命令后系统提示如下。

命令：_loft

按放样次序选择横截面：找到 1 个 选择图 7-19（a）中第一个截面（矩形）。

按放样次序选择横截面：找到 1 个，总计 2 个 选择图 7-19（a）中第二个截面（圆）。

输入选项 [导向(G)/路径(P)/仅横截面(C)] <仅横截面>：按 Enter 键选择默认选项。
操作结果如图 7-19（b）所示。其他部分选项的含义如下。
[导向（G）]：用于指定控制放样实体的导向曲线。
[路径（P）]：用于指定按单一路径放样实体，路径曲线必须与横截面的所有平面相交。

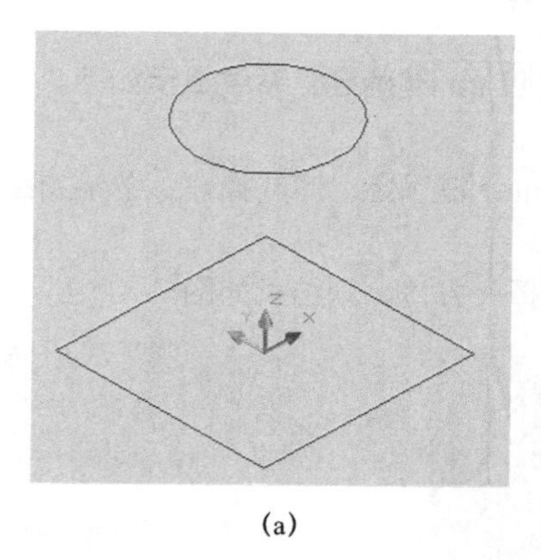
(a)

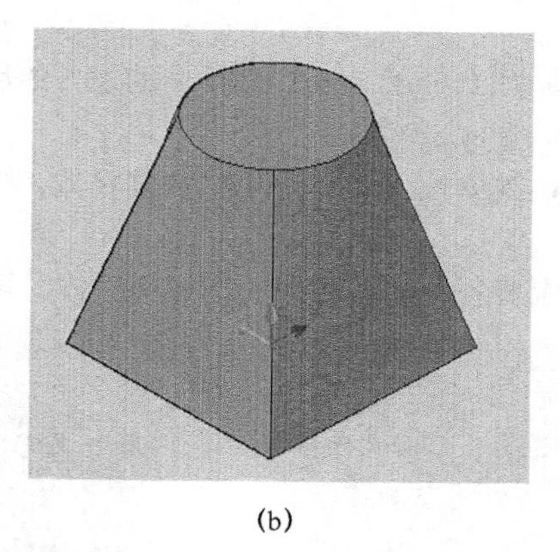
(b)

图 7-19　放样操作

7.2.3　创建复合三维实体

对两个或两个以上的实体进行并集、差集、交集等布尔运算，可创建新的复合实体。

1. 并集操作

并集操作使用 union 命令来实现。通过并集操作可以合成两个或多个实体，建立一个新的复合实体，即将多个实体对象合成为一个实体对象。可通过以下方法之一激活并集命令。

➤ 命令行：union。
➤ 功能区：单击【常用】功能选项卡【建模】面板的按钮 。
➤ 下拉菜单：选择【修改】/【实体编辑】/【并集】菜单命令（AutoCAD 经典）。

激活命令后系统提示如下。

命令：_union
选择对象：选择图 7-20（a）中的长方体和圆柱体，完成操作后，结果如图 7-20（b）所示。

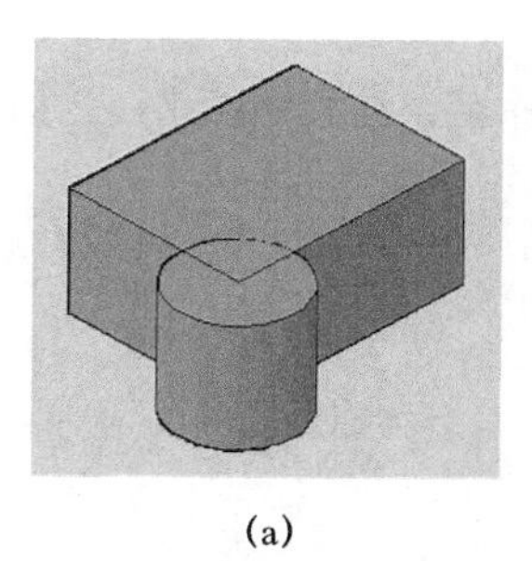
(a)

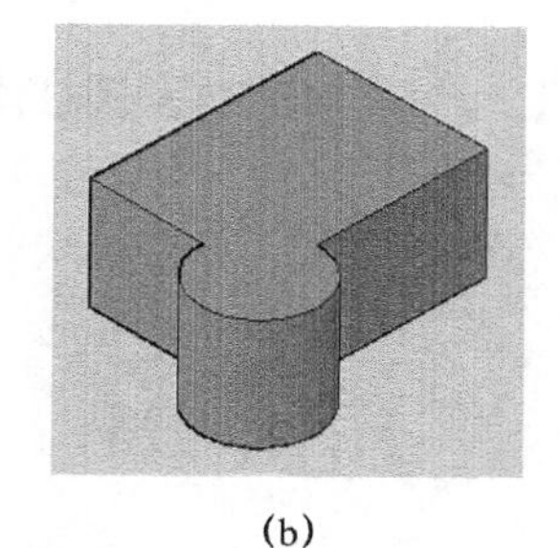
(b)

图 7-20　并集操作

2. 差集操作

差集操作使用 subtract 命令来实现。通过差集操作可以从第一个选择集中的对象减去第二个选择集中的对象，创建一个新的实体。可通过以下方法之一激活差集命令。

- 命令行：subtract。
- 功能区：单击【常用】功能选项卡【建模】面板的按钮 。
- 下拉菜单：选择【修改】/【实体编辑】/【差集】菜单命令（AutoCAD 经典）。

激活命令后系统提示如下。

命令：_subtract 选择要从中减去的实体或面域...

选择对象：如选择图 7-21（a）中的长方体后按 Enter 键确定，系统提示如下。

选择要减去的实体或面域 ..

选择对象：选择图 7-21（a）中的圆柱体，按 Enter 键确定，完成操作，结果如图 7-21（b）所示。

在进行差集操作时，如果先选择圆柱体，再选择长方体，则结果如图 7-21（c）所示。

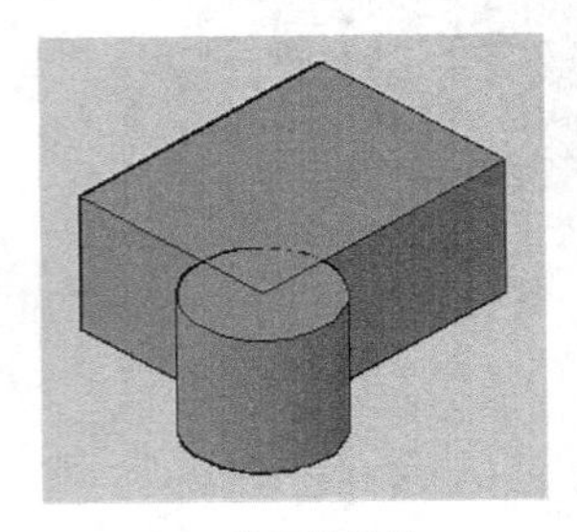

(a) 差集操作前

(b) 差集操作后（一）

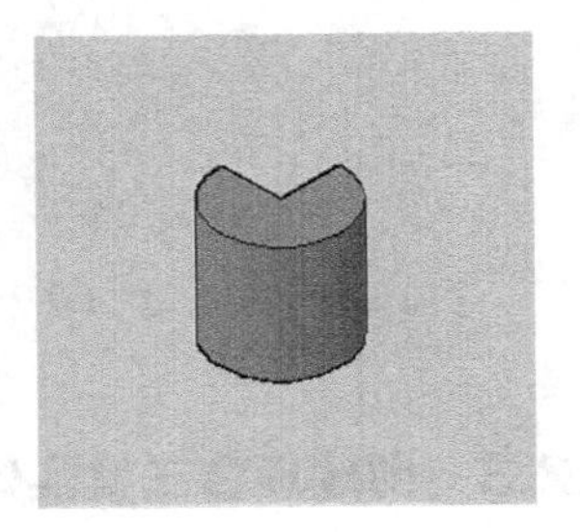

(c) 差集操作后（二）

图 7-21　差集操作

3. 交集操作

交集操作使用 intersect 命令来实现。通过交集操作可以利用多个实体的公共部分创建一个新的实体，并将非公共部分删去。可通过以下方法之一激活交集命令。

- 命令行：intersect。
- 功能区：单击【常用】功能选项卡【建模】面板的按钮 。
- 下拉菜单：选择【修改】/【实体编辑】/【交集】菜单命令（AutoCAD 经典）。

激活命令后系统提示如下。

命令：_intersect

选择对象：

选择图 7-22（a）中的长方体和圆柱体，完成操作后，结果如图 7-22（b）所示。

(a)

(b)

图 7-22　交集操作

4. 利用布尔运算创建相贯体

（1）新建一文档，设置三维绘图环境，将视图设置为西南等轴测视图，并选择“三维线框”视觉样式。

（2）创建水平圆柱体。单击【常用】功能选项卡【坐标】面板中的按钮 Y，系统提示如下。

命令：_ucs

当前 UCS 名称：*世界*

指定UCS的原点或 [面(F)/命名(NA)/对象(OB)/上一个(P)/视图(V)/世界(W)/X/Y/Z/Z 轴(ZA)] <世界>：_y

指定绕 Y 轴的旋转角度 <90>：按 Enter 键确定，将坐标系绕 *y* 轴旋转 90°。

单击【常用】功能选项卡【建模】面板中的按钮 圆柱体，激活圆柱体命令后，系统提示如下。

命令：_cylinder

指定底面的中心点或 [三点(3P)/两点(2P)/相切、相切、半径(T)/椭圆(E)]：在屏幕上任意指定一点单击鼠标，确定底面中心点后系统提示如下。

指定底面半径或 [直径(D)] <30>：输入 20 作为圆柱体的半径后系统提示如下。

指定高度或 [两点(2P)/轴端点(A)] <60>：输入 60 作为圆柱体的高度，完成操作，结果如图 7-23（a）所示。

（3）创建垂直圆柱体。

① 单击【常用】/【坐标】菜单中的按钮 或 ，将坐标系恢复为原世界坐标系。

② 利用直线命令（ ），分别捕捉到水平圆柱体的两个底面的中心点 *A*、*B*，绘制一条直线 *AB* 作为辅助线。

③ 用圆柱体命令（ ）作一垂直的圆柱体，捕捉到辅助直线 *AB* 的中点 *C* 作为垂直圆柱体的底面中心点，输入 10 作为圆柱体的半径，输入 35 作为圆柱体的高度，结果如图 7-23（b）所示。

④ 删除辅助直线 *AB*。

（4）利用并集命令（ ）将两个圆柱体合并为一个相贯体。

激活命令后，选择两个圆柱体，按 Enter 键完成操作，结果如图 7-23（c）所示。

（5）创建内孔相贯体。采用步骤（2）～（4），在任意位置创建内孔相贯体。水平圆柱体直径 20、高度 60，垂直圆柱体直径 15、高度 35，结果如图 7-23（d）所示。利用移动命令（ ）将内孔相贯体移入相贯体中，移动时注意分别以圆柱底面的中心为基点进行定位。

作图时也可直接在相贯体内部创建内孔相贯体，结果如图 7-23（e）所示。

（6）利用差集命令（ ）创建相贯体的内孔。激活差集命令，先选择相贯体，按 Enter 键确定后再选择内孔相贯体，完成操作后即创建了相贯体的内孔。将视觉样式设为“概念”，效果如图 7-23（f）所示。

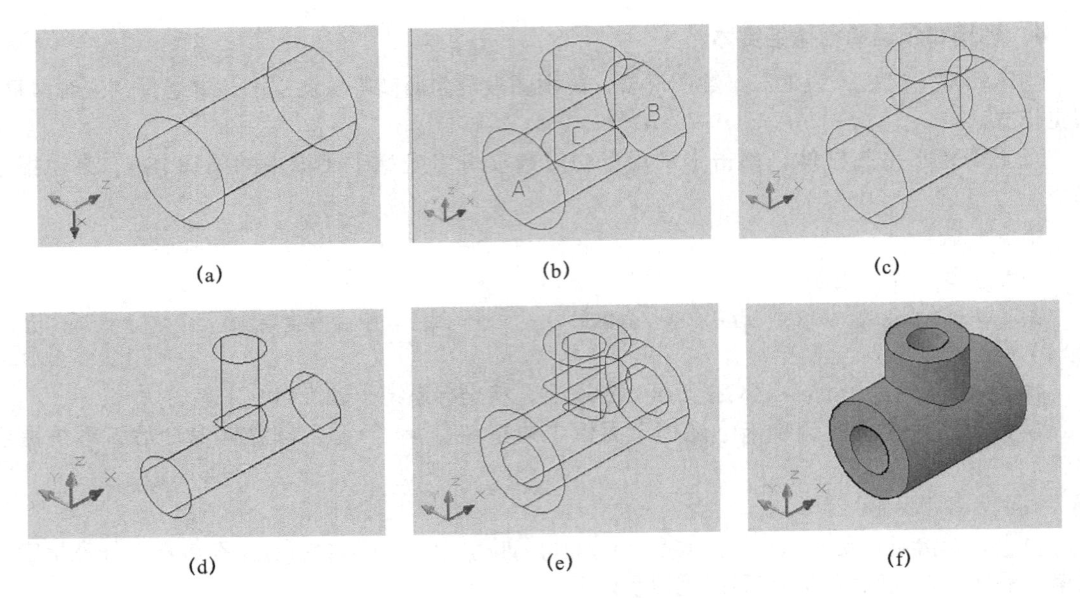

图 7-23　创建相贯体

7.2.4　实体的编辑修改

1. 三维实体的圆角

圆角是机械零件中常见的结构，对三维实体进行圆角操作，可采用二维作图中的圆角命令。以图 7-23 所示的相贯体为例，可通过圆角操作将相贯线进行圆角过渡。操作步骤如下。

激活圆角命令后，系统提示如下。

命令：_fillet

当前设置：模式 = 修剪，半径 = 5.0000

选择第一个对象或 [放弃(U)/多段线(P)/半径(R)/修剪(T)/多个(M)]：选择图 7-24（a）所示的相贯线。

输入圆角半径 <5.0000>：输入圆角半径 3。

选择边或 [链(C)/半径(R)]：按 Enter 键确定。

已选定 1 个边用于圆角。完成操作。

圆角效果如图 7-24（b）所示。

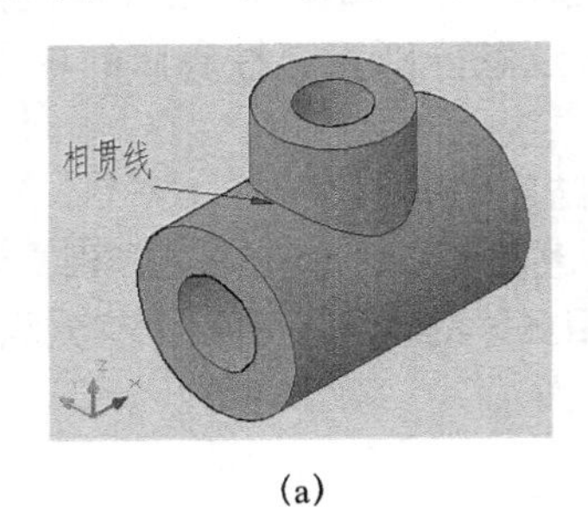

(a)

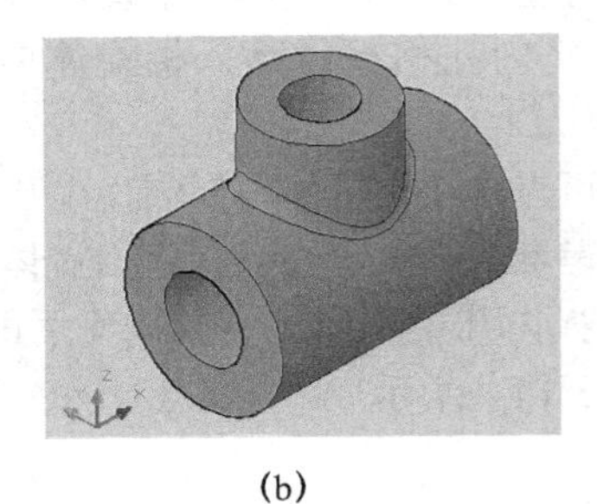

(b)

图 7-24　创建圆角

2. 三维实体的倒角

倒角是机械零件中常见的结构，对三维实体进行倒角操作，可采用二维作图中的倒角命令。以图 7-23（f）所示的相贯体为例，可通过倒角操作对内孔的边进行倒角。操作步骤如下。

激活倒角命令后，系统提示如下。

命令：_chamfer

（“修剪”模式）当前倒角距离 1 = 0.0000，距离 2 = 0.0000

选择第一条直线或 [放弃(U)/多段线(P)/距离(D)/角度(A)/修剪(T)/方式(E)/多个(M)]：

基面选择... 选择包含倒角边的基面上的任一条线，可选择水平圆柱体底面的外圆或内孔与端面相交的圆，以确定倒角的基面。

输入曲面选择选项 [下一个(N)/当前(OK)] <当前(OK)>：按 Enter 键确定。

指定基面的倒角距离 <0.0000>：输入第一个倒角距离 2。

指定其他曲面的倒角距离 <0.0000>：输入第二个倒角距离 2。

选择边或 [环(L)]：选择要倒角的边，这里选择内孔与端面相交的圆，如图 7-25（a）所示，按 Enter 键确定，完成操作。

倒角操作后的效果如图 7-25（b）所示。

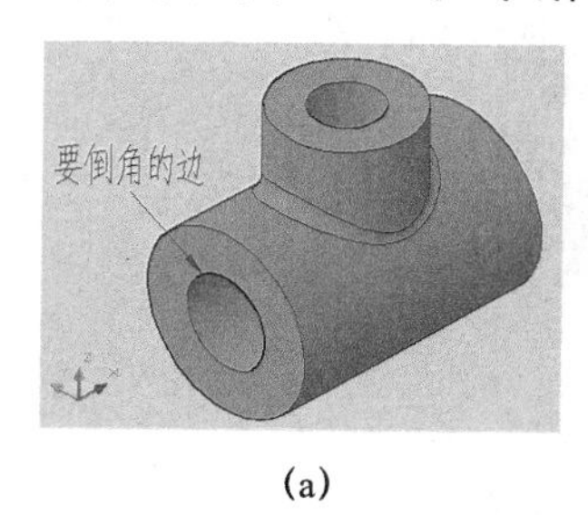

(a)　　　　(b)

图 7-25　创建倒角

3. 剖切三维实体

在三维绘图中，为了表达实体的内部结构，常采用剖切命令 slice 对实体进行剖切操作。可在命令行中输入 slice，或在功能区【常用】功能选项卡【实体编辑】面板中单击按钮激活剖切命令。以图 7-26 为例，剖切操作步骤如下。

激活剖切命令后，系统提示如下。

命令：_slice

选择要剖切的对象：选择图 7-26（a）所示的相贯体。

指定 切面 的起点或 [平面对象(O)/曲面(S)/Z 轴(Z)/视图(V)/XY(XY)/YZ(YZ)/ZX(ZX)/三点(3)] <三点>：按 Enter 键选择三点方式确定剖切平面。

指定平面上的第一个点：选择水平圆柱体底面中心点 A。

指定平面上的第二个点：选择水平圆柱体另一底面中心点 B。

指定平面上的第三个点：选择垂直圆柱体底面中心点 C。

在所需的侧面上指定点或 [保留两个侧面(B)] <保留两个侧面>：按 Enter 键保留两侧。

完成操作后效果如图 7-26（b）所示。

利用移动命令将前半部分移开，效果如图 7-26（c）所示。

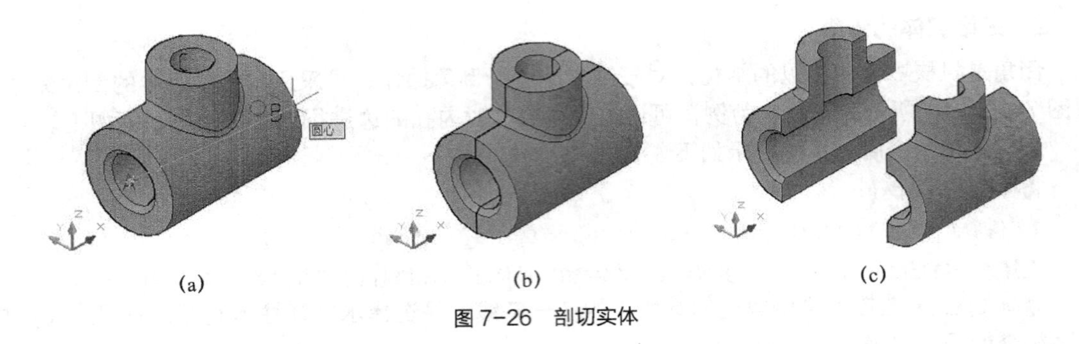

图 7-26　剖切实体

4. 修改三维实体的面和边

通过修改三维实体的某个面或某条边，也可以改变三维实体的造型。修改三维实体的面和边包括拉伸面、移动面、偏移面、删除面、旋转面、倾斜面、复制面、着色面、复制边和着色边等操作。三维实体面和边的编辑可通过图 7-27 所示的【常用】功能选项卡【实体编辑】面板中的按钮来激活相应的命令，激活命令后按提示进行操作，具体操作步骤不再详述。

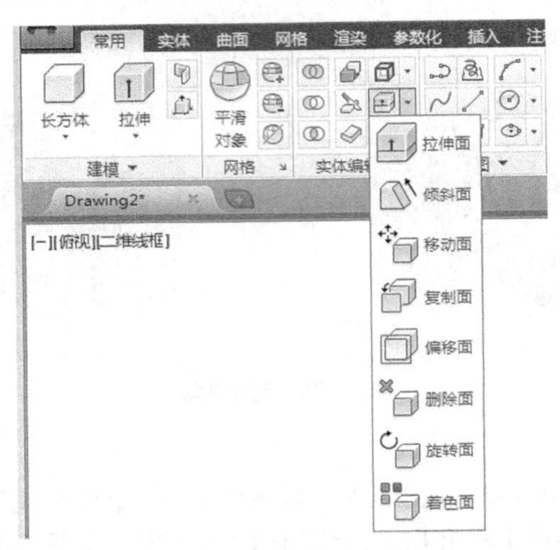

图 7-27　【实体编辑】面板

7.2.5　实体的三维操作

1. 三维阵列

使用三维阵列命令可在三维空间创建对象的矩形阵列和环形阵列。与二维阵列相似，可选择矩形阵列或环形阵列，输入选项后按提示输入相应参数即可。可通过以下方法之一激活三维阵列命令。

➤ 命令行：3darray。

➤ 下拉菜单：选择【修改】/【三维操作】/【三维阵列】菜单命令（AutoCAD 经典）。

以图 7-28 所示为例，三维阵列操作步骤如下。

命令：_3darray

选择对象：指定对角点：选择图 7-28（a）中用于阵列的对象。

输入阵列类型 [矩形(R)/环形(P)] <矩形>：输入环形阵列选项“P”。

输入阵列中的项目数目：输入阵列项目数 50。

指定要填充的角度 (+=逆时针，-=顺时针) <360>：按 Enter 键确定填充角度 360。
旋转阵列对象？ [是(Y)/否(N)] <Y>：按 Enter 键默认旋转对象。
指定阵列的中心点：选择圆环的中心点。
指定旋转轴上的第二点：沿 *Z* 轴正方向移动鼠标任意确定一点，如图 7-28（b）所示。
完成操作后的效果如图 7-28（c）所示。

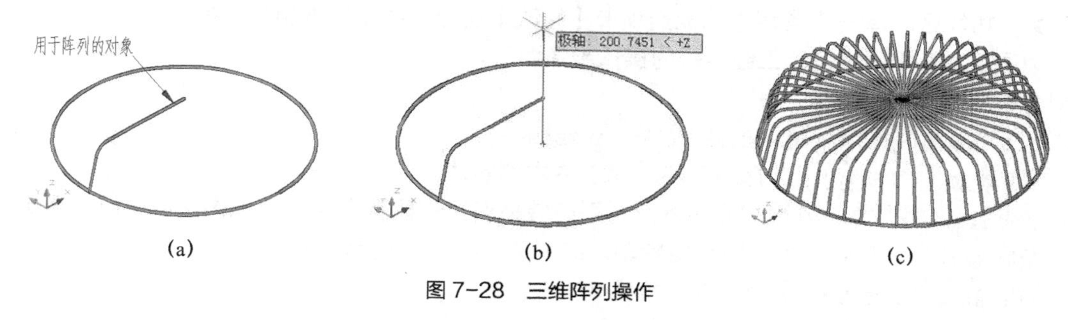

(a)　(b)　(c)

图 7-28　三维阵列操作

2. 三维镜像

使用三维镜像命令可以按指定镜像平面镜像已有的对象，可通过以下方法之一激活三维镜像命令。

- 命令行：mirror3d。
- 下拉菜单：选择【修改】/【三维操作】/【三维镜像】菜单命令（AutoCAD 经典）。
- 功能区：单击【常用】功能选项卡【修改】面板中的【三维镜像】按钮。

以图 7-29 所示为例，操作步骤如下

命令：_mirror3d
选择对象：指定对角点：选择图 7-29（a）所示的耳板，按 Enter 键确定。
指定镜像平面 (三点) 的第一个点或
[对象(O)/最近的(L)/Z 轴(Z)/视图(V)/XY 平面(XY)/YZ 平面(YZ)/ZX 平面(ZX)/三点(3)] <三点>：按 Enter 键确定三点方式确定镜像平面。
在镜像平面上指定第一点：捕捉长方体第一条边的中点 *A*。
在镜像平面上指定第二点：捕捉长方体第二条边的中点 *B*。
在镜像平面上指定第三点：捕捉长方体第三条边的中点 *C*。
是否删除源对象？[是(Y)/否(N)] <否>：按 Enter 键确定，完成操作。
完成操作后的效果如图 7-29（b）所示。

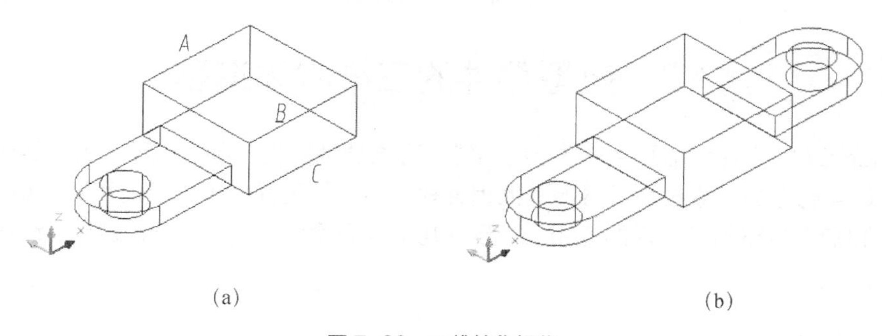

(a)　(b)

图 7-29　三维镜像操作

3. 三维旋转

使用三维旋转命令可以将已有对象绕指定旋转轴旋转一定的角度。可通过以下方法之一激活三维旋转命令。

- 命令行：3drotate。
- 下拉菜单：选择【修改】/【三维操作】/【三维旋转】菜单命令。
- 功能区：单击【常用】功能选项卡【修改】面板中的【三维旋转】按钮 。

以图 7-30 所示为例，三维旋转的操作步骤如下。

命令：_3drotate

UCS 当前的正角方向： ANGDIR=逆时针 ANGBASE=0

选择对象：指定对角点：选择图 7-30（a）中右侧实体。

指定基点：捕捉角点 *A* 确定旋转基点，则旋转夹点工具显示在 *A* 点，如图 7-30（b）所示。

拾取旋转轴：单击轴句柄，确定旋转轴，如图 7-30（c）所示。

指定角的起点或键入角度：输入旋转角度 30。

完成操作后的效果如图 7-30（d）所示。

利用并集命令将图 7-30（d）中的两个对象合并为一个对象，效果如图 7-30（e）所示。

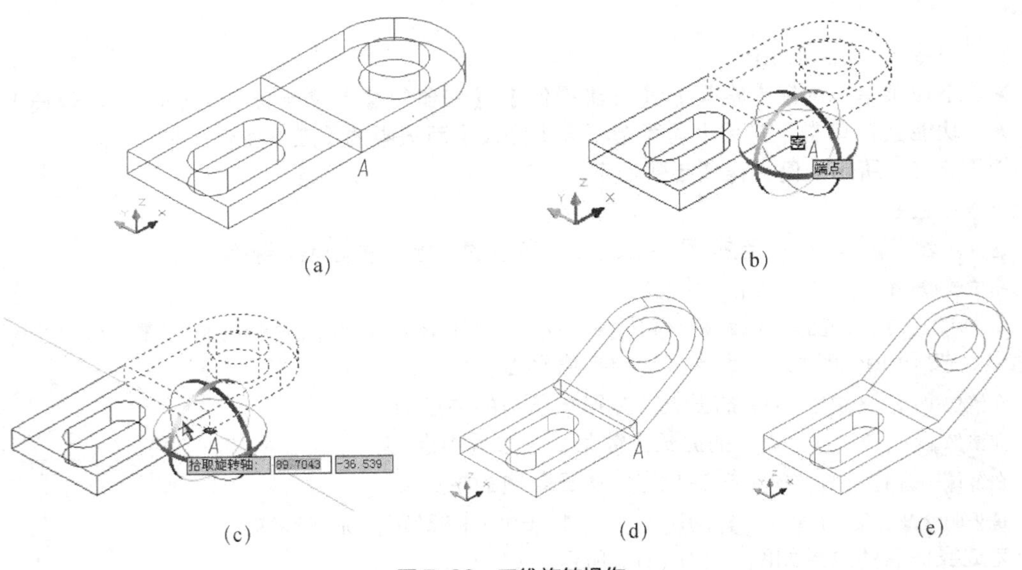

图 7-30 三维旋转操作

7.3 典型零件的三维实体造型

使用 AutoCAD 2014 强大的三维造型功能，可方便地实现各种机械零件的三维造型。利用 AutoCAD 2014 构造的三维模型可导入其他相关软件，进行工程分析、装配和数控编程等操作，在产品设计和加工中得到了广泛的应用。本节以几个典型零件为例，说明机械零件三维实体造型的基本方法。

7.3.1　传动轴的三维实体造型

传动轴

图 7-31（a）所示为一传动轴二维图，图 7-31（b）所示为根据二维图所表示的结构及尺寸所作的三维实体造型图。由图 7-31 可以看出，轴类零件为回转类零件，在创建三维实体时，可先作出其一半的轮廓，然后将其绕轴线旋转，创建旋转实体。轴上键槽的结构，可先作出实体键，再通过差集操作来创建键槽。倒角和退刀槽结构，可在轴的一半轮廓图中作出，通过旋转直接产生。具体作图步骤如下。

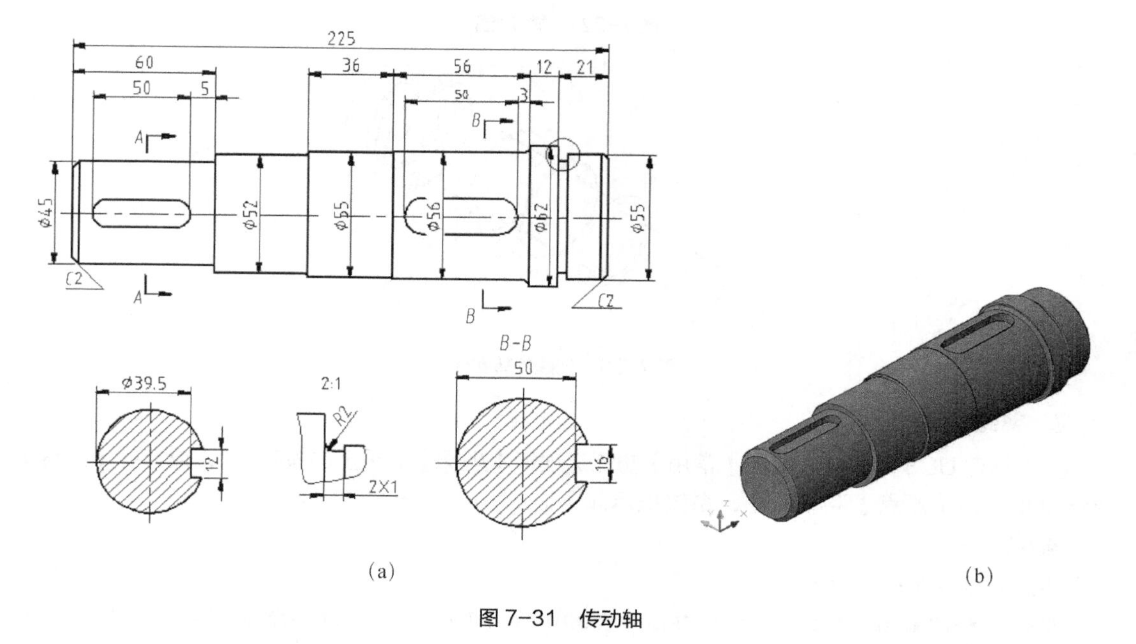

(a)　　(b)

图 7-31　传动轴

1. 创建旋转实体

（1）根据图 7-31（a）所示传动轴的结构尺寸，利用二维绘图命令作出图 7-32（a）所示轴的一半轮廓。也可打开已有的传动轴的零件图，在现有图形的基础上，利用修剪等命令进行修改。

（2）画完轮廓图后，应利用编辑多段线或面域命令将图形转换成多段线或一个面域。面域命令（　）的操作方法如下。

命令：_region

选择对象：指定对角点：选择图 7-32（a）所示的所有轮廓线，按 Enter 键确定。

已创建 1 个面域。面域操作完成。

进行面域操作时，应注意各轮廓线各自形成闭合区域，并避免自交或伸出轮廓。

为便于看图，可将视图改为西南等轴测视图，如图 7-32（b）所示。

（3）利用建模的旋转命令 revolve（　），选择已创建的面域作为旋转对象，指定图 7-32（b）所示的两个角点 *A* 和 *B* 来定义旋转轴，旋转角度为 360°，创建旋转实体，如图 7-33 所示。

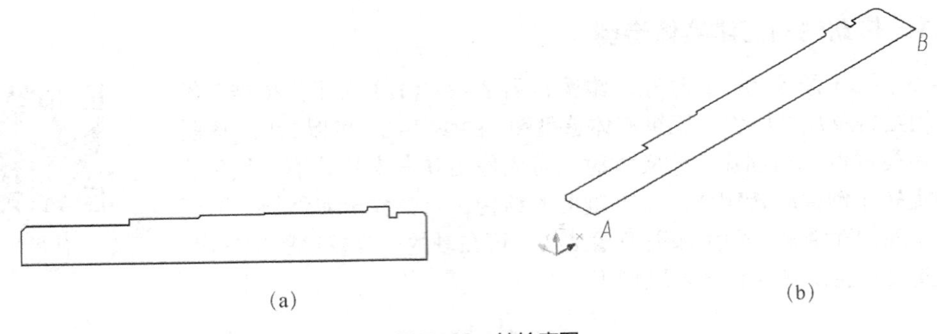

图 7-32　轴轮廓图

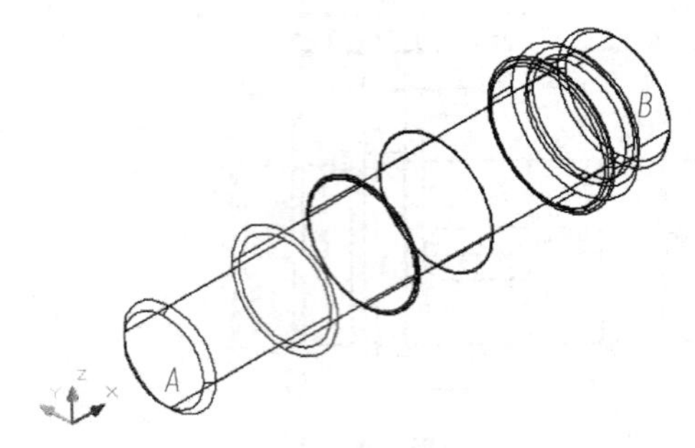

图 7-33　创建旋转实体

2. 创建实体键

（1）指定 UCS 的原点。单击【常用】功能选项卡【坐标】面板上的按钮，或选择【工具】/【新建 UCS】/【原点】菜单命令，系统提示如下。

命令：_ucs

当前 UCS 名称：*世界*

指定 UCS 的原点或 [面(F)/命名(NA)/对象(OB)/上一个(P)/视图(V)/世界(W)/X/Y/Z/Z 轴(ZA)] <世界>:

在该提示下捕捉旋转实体最左侧端面的圆心（即 *A* 点）。

指定 X 轴上的点或 <接受>: 按 Enter 键确定。

此时先将新建 UCS 的原点移到左侧端面圆心，以方便进一步定位，如图 7-34（a）所示。

（2）新建 UCS。重复以上步骤，当提示指定 UCS 的原点时，输入坐标（11，0，17），按 Enter 键确定，新建 UCS 如图 7-34（b）所示。

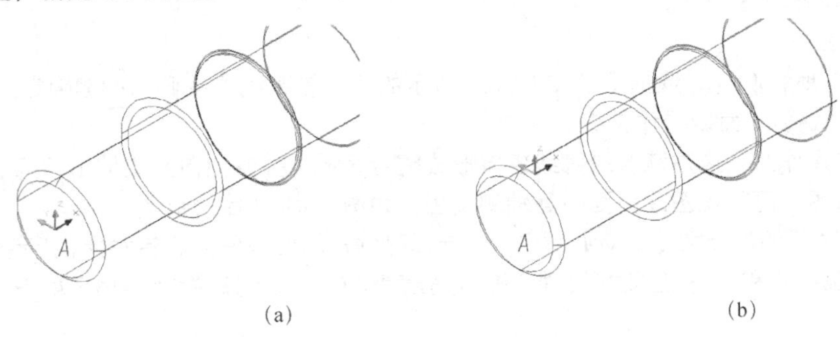

图 7-34　新建 UCS

此时 UCS 原点即为键底面左侧半圆的圆心。

（3）切换平面视图。选择【视图】/【三维视图】/【平面视图】/【当前 UCS】菜单命令（AutoCAD 经典），将视图切换到图 7-35 所示的平面视图，以方便作图。

（4）画键轮廓图形。利用二维绘图工具，根据键槽尺寸绘制键轮廓图形，并将其转换成多段线或面域，如图 7-36 所示。

（5）为便于看图，先将视图切换为西南等轴测视图。

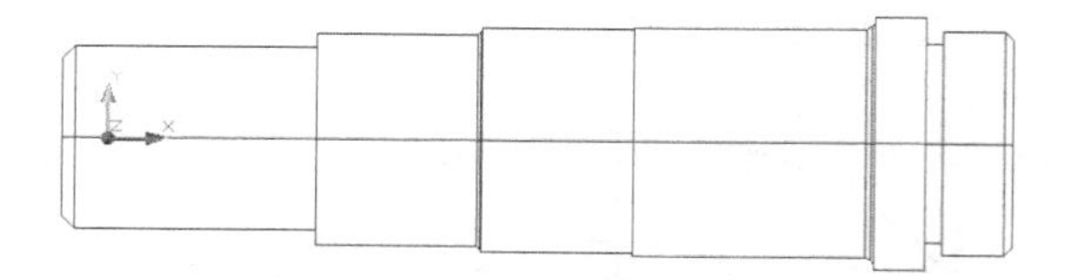

图 7-35 以平面视图显示图形

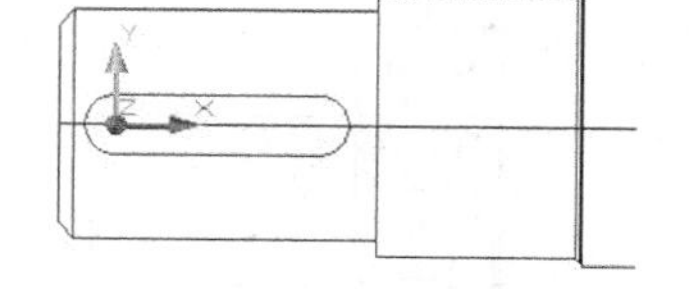

图 7-36 画键轮廓图形

利用建模的拉伸命令 extrude（ ），选择第（4）步创建的键轮廓图，向上拉伸高度 6，结果如图 7-37 所示。

（6）重复步骤（1）～（5），创建另一个键实体。

新建 UCS，先将 UCS 的原点移至 ϕ56 圆柱体左侧端面圆心 *C* 点，如图 7-38 所示。继续新建 UCS，将 UCS 原点移至（11，0，22）。切换成平面视图，画键底面轮廓图，返回西南等轴测视图，再拉伸键高度 6，创建另一个键实体，如图 7-39 所示。

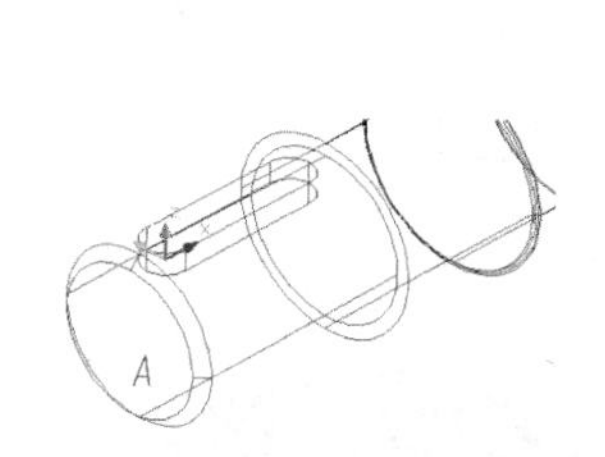

图 7-37 创建键 1 拉伸实体

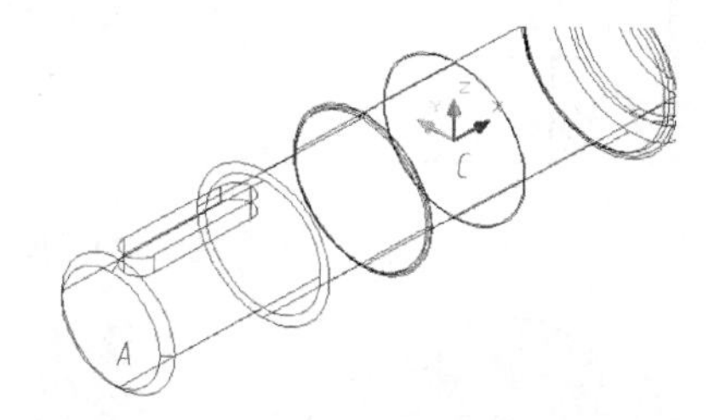

图 7-38 新建 UCS

3. 创建键槽

利用差集命令（ ），选择旋转实体，从中减去两个键实体，从而创建轴上的两个键槽，如图 7-40 所示。

将视觉样式设置为“概念”，最后完成的结果如图 7-31（b）所示。

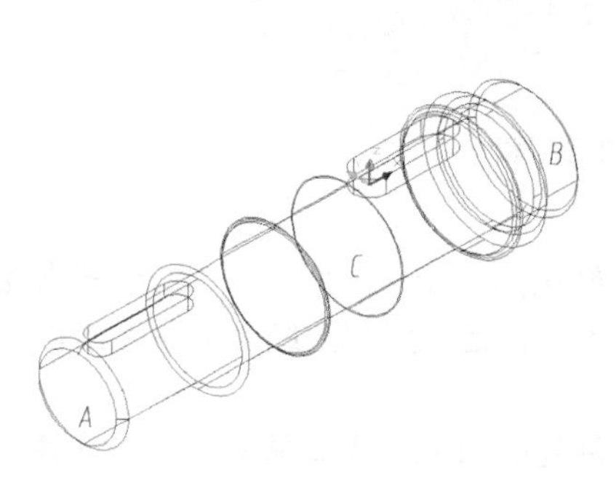

图 7-39 创建另一键的拉伸实体

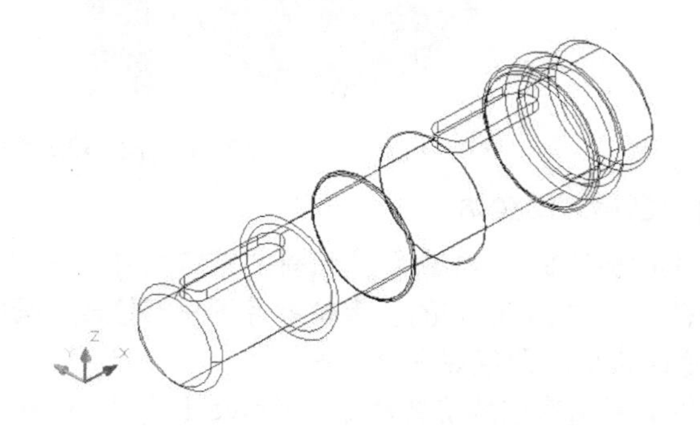

图 7-40 用差集创建两个键槽

7.3.2　皮带轮的三维实体造型

图 7-41 所示为一皮带轮二维图，图 7-42 所示为根据二维图所作的三维实体造型图。由图可见，皮带轮也是回转体结构，可先作出其一半的轮廓图，通过旋转创建旋转实体。6 个圆孔结构可先作出一圆柱体，通过环形阵列形成 6 个圆柱体，再利用差集操作创建圆柱孔。轴孔上键槽结构可先作出一长方体，再利用差集操作创建键槽。具体操作步骤如下。

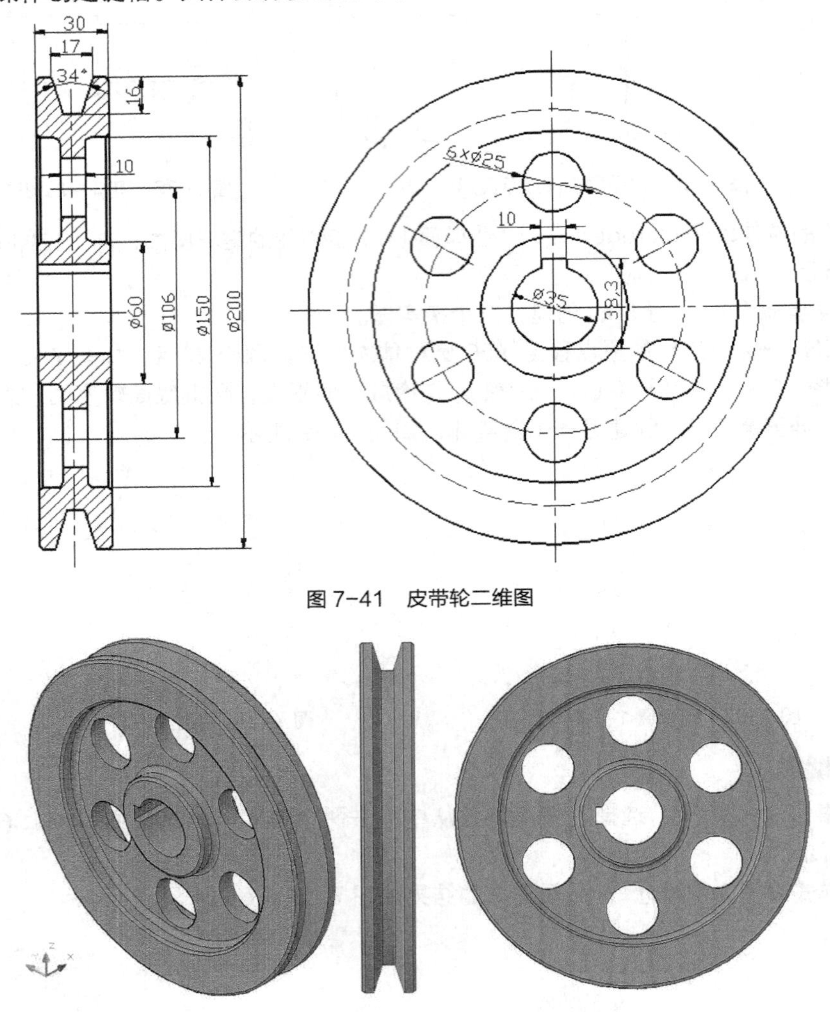

图 7-41　皮带轮二维图

图 7-42　皮带轮三维实体造型图

1. 创建旋转实体

（1）根据图 7-41 所示皮带轮的结构尺寸，利用二维绘图命令作出图 7-43 所示皮带轮的一半轮廓。也可打开已有的皮带轮零件图进行修改。画完轮廓图后，应利用编辑多段线或面域命令将图形转换成多段线或一个面域。

（2）利用建模的旋转命令 revolve（ ），选择已创建的面域作为旋转对象，指定图 7-43 所示的直线端点 *A* 和 *B* 来定义旋转轴，旋转角度为 360°，创建旋转实体，如图 7-44 所示。

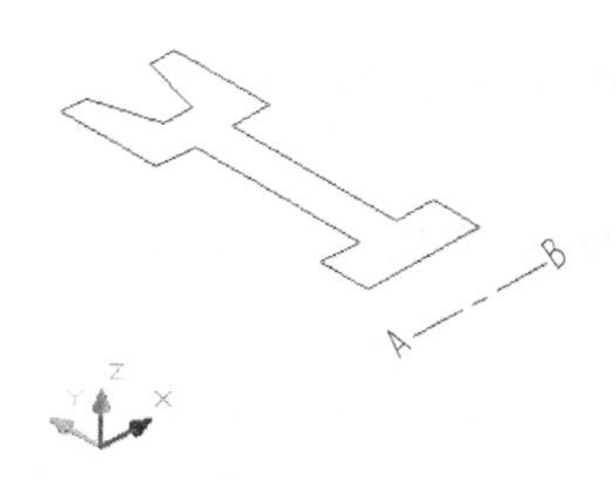

图 7-43 皮带轮一半轮廓图

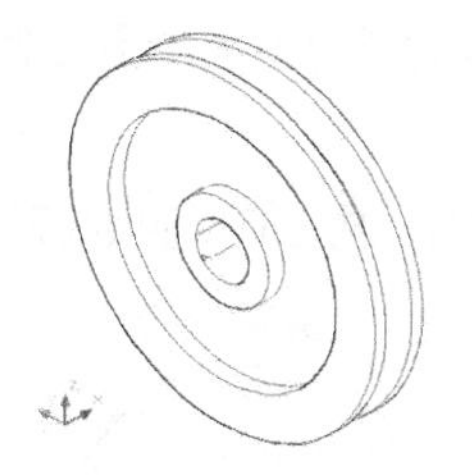
图 7-44 创建旋转实体

2. 创建 6 个圆柱孔

（1）单击【常用】功能选项卡【坐标】面板上的 按钮，在提示下按 Enter 键默认将 UCS 绕 y 轴旋转 90°，结果如图 7-45 所示。

（2）激活建模的圆柱体命令 cylinder（ ），系统提示如下。

命令: _cylinder

指定底面的中心点或 [三点(3P)/两点(2P)/相切、相切、半径(T)/椭圆(E)]:在此提示下捕捉旋转实体左侧端面中心点作为圆柱底面中心点，系统提示如下。

指定底面半径或 [直径(D)]: 输入圆柱体半径 12.5。

指定高度或 [两点(2P)/轴端点(A)]: 输入圆柱体高度 30。

创建图 7-46 所示的圆柱体。

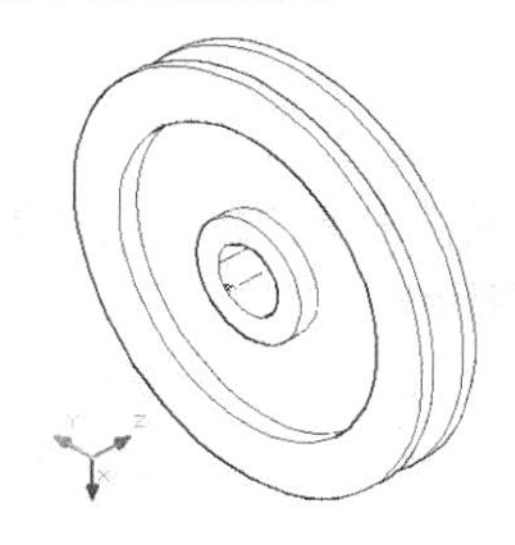
图 7-45 新建 UCS

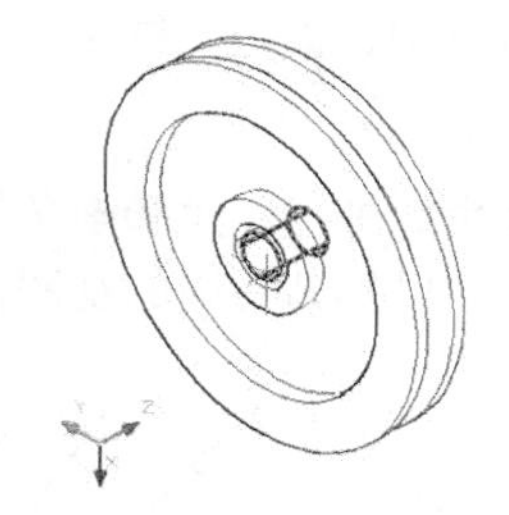
图 7-46 创建圆柱体

（3）利用移动命令 move（ ），将第（2）步所创建的圆柱体沿 y 轴方向移动 53，如图 7-47 所示。

（4）利用环形阵列命令 arraypolar（ ），选择圆柱体为阵列对象，捕捉旋转实体的中心点为阵列中心，阵列项目数为 6，完成阵列，结果如图 7-48 所示。

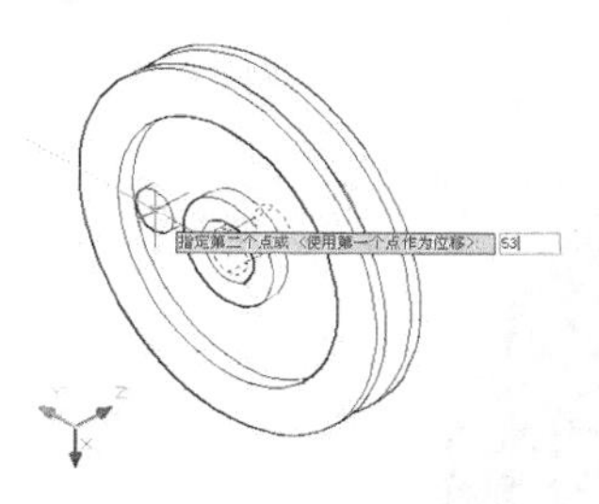
图 7-47 移动圆柱体

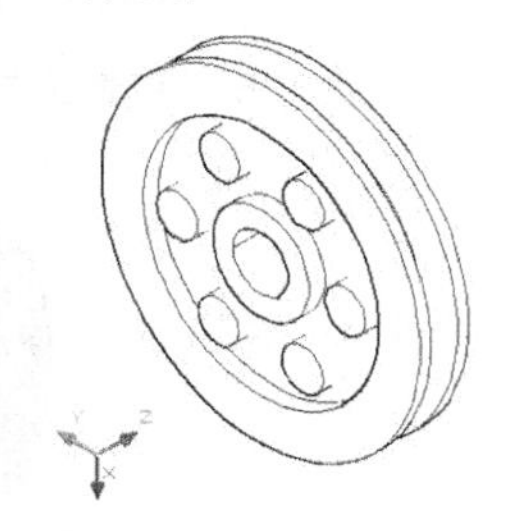
图 7-48 环形阵列圆柱体

在平面上阵列三维对象，可采用二维阵列命令，但应注意二维阵列命令所在平面默认为 xOy 平面。

（5）利用差集命令（ ）创建圆柱孔，结果如图 7-49 所示。

3. 创建键槽

（1）新建 UCS，将 UCS 原点移动至左侧端面圆心，如图 7-50 所示。

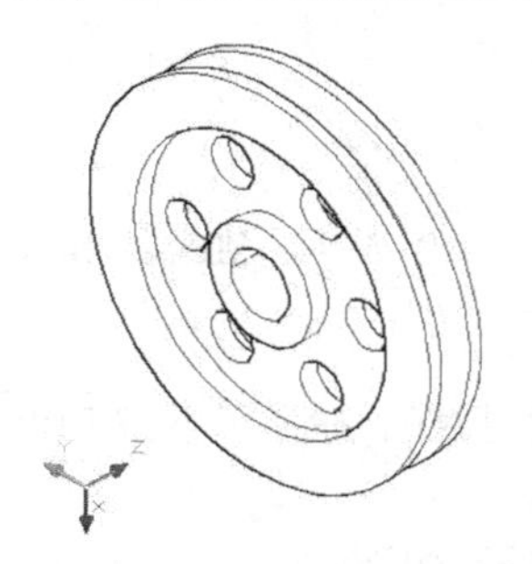

图 7-49　用差集创建圆柱孔

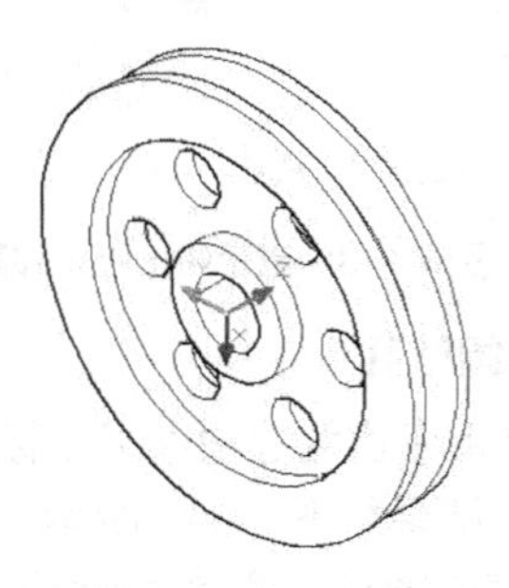

图 7-50　新建 UCS

（2）创建长方体，激活长方体命令（ ），系统提示如下。

命令：_box

指定第一个角点或 [中心(C)]：指定长方体第一个角点（5，0，0）。

指定其他角点或 [立方体(C)/长度(L)]：指定长方体另一个角点（-10，20.8，30）。

完成长方体创建，结果如图 7-51 所示。

（3）利用差集命令创建键槽，结果如图 7-52 所示。

4. 最后处理

利用倒角和圆角命令进行倒角和圆角处理。设置视觉样式为“概念”，结果如图 7-53 所示。切换不同的视图方向，可得到不同的视图，如图 7-42 所示。

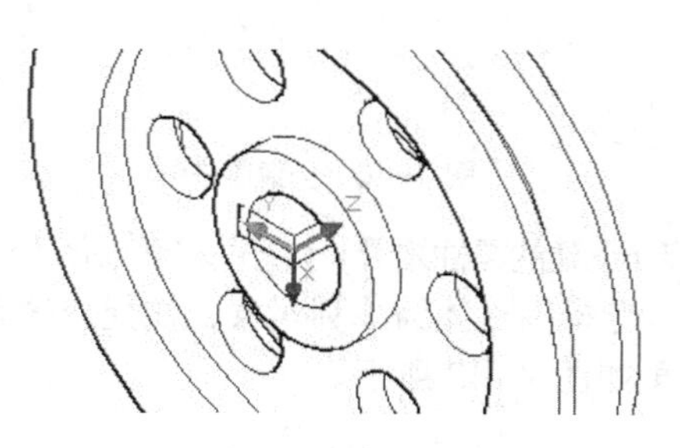

图 7-51　创建长方体

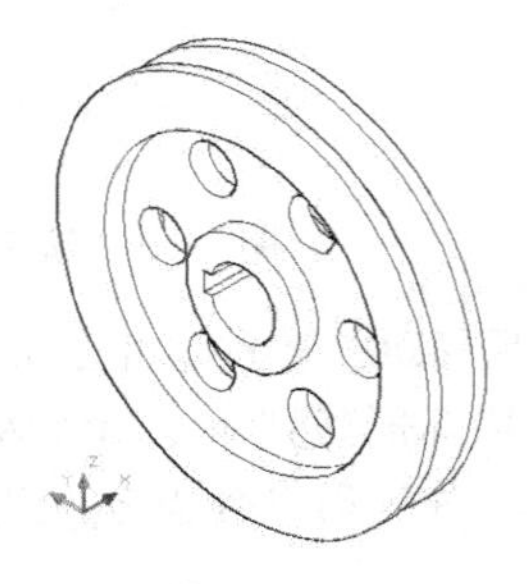

图 7-52　创建键槽

图 7-53　创建倒角、圆角并切换视觉样式

7.3.3　泵盖的三维实体造型

图 7-54 所示为一泵盖二维图，图 7-55 所示为根据二维图所作的三维实体造型图。根据泵盖的外形特征，可先作出外形轮廓图，再通过拉伸一定高度创建拉伸实体。螺栓孔及轴孔可先作出一圆柱体，再利用差集操作创建孔，最后再进行圆角等处理。具体操作步骤如下。

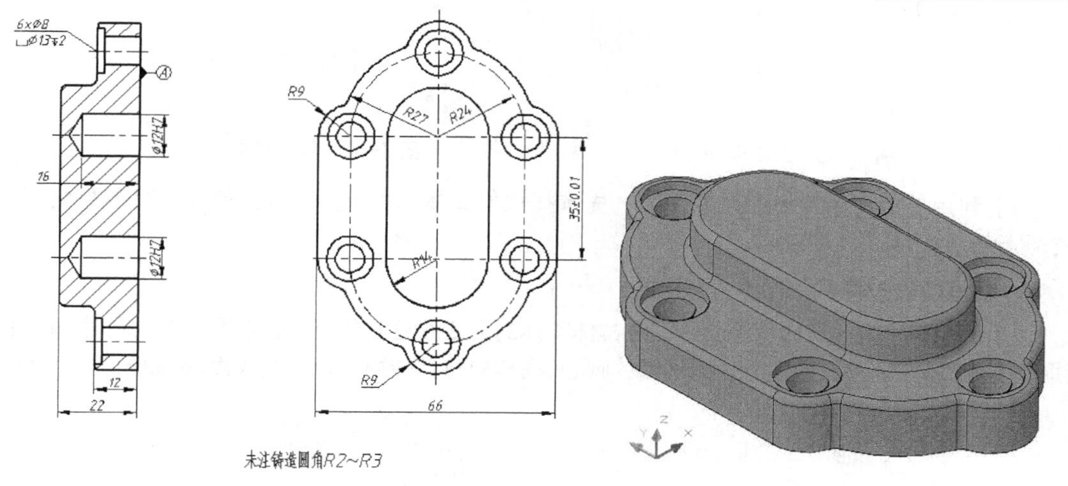

图 7-54　泵盖二维图　　　　图 7-55　泵盖三维实体造型图

1. 创建拉伸实体

（1）根据图 7-54 所示泵盖的结构尺寸，利用二维绘图命令作出图 7-56 所示泵盖的外形轮廓。也可打开已有的泵盖零件图进行修改。画完轮廓图后，应利用编辑多段线或面域命令将图形转换成多段线或一个面域。

（2）利用建模的拉伸命令 extrude（ ），选择已创建的面域作为拉伸对象，输入拉伸高度 12，创建拉伸实体，如图 7-57 所示。

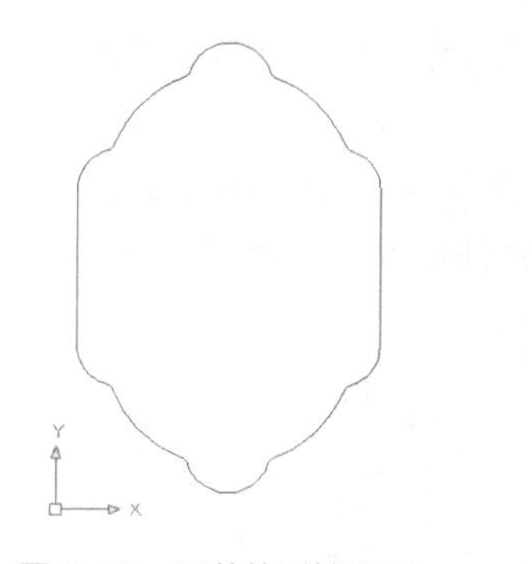

图 7-56　泵盖外形轮廓图

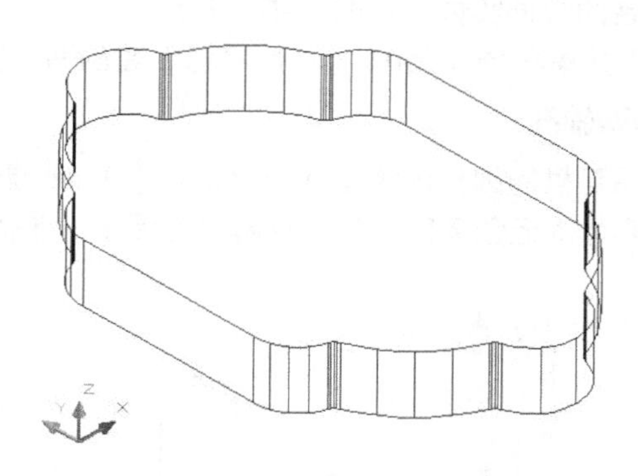

图 7-57　创建拉伸实体

2. 创建 6 个螺栓孔

（1）利用建模的圆柱体命令 cylinder（ ），捕捉拉伸实体上底面 *R*9 圆弧的圆心作为圆柱体的圆心，分别以半径 4、6.5，高度 12、2，向下创建两个圆柱体，如图 7-58 所示。

（2）利用复制命令 copy（ ），选择第（1）步创建的两个圆柱体，以圆柱体上底面圆心为基点，分别捕捉到拉伸实体上底面的另 5 个 *R*9 圆弧的圆心，创建其余圆柱体，如图 7-59 所示。

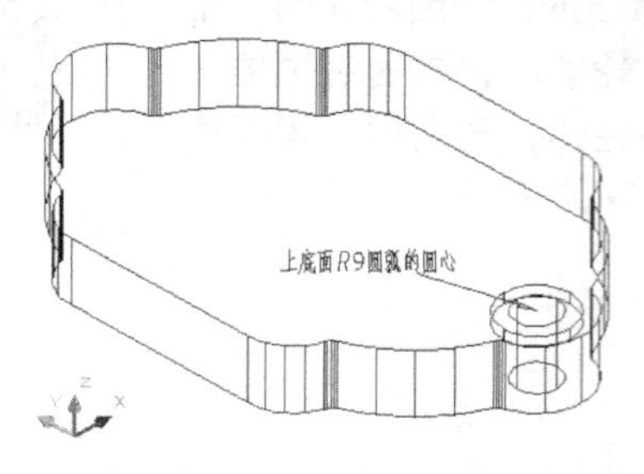

图 7-58　创建两圆柱体

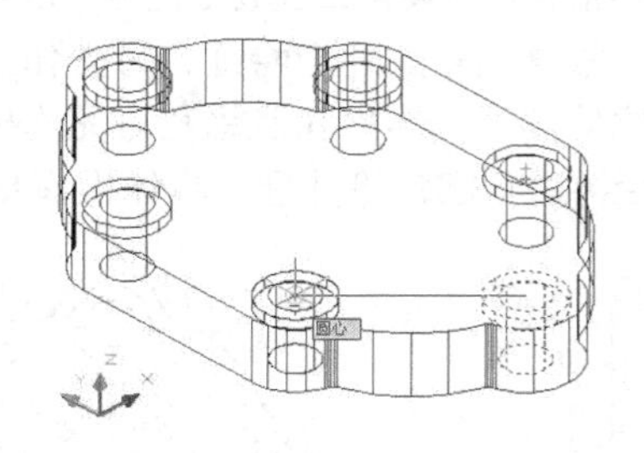

图 7-59　复制圆柱体

（3）利用差集命令 subtract（ ），先选择拉伸实体，再选择已创建的 12 个圆柱体，创建 6 个螺栓孔，如图 7-60 所示。

3. 创建凸台拉伸实体

（1）利用圆、直线和修剪等命令，在拉伸实体的上底面绘制凸台的轮廓图。在画圆时，应注意捕捉到上底面 *R*27 圆弧的圆心作为画圆的圆心。同样应将其转换成多段线或面域，如图 7-61 所示。

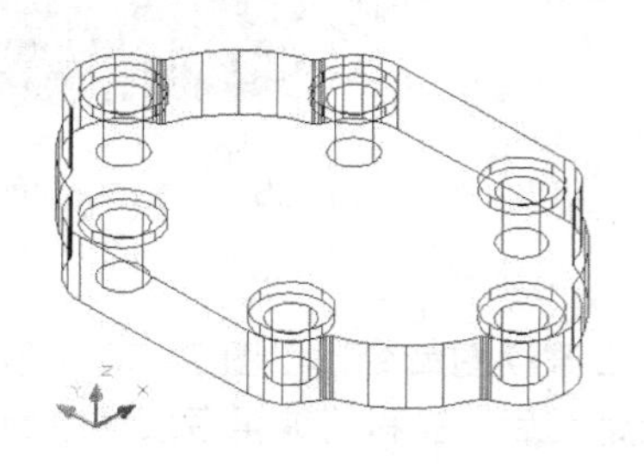

图 7-60　利用差集创建螺栓孔

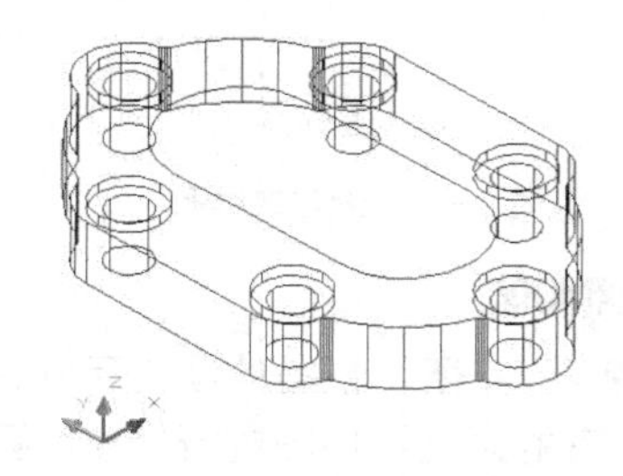

图 7-61　绘制凸台轮廓图

（2）利用建模的拉伸命令 extrude（ ），选择已创建的面域作为拉伸对象，输入拉伸高度 10，创建凸台的拉伸实体，如图 7-62 所示。

（3）利用并集命令 union（ ），将已创建的两个实体合并为一个实体，创建泵盖基本形状。

4. 创建两轴孔

（1）利用建模的圆柱体命令 cylinder（ ），创建一半径 6、高度 16 的圆柱体，可先在第 3 步已创建的实体附近创建圆柱体，这样可方便下一步的拉伸面操作，如图 7-63 所示。

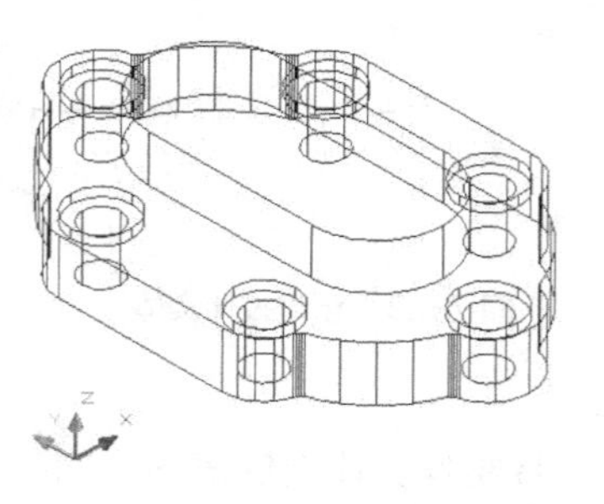

图 7-62　创建凸台拉伸实体

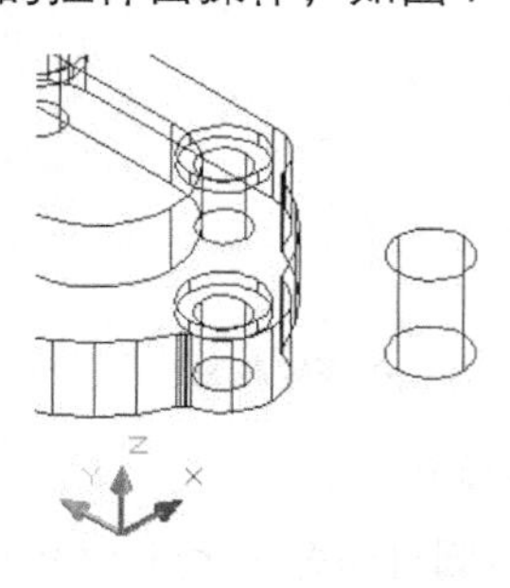

图 7-63　创建圆柱体

（2）通过已创建圆柱体的上底面来创建锥体。单击【实体编辑】面板中的【拉伸面】按钮，或选择【修改】/【实体编辑】/【拉伸面】菜单命令，激活拉伸面命令，系统提示如下。

命令：_solidedit

实体编辑自动检查：SOLIDCHECK=1

输入实体编辑选项 [面(F)/边(E)/体(B)/放弃(U)/退出(X)] <退出>：_face

输入面编辑选项

[拉伸(E)/移动(M)/旋转(R)/偏移(O)/倾斜(T)/删除(D)/复制(C)/颜色(L)/材质(A)/放弃(U)/退出(X)] <退出>：

_extrude

选择面或 [放弃(U)/删除(R)]：单击圆柱体上底面。

选择面或 [放弃(U)/删除(R)/全部(ALL)]：按 Enter 键确定。

指定拉伸高度或 [路径(P)]：输入拉伸高度 5，输入值大于圆锥体高度。

指定拉伸的倾斜角度 <0>：输入倾斜角 60。

已开始实体校验。

已完成实体校验。

输入面编辑选项

[拉伸(E)/移动(M)/旋转(R)/偏移(O)/倾斜(T)/删除(D)/复制(C)/颜色(L)/材质(A)/放弃(U)/退出(X)] <退出>：按 Enter 键确定。

实体编辑自动检查：SOLIDCHECK=1

输入实体编辑选项 [面(F)/边(E)/体(B)/放弃(U)/退出(X)] <退出>：按 Enter 键确定。

完成拉伸面操作，结果如图 7-64 所示。

（3）用复制命令（）复制带锥度的圆柱体。复制时以圆柱体底面圆心为基点，分别复制到泵盖下底面 R27 圆弧的圆心，如图 7-65 所示。复制完成后将原圆柱体删去。

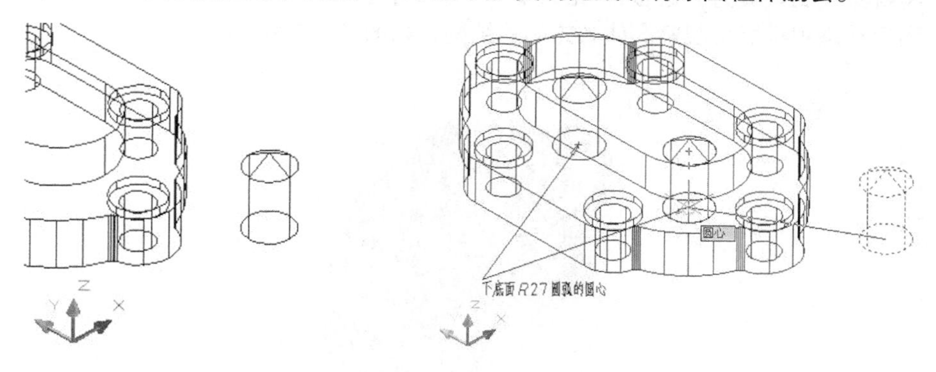

图 7-64　拉伸面创建锥体　　　　图 7-65　复制圆柱体

（4）利用差集命令（），先选择泵盖基本实体，再选择第（3）步创建的两个带锥圆柱体，创建两个轴孔。

5. 创建圆角及最后处理

（1）利用二维绘图圆角命令（）创建圆角。激活命令后，系统提示如下。

命令：_fillet

当前设置：模式 = 修剪，半径 = 0.0000

选择第一个对象或 [放弃(U)/多段线(P)/半径(R)/修剪(T)/多个(M)]: 选择需进行圆角操作的任一条边。

输入圆角半径 <0>: 输入圆角半径 2。

选择边或 [链(C)/半径(R)]: 输入选项“C”。

选择边链或 [边(E)/半径(R)]: 选择需要进行圆角的任一条边。

选择边链或 [边(E)/半径(R)]: 按 Enter 键确定。

已选定 20 个边用于圆角。

通过选项“C”，可自动选择某基面上封闭的多段线条，同时进行圆角处理。完成一个基面封闭环的圆角操作，如图 7-66（a）所示。

采用同样方法对另两个封闭环进行圆角处理，结果如图 7-66（b）所示。

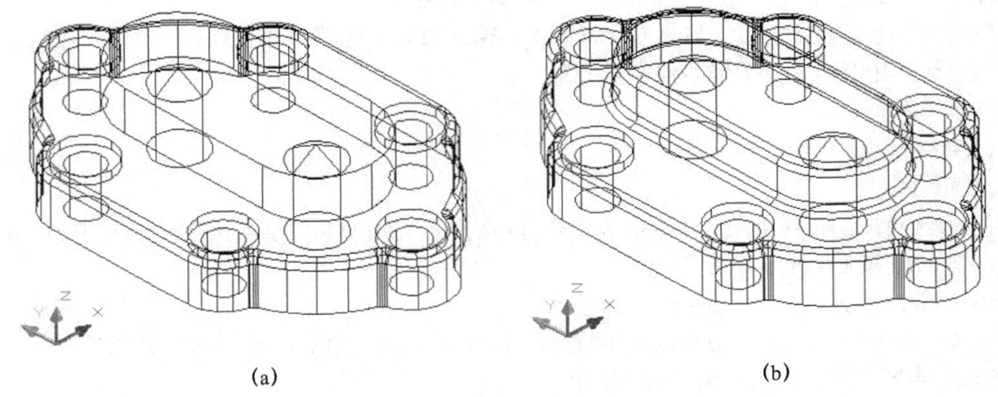

(a) (b)

图 7-66 创建圆角

（2）将视觉样式设置为“概念”，结果如图 7-55 所示。

（3）利用动态观察器可观察实体各方向的结构，如图 7-67 所示。

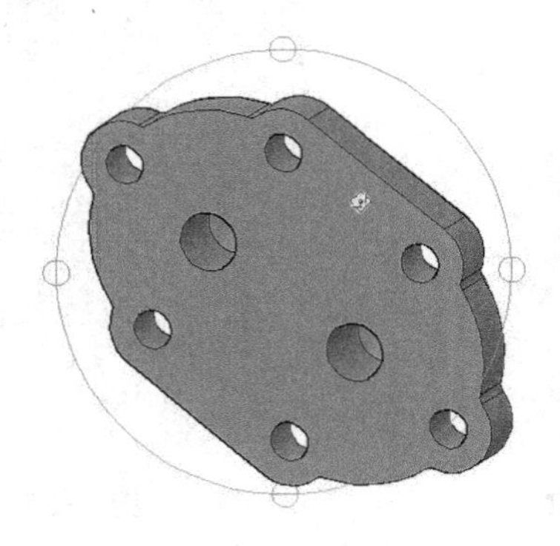

图 7-67 用动态观察器观察实体各个方向

7.3.4 轴承座的三维实体造型

图 7-68 所示为一轴承座三视图。该轴承座可看成是由底板、支承板、圆筒和肋板组合而成的，作图时可将它们分别作为各形体，按一定的位置关系叠加在一起，最后用并集命令将各组成部分合并成一个整体。具体操作步骤如下。

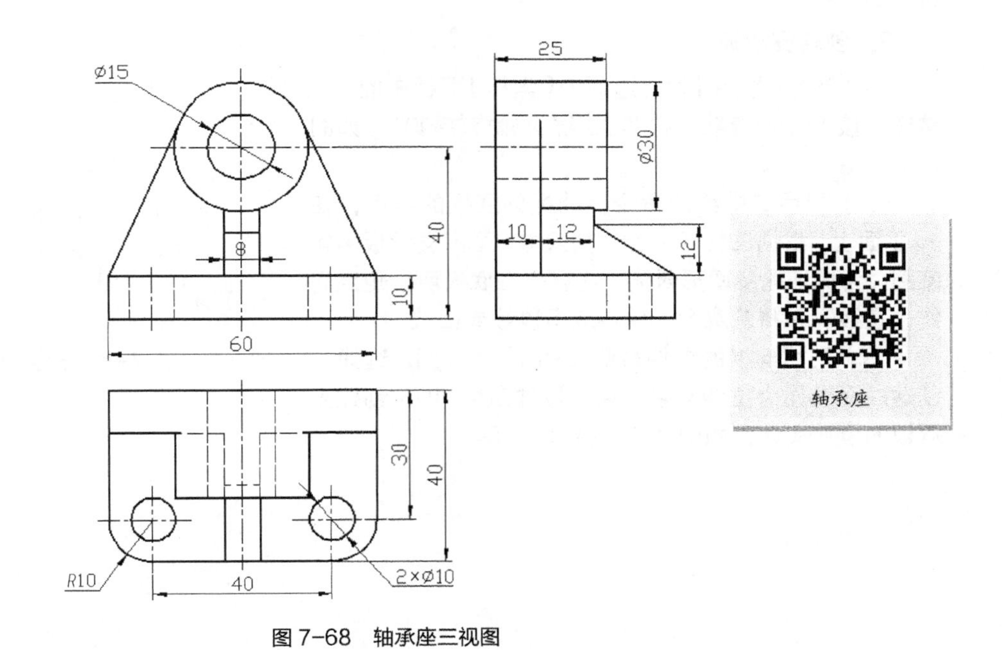

图 7-68　轴承座三视图

1. 创建底板

（1）在任一位置创建长方体。激活建模的长方体命令（ ），系统提示如下。

命令： _box

指定第一个角点或 [中心(C)]：任意指定一点作为长方体的第一个角点。

指定其他角点或 [立方体(C)/长度(L)]：指定长方体的第二个角点（60，40，10）。

创建一长方体，如图 7-69（a）所示。

（2）利用圆角命令（ ）作圆角，圆角半径为 10，分别选择图 7-69（a）所示两条直线进行圆角操作，结果如图 7-69（b）所示。

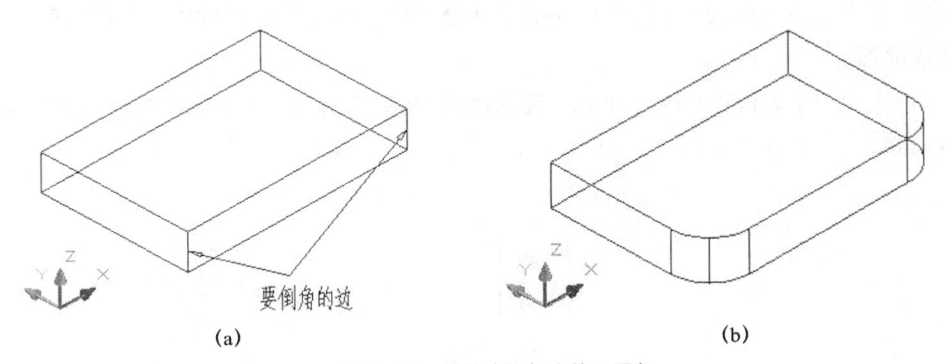

图 7-69　创建底板长方体及圆角

（3）利用建模的圆柱体命令 cylinder（ ），分别捕捉底板上圆弧的圆心作为圆柱体的圆心，半径 5，高度 10，向下创建两个圆柱体，如图 7-70 所示。

（4）利用差集命令 subtract（ ），先选择底板实体，再选择上步创建的两个圆柱体，创建两个圆柱孔。

2. 创建支承板

（1）单击【常用】功能选项卡【坐标】面板中的 按钮，按 Enter 键默认将 UCS 绕 x 轴旋转 90°，如图 7-71（a）所示。

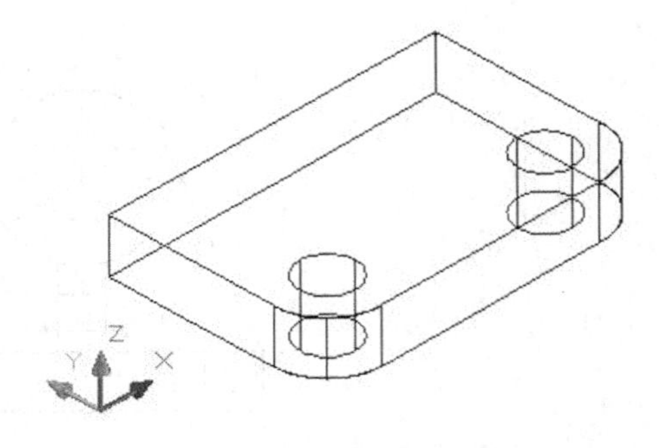

图 7-70　创建底板圆孔

（2）利用二维绘图命令，捕捉到底板的角点，在 xy 平面上，根据三视图上标注的尺寸，画出支承板的轮廓图。为保证轮廓图形封闭，注意应在底板两个角点间作一直线，并将轮廓图形转换成多段线或面域。

（3）利用建模的拉伸命令 extrude（），选择已创建的面域作为拉伸对象，输入拉伸高度 10，创建支承板的拉伸实体，如图 7-71（b）所示。

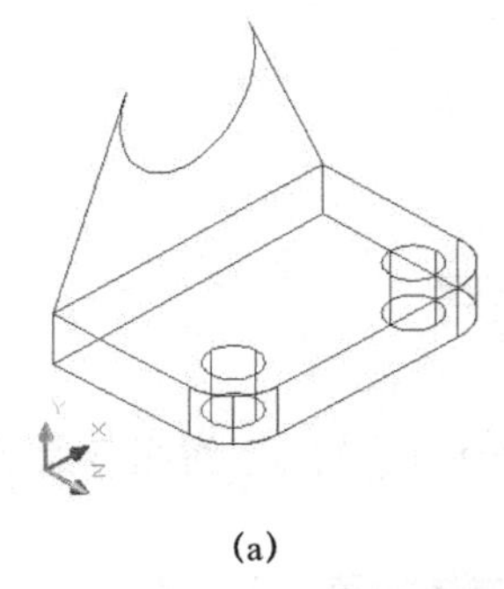

(a)

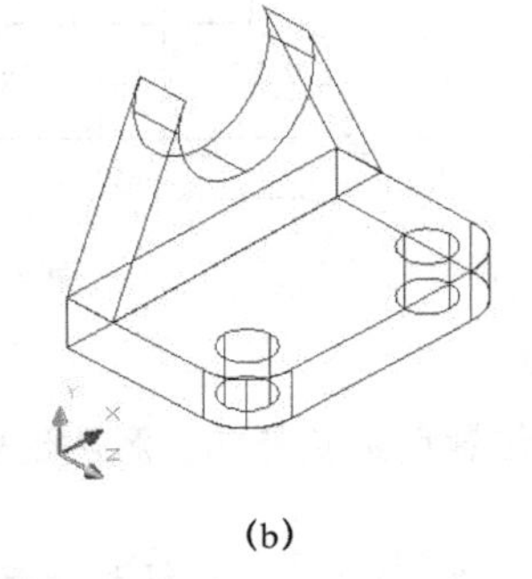

(b)

图 7-71　创建支承板

3. 创建圆筒

（1）利用建模的圆柱体命令 cylinder（），捕捉到支承板上圆弧的圆心，将其作为圆柱体的圆心，分别以半径 15 和 7.5，高度 25，沿 z 轴正方向创建两个圆柱体，如图 7-72 所示。

（2）利用差集命令 subtract（），先选择大圆柱体，再选择小圆柱体，创建圆筒。

4. 创建肋板

（1）单击【常用】功能选项卡【坐标】面板中的按钮 ，按 Enter 键默认将 UCS 绕 y 轴旋转 90°，如图 7-73（a）所示。

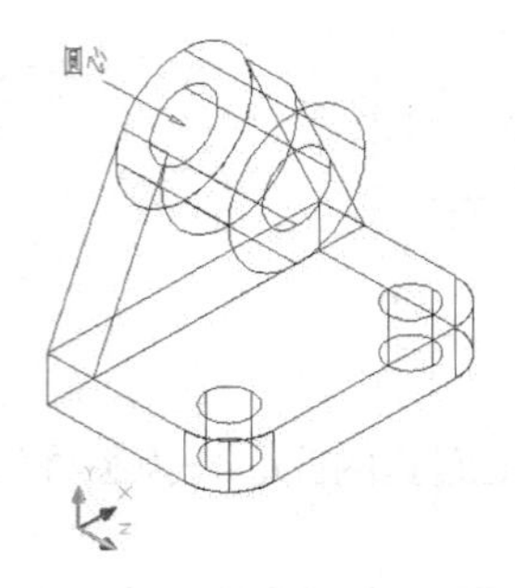

图 7-72　创建圆筒

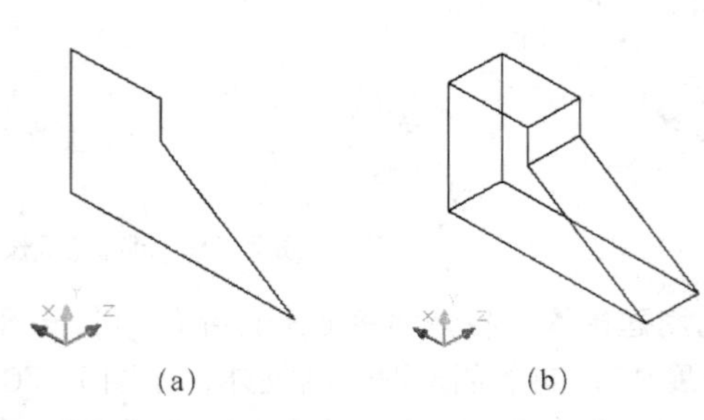

(a)　(b)

图 7-73　创建肋板

（2）利用二维绘图命令，在 *xy* 平面上，根据三视图上标注的尺寸，在已创建实体的附近画出肋板的轮廓图，为保证肋板能与圆筒接合，应适当加高肋板总高度（圆筒最底端距底板上表面为 15，肋板总高可为 17）。将轮廓图形转换成多段线或面域。

（3）利用建模的拉伸命令 extrude（），选择已创建的面域作为拉伸对象，输入拉伸高度 8，创建肋板的拉伸实体，如图 7-73（b）所示。

（4）利用移动命令 move（），将所创建的肋板移到合适位置。移动时可分别捕捉到相应边的中心作为基点，如图 7-74 所示。

5. 最后处理

（1）利用并集命令 union（），将已创建的 4 个实体合并为一个实体，完成轴承座的造型。

（2）将视觉样式设置为“概念”，结果如图 7-75 所示。

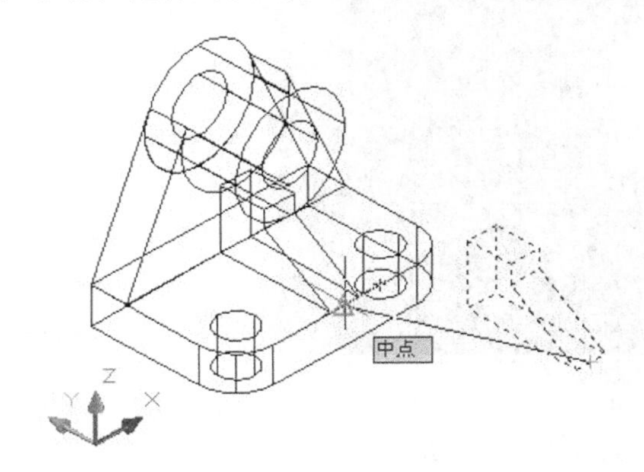

图 7-74　移动肋板

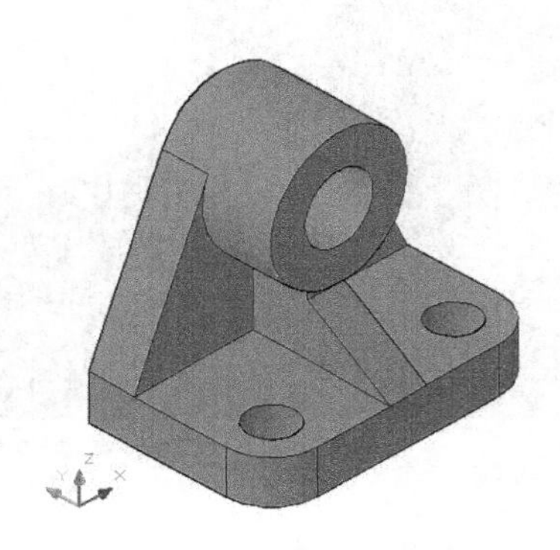

图 7-75　完成后的轴承座

7.4　三维图形的渲染和输出

在作新产品宣传或编写产品说明书时，经常要用到产品模型的图像。在 AutoCAD 中，要创建逼真的模型图像，需要对三维实体对象进行着色或渲染处理，增加对象的色泽感。使用渲染，可以更清晰、逼真地展现图像或达到某种艺术效果。

1. 渲染及图像输出

渲染是输出图像前很关键的操作步骤。可以通过以下方法之一激活渲染命令。

- 命令行：render。
- 下拉菜单：选择【视图】/【渲染】/【渲染】菜单命令。
- 功能区：单击【渲染】功能选项卡【渲染】面板的按钮 。

在 AutoCAD 中创建好三维图形，调整好视图，用以上方法激活渲染命令，即可弹出【渲染】窗口，如图 7-76 所示。【渲染】窗口显示当前模型的渲染输出，包括以下 3 个窗格。

【图像】窗格：显示渲染图像。

【渲染统计信息】窗格：位于右侧，显示用于渲染的当前设置。

【历史记录】窗格：位于底部，提供当前模型的渲染图像的近期历史记录和进度条以显示渲染进度。

通过【渲染】窗口的【保存】或【保存副本】菜单，可将图像保存为位图文件或将图像副本以指定格式保存到指定路径。

不同的渲染设置可以渲染出五彩缤纷的效果，在渲染操作之前，应先对光源、材质、贴图、渲染环境等进行设置。

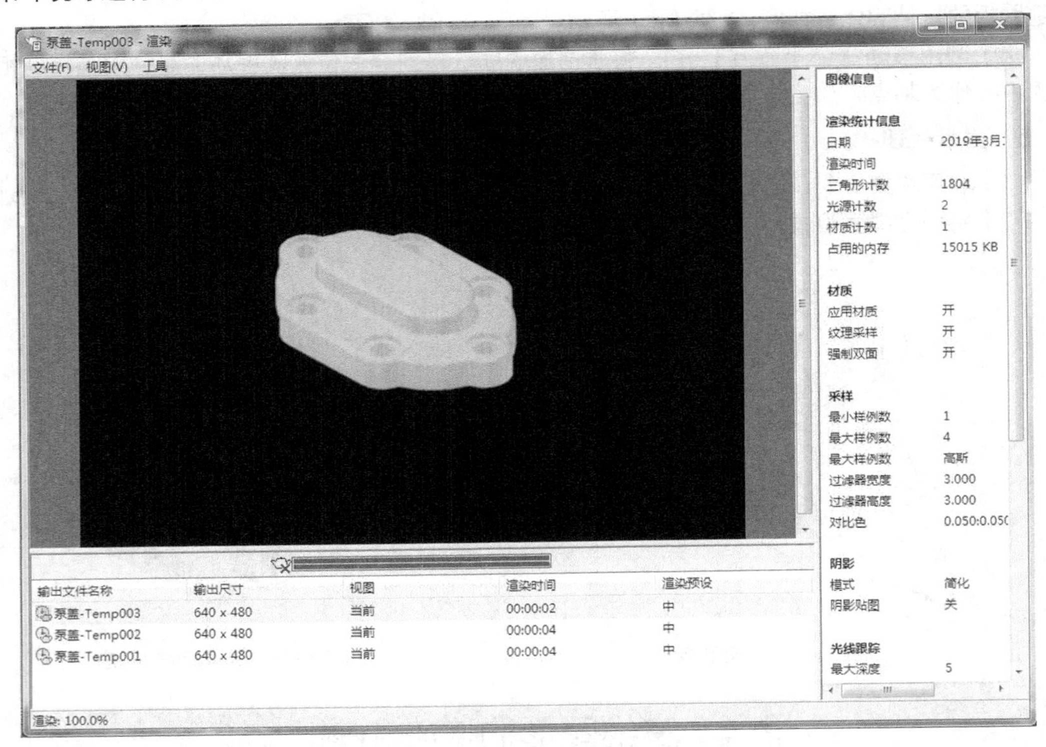

图 7-76 【渲染】窗口

2. 设置光源

设置光源是渲染过程中最重要的环节，光源设置情况直接决定了渲染效果的好坏。可通过功能区【渲染】功能选项卡【光源】面板，如图 7-77 所示，或下拉菜单【视图】/【渲染】/【光源】，如图 7-78 所示，进行新建光源及光源参数的设置。

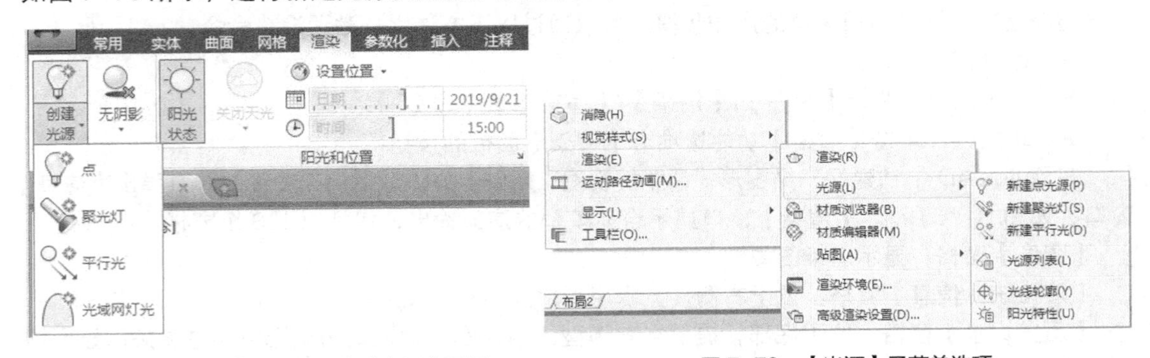

图 7-77 【渲染】功能选项卡【光源】面板

图 7-78 【光源】子菜单选项

3. 设置材质和贴图

通常，对象都是由一定的材质构成的，在 AutoCAD 中运用材质，是指模拟各种材质的颜色和特性来达到特定的渲染效果。材质设置是否合理，对渲染效果也有影响。

可通过单击功能区【渲染】功能选项卡【材质】面板中的【材质浏览器】按钮，或者选择【视图】/【渲染】/【材质浏览器】菜单命令，打开【材质浏览器】选项板，如图 7-79 所示，图形中可找到 Autodesk 自带的常用材质样例，显示在【材质浏览器】选项板的右侧。在选项卡中的 Autodesk 库 列表中可选择：金属、玻璃、陶瓷、塑料等常用的材质。移动鼠标指针至所需的材质，在右端显示，单击可将材质添加到文档中；单击可将材质添加到文档中，并打开【材质编辑器】选项板，如图 7-80 所示。在其中的【外观】和【信息】两个选项卡中，可对各种材质的特性进行设置。

通过功能区【渲染】功能选项卡【材质】面板中的【材质贴图】下拉列表，或者下拉菜单【视图】/【渲染】/【贴图】的子菜单选项，如图 7-81 所示，均可调整贴图模式。

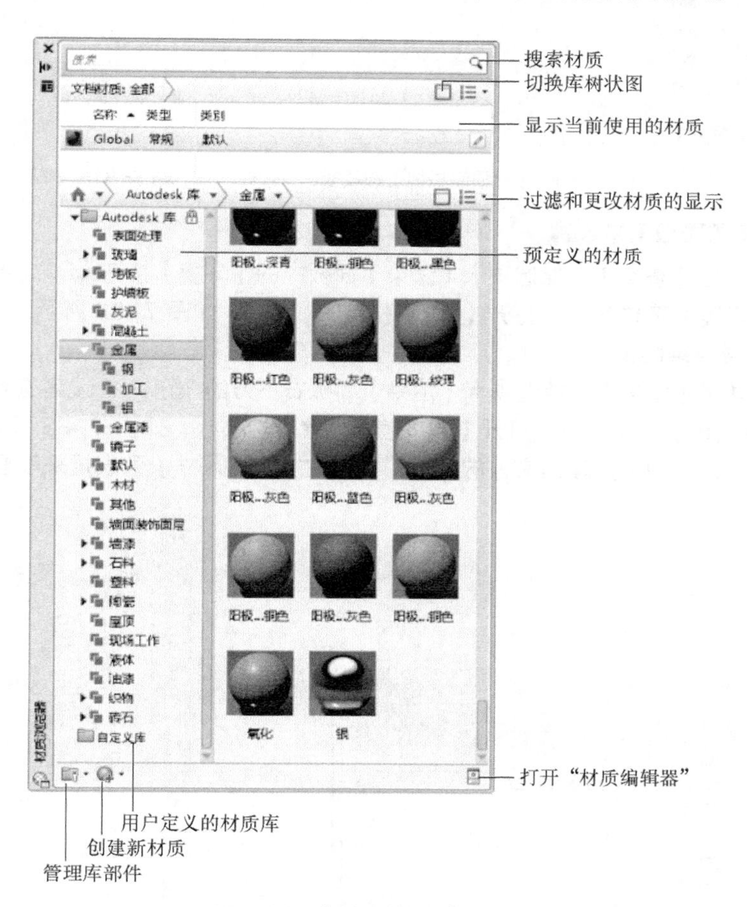

图 7-79　【材质浏览器】选项板

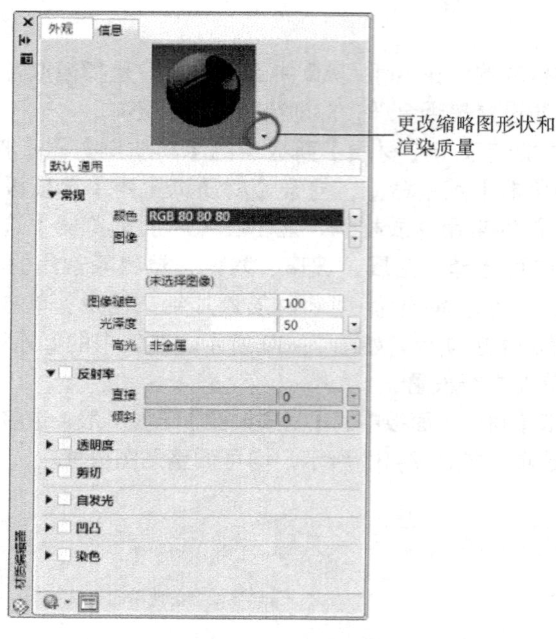

图 7-80 【材质编辑器】选项板

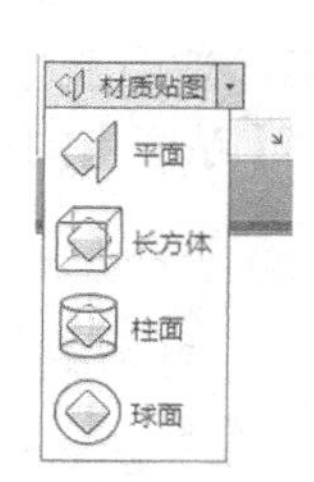

图 7-81 【贴图】选项

4. 渲染环境和高级渲染设置

通过单击功能区【渲染】功能选项卡【渲染】面板中的【环境】按钮，或者选择【视图】/【渲染】/【渲染环境】菜单命令，打开【渲染环境】对话框，如图 7-82 所示，可进行雾化和深度参数设置来增强渲染图像。

通过单击功能区【渲染】功能选项卡【渲染】面板右下方的按钮，或者选择【视图】/【渲染】/【高级渲染设置】菜单命令，打开【高级渲染设置】选项板，如图 7-83 所示，可进行有关渲染的高级设置。最常用的是输出文件的大小，可通过【文件尺寸】列表框来设置。

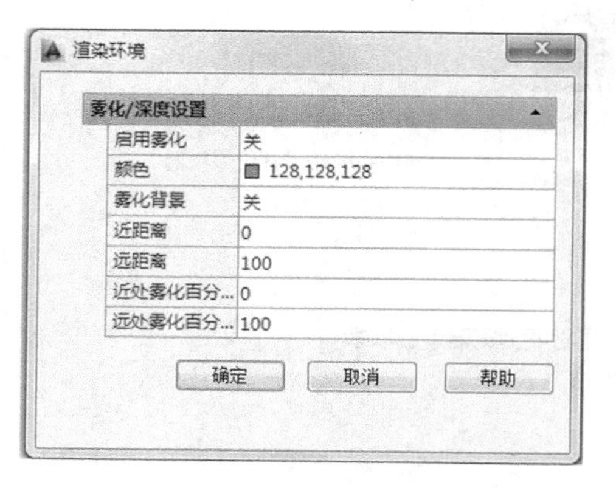

图 7-82 【渲染环境】对话框

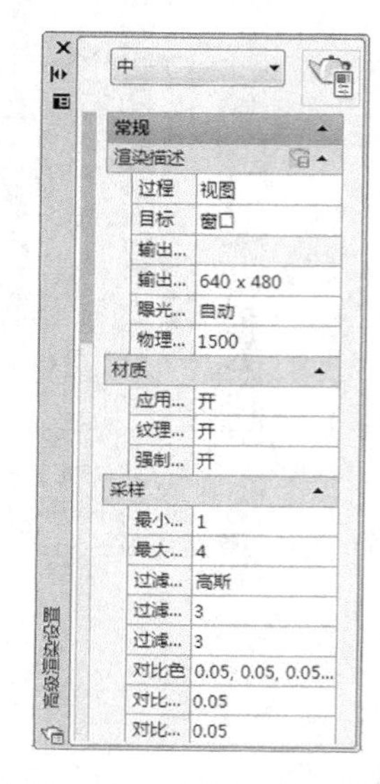

图 7-83 【高级渲染设置】选项板

思考与练习

1. 等轴测图与三维模型有什么区别?
2. 在 AutoCAD 2014 中如何设置三维模型的观察方向?
3. AutoCAD 2014 有哪几种视觉样式?
4. 创建图 7-84～图 7-88 所示的三维模型。

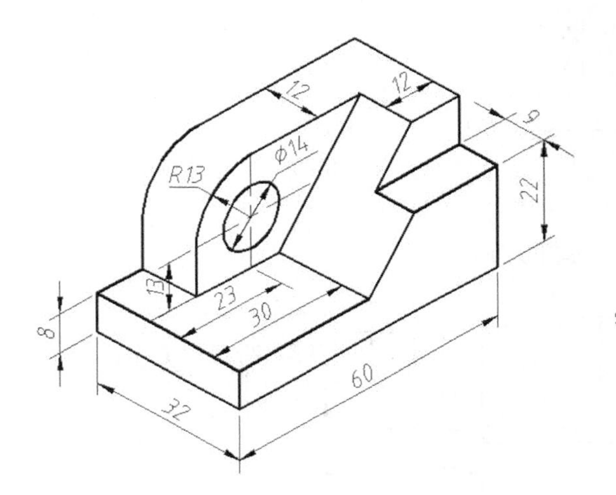

图 7-84 三维图形（一）

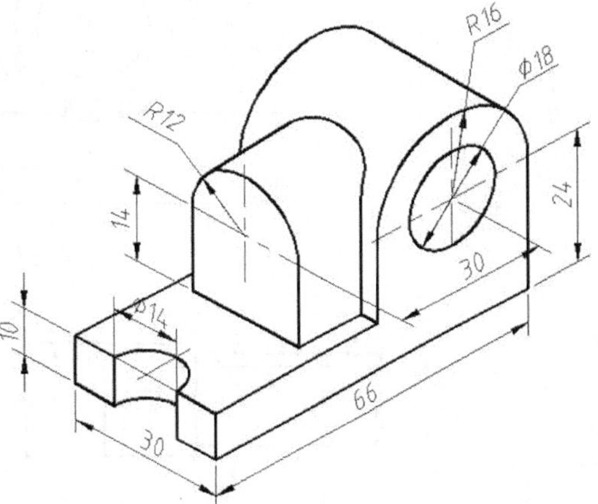

图 7-85 三维图形（二）

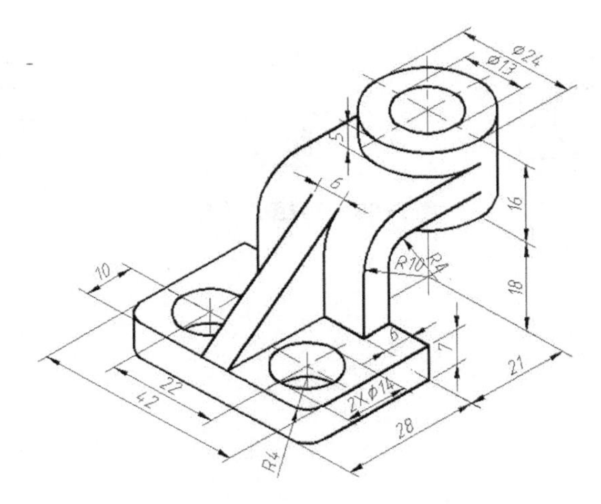

图 7-86 三维图形（三）

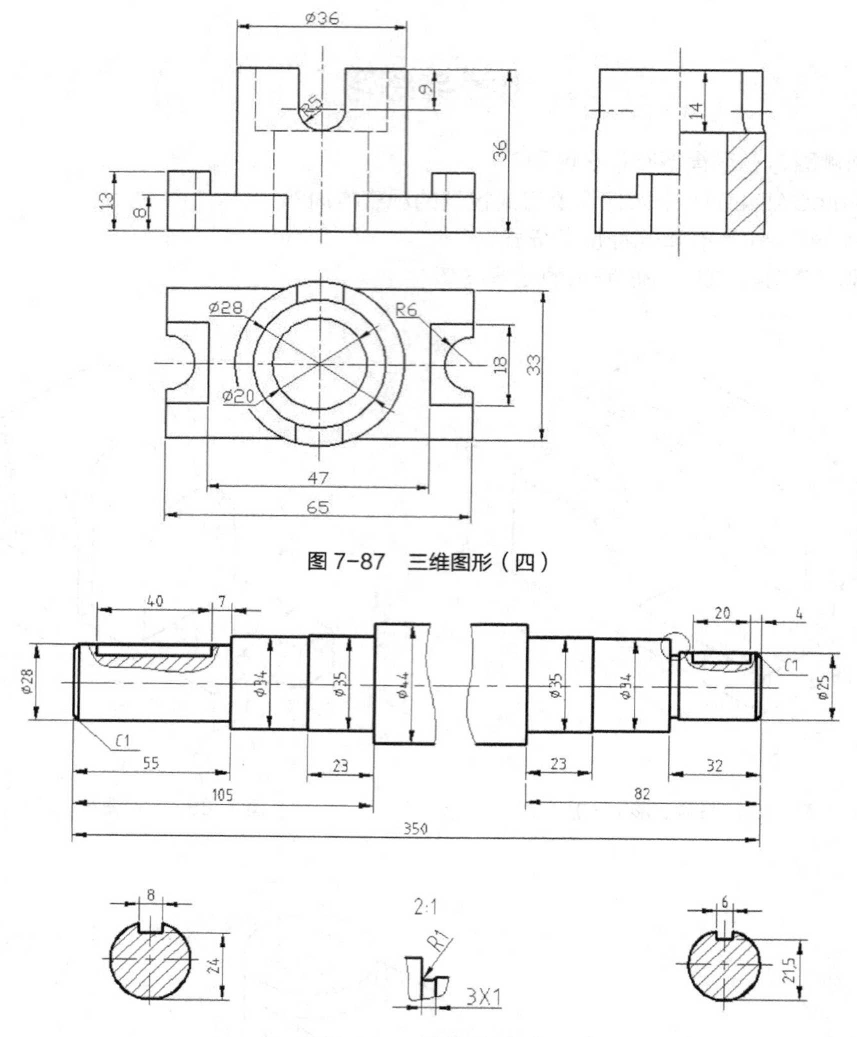

图 7-87　三维图形（四）

图 7-88　三维图形（五）

Chapter

8

第八章 图形的输出与发布

使用 AutoCAD 创建的二维或三维图形，通常要打印到图纸上以便在工程中应用，或者将图形保存为特定的文件类型以供其他应用程序使用。AutoCAD 2014 强化了 Internet 功能，可以创建 Web 格式的文件并可方便地将 AutoCAD 图形传送到 Web 页。

8.1 图形的打印输出

8.1.1 模型空间和图纸空间

AutoCAD 2014 提供了两个并行的工作环境，即模型空间和图纸空间。运行 AutoCAD 2014 后，系统默认处于模型空间。

1. 模型空间

模型空间是完成绘图和设计工作的空间。用户可以在模型空间创建二维图形或三维模型，借助 AutoCAD 强大的图形绘制和编辑功能以及标注功能，可以完成全部绘图工作。在模型空间中，用户可以根据需要，创建多个平铺视口，展示图形的不同视图，用多个二维或三维视图表示物体。通常，在绘图过程中只涉及一个视图时，在模型空间就可完成图形的绘制、打印等操作。

2. 图纸空间

图纸空间即布局空间，布局可以看作是即将要打印出来的图纸页面，在图纸空间中可以创建多个浮动视口以达到排列视图的目的，每个视口可以展现模型不同部分的视图或不同视点的视图。对于三维模型的绘制来说，通过布局各选项的合理设置，即可在一个布局中（即一张图纸上）展示出模型不同方向的视图。

3. 模型空间与布局空间的切换

在绘图区域的下方有【模型】、【布局 1】和【布局 2】3 个布局标签，分别代表模型空间和两个布局。单击相应的局部标签可将工作环境切换到模型空间或某个布局空间。

8.1.2 创建新的布局

默认情况下，AutoCAD 2014 提供一个布局，如果默认的布局不能满足需要，还可以创建新的布局。可通过以下方法创建新的布局。

1. 利用向导创建布局

（1）选择【工具】/【向导】/【创建布局】菜单命令（AutoCAD 经典），系统弹出图 8-1 所示的【创建布局-开始】对话框，在对话框中输入新建布局的名称，单击【下一步】按钮。

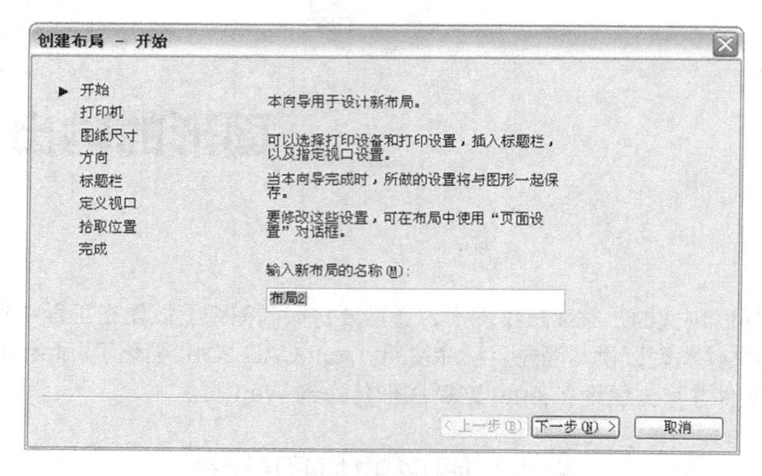

图 8-1 【创建布局-开始】对话框

（2）系统弹出图 8-2 所示的【创建布局-打印机】对话框，在列表框中列出了系统中已经安装的打印设备，选择一种打印设备，单击【下一步】按钮。

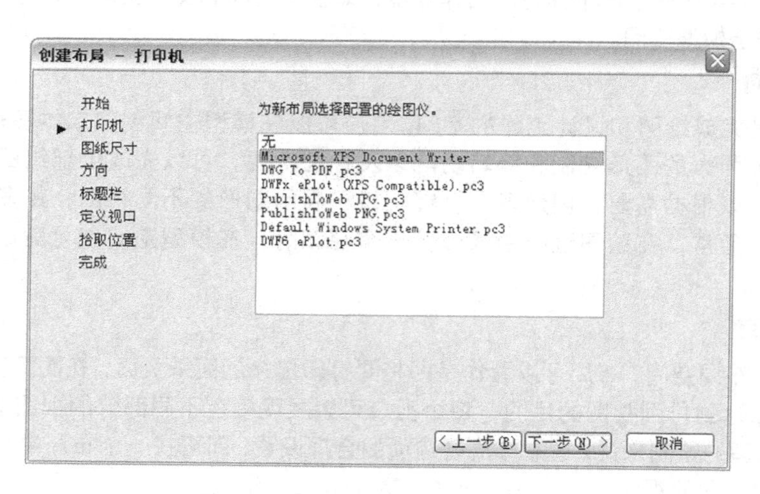

图 8-2 【创建布局-打印机】对话框

（3）系统弹出图 8-3 所示的【创建布局-图纸尺寸】对话框，从下拉列表框中选择图纸型号或者自定义图纸大小。在下面左侧的【图形单位】选项组中选择单位，在右侧的【图纸尺寸】选项组中显示了所选择图纸的大小，单击【下一步】按钮。

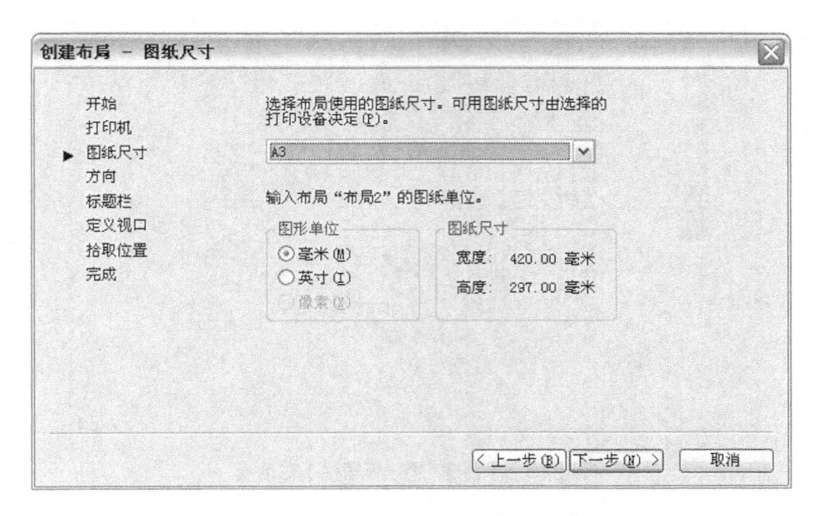

图 8-3　【创建布局-图纸尺寸】对话框

（4）系统弹出图 8-4 所示的【创建布局-方向】对话框，选中【横向】或【纵向】单选框，单击【下一步】按钮。

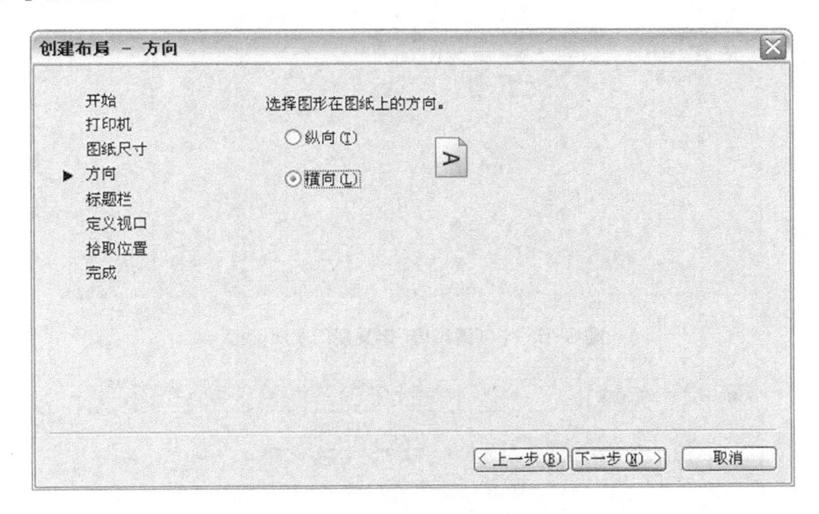

图 8-4　【创建布局-方向】对话框

（5）系统弹出图 8-5 所示的【创建布局-标题栏】对话框，选择要应用于新建布局的标题栏，单击【下一步】按钮。

（6）系统弹出图 8-6 所示的【创建布局-定义视口】对话框，设置视口的类型及比例，单击【下一步】按钮。

（7）系统弹出图 8-7 所示的【创建布局-拾取位置】对话框，单击【选择位置】按钮，在屏幕上点取视口的两个角点，单击【下一步】按钮。

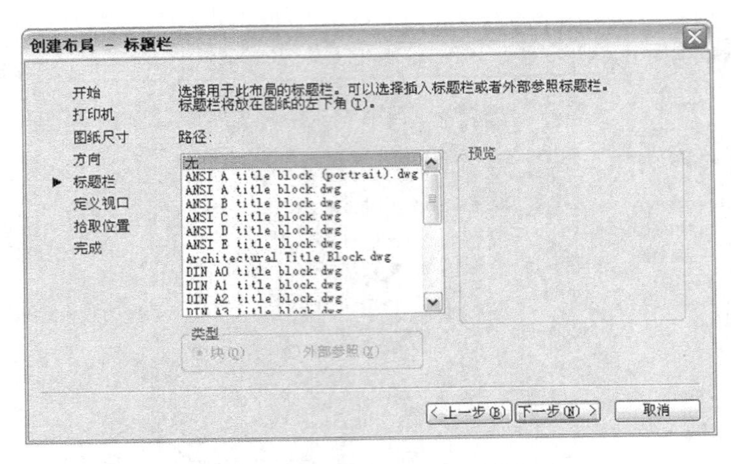

图 8-5 【创建布局-标题栏】对话框

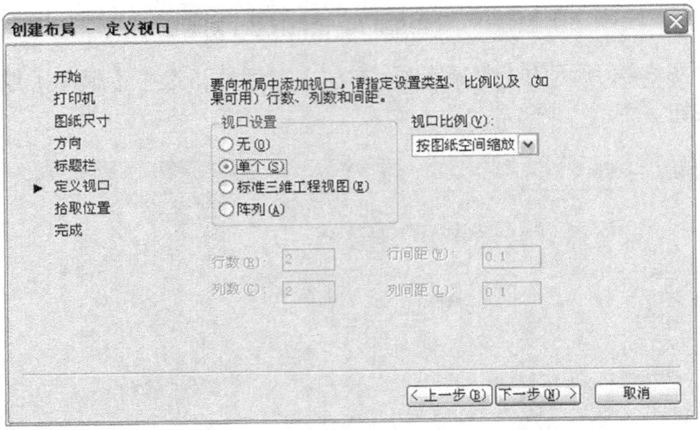

创建布局 - 定义视口
开始
打印机
图纸尺寸
方向
标题栏
定义视口
拾取位置
完成
要向布局中添加视口，请指定设置类型、比例以及（如果可用）行数、列数和间距。
视口设置
无(O)
单个(S)
标准三维工程视图(E)
阵列(A)
视口比例(V):
按图纸空间缩放
行数(R): 2
列数(C): 2
行间距(W): 0.1
列间距(L): 0.1
< 上一步(B)
下一步(N) >
取消

图 8-6 【创建布局-定义视口】对话框

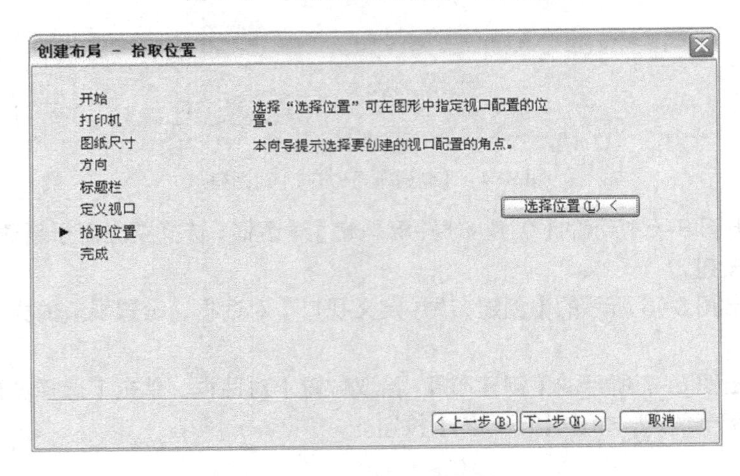

图 8-7 【创建布局-拾取位置】对话框

（8）系统弹出图 8-8 所示的【创建布局-完成】对话框，单击【完成】按钮，完成新建布局的操作。

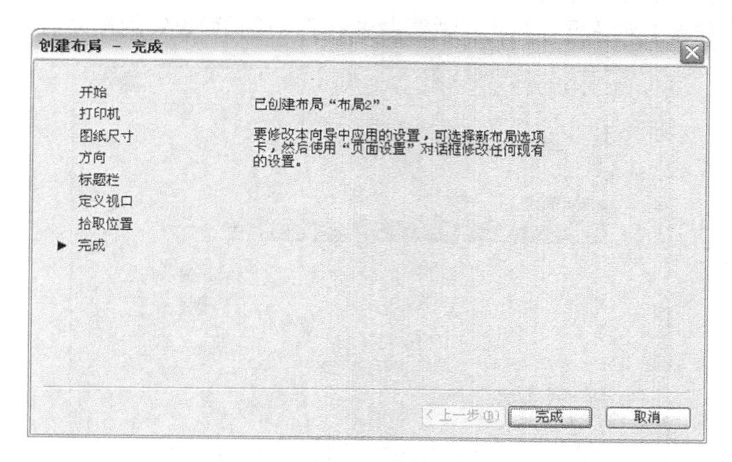

图 8-8　【创建布局-完成】对话框

2. 直接创建新布局

选择【插入】/【布局】/【新建布局】菜单命令（AutoCAD 经典）或单击功能区【布局】功能选项卡【布局】面板的 按钮，或者鼠标右键单击绘图窗口下的【模型】或【布局】选项卡标签，弹出快捷菜单，选择【新建布局】选项，激活命令后，系统提示如下。

命令：_layout

输入布局选项 [复制(C)/删除(D)/新建(N)/样板(T)/重命名(R)/另存为(SA)/设置(S)/?] <设置>: new

输入新布局名 <布局 3>：　输入新布局名称或按 Enter 键使用默认名称。

如此即可创建一个新布局，重复上述步骤可依次新建多个布局。鼠标右键单击某个布局选项卡标签，弹出图 8-9 所示的快捷菜单，选择相应的选项即可进行布局的删除、新建、重命名等操作。

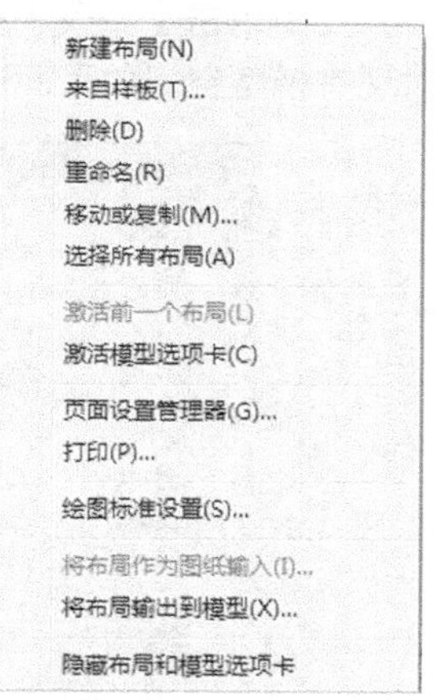

图 8-9　【布局】快捷菜单

8.1.3 页面设置管理器

在创建完图形之后，无论是在图纸空间或者布局空间进行打印，均需要对页面进行设置，确定图形的输出属性，通过预览输出结果，确认符合打印要求后，才可打印出图纸。对于打印页面的设置是通过【页面设置管理器】对话框进行的，可分别对模型空间及各布局进行详细的设置，内容包括打印设备的选择、打印图纸的规格、打印样式的设置等。利用【页面设置管理器】对话框除了可对各现有的页面进行设置外，还可以新建页面设置。

1. 对模型空间进行页面设置

（1）将工作环境切换至模型空间。

（2）选择【文件】/【页面设置管理器】菜单命令，或者鼠标右键单击绘图窗口下的【模型】选项卡标签，或者在功能区的【输出】功能选项卡【打印】面板中单击 按钮，弹出图 8-10 所示的【页面设置管理器】对话框，在此对话框中显示了当前页面设置的相关信息。

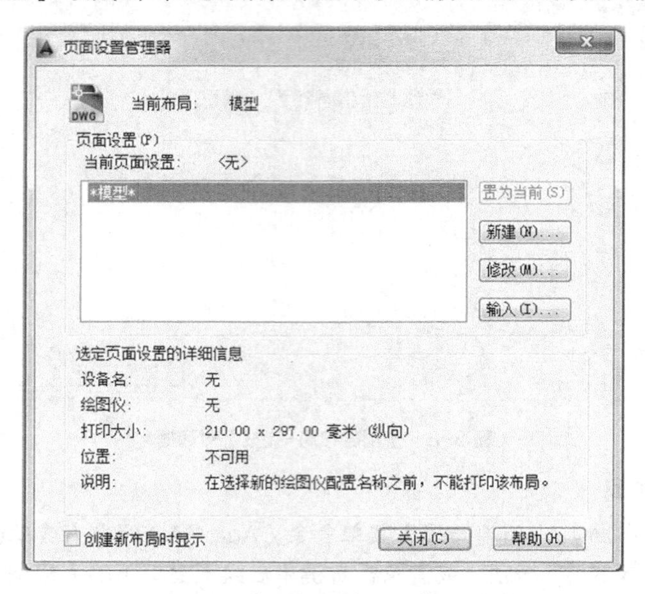

图 8-10 【页面设置管理器】对话框

（3）单击【修改】按钮，弹出图 8-11 所示的【页面设置-模型】对话框。在此对话框中可对现有模型空间的页面进行设置。对话框中各主要选项的功能如下。

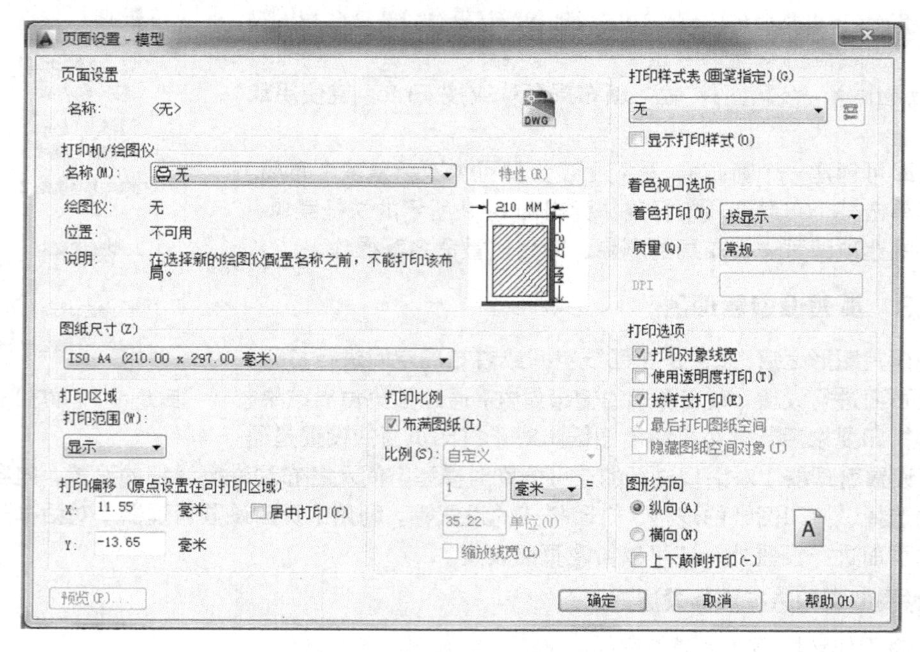

图 8-11 【页面设置-模型】对话框

【打印机/绘图仪】选项组：指定要使用的打印机的名称、位置和说明。在【名称】下拉列表框中可以选择配置各种类型的打印设备，如选择本地打印机“EPSON ME 1”。单击【特性】按钮，弹出图 8-12 所示的【绘图仪配置编辑器】对话框，在此对话框中可查看打印设备的配置信息或对其进行自定义。单击【确定】按钮返回【页面设置-模型】对话框。

【打印样式表】选项组：为当前的布局设置、编辑打印样式表，或者创建新的打印样式表。在【打印样式表】下拉列表框中选择一种打印样式，如选择样式“acad.ctb”，单击【编辑】按钮 ，将弹出图 8-13 所示的【打印样式表编辑器】对话框，在此对话框中可以查看或修改打印样式。在该对话框中的【表格视图】选项卡中，【打印样式】下方列出了 255 种打印样式，代表 255 种颜色，选中需要更改的颜色，在右侧【特性】选项组中进行设置。单击【保存并关闭】按钮返回【页面设置-模型】对话框。

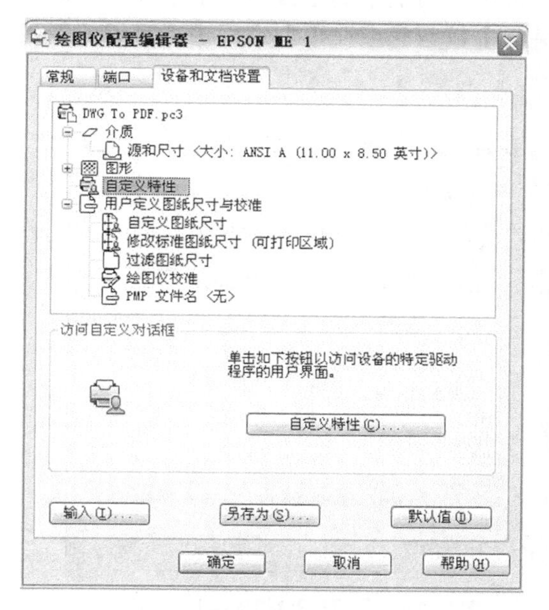

图 8-12　【绘图仪配置编辑器】对话框

图 8-13　【打印样式表编辑器】对话框

【图纸尺寸】选项组：用于指定图纸的尺寸大小。

【打印区域】选项组：设置布局的打印区域。在【打印范围】下拉列表框中可以选择要打印的区域，包括布局、视图、显示和窗口等选项。

【打印偏移】选项组：用于指定打印区域偏离图纸左下角的距离。可分别在【X】和【Y】文本框中输入偏移距离，若勾选【居中打印】复选框，可居中打印。

【打印比例】选项组：用于设置打印时的比例。可以勾选【布满图纸】复选框，或者在【比例】下拉列表框中选择标准比例，也可自定义比例。

【着色视口选项】选项组：用于指定着色和渲染视口的打印方式，并确定它们的打印质量和 DPI 值。

【打印选项】选项组：设置打印选项，如打印对象线宽等。

【图形方向】选项组：指定图形在图纸上放置的方向，可以是横向或纵向。勾选【上下颠倒打印】复选框可使图形在图纸上倒置打印，相当于旋转 180° 打印。

设置好各选项参数后，单击【页面设置-模型】对话框中的【确定】按钮，返回【页面设置管理器】对话框，单击对话框中的【关闭】按钮完成在模型空间进行打印的页面设置。

（4）对于同一个模型空间，可以设置不同的页面。单击【页面设置管理器】对话框中的【新建】按钮，弹出图 8-14 所示的【新建页面设置】对话框，在对话框中的【新页面设置名】下方的文本框中输入新建页面设置的名称，默认为“设置 1”。在【基础样式】下方的列表框中选择一个样式作为新页面设置的基础，单击【确定】按钮弹出图 8-11 所示的【页面设置-模型】对话框，在此对话框中设置各选项的方法同上所述，设置完成后单击【页面设置-模型】对话框中的【确定】按钮，返回图 8-15 所示的【页面设置管理器】对话框，在此对话框中的【当前页面设置】列表框中多了一个“设置 1”页面设置。采用同样的方法可以创建多个页面设置。在列表中任选一个页面设置，单击对话框中的【置为当前】按钮，即可将此设置指定为当前打印的页面设置。单击【关闭】按钮完成在模型空间进行打印的新建页面设置。

图 8-14 【新建页面设置】对话框

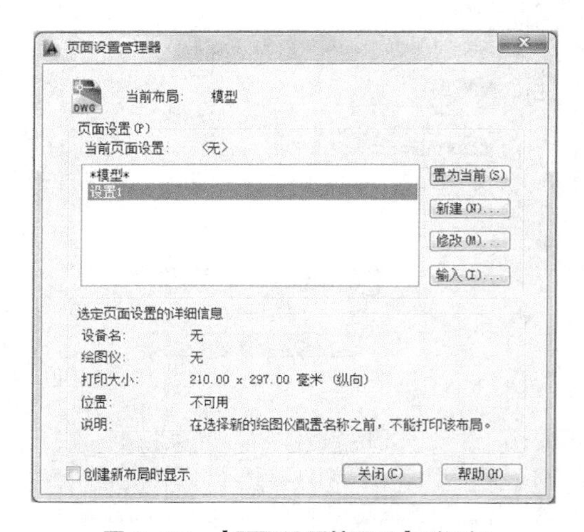

图 8-15 【页面设置管理器】对话框

2. 对布局进行页面设置

（1）单击绘图窗口下方的【布局】选项卡标签，将工作环境切换至要设置的布局空间，如布局 1。

（2）选择【文件】/【页面管理器】菜单命令，或者鼠标右键单击绘图窗口下的【布局 1】按钮，在弹出的快捷菜单中选择【页面设置管理器】，弹出图 8-16 所示的【页面设置管理器】对话框。对话框中显示了当前布局的相关信息，在当前页面设置列表框中列出了所有的布局，并选中了“布局 1”。

（3）单击【修改】按钮，弹出图 8-17 所示的【页面设置-布局 1】对话框。对话框中各选项的功能及设置方法与上述模型空间的页面设置相同，这里不再详述。设置完成后单击对话框中的【确定】按钮，返回【页面设置管理器】对话框，单击对话框中的【关闭】按钮完成布局 1 的页面设置。

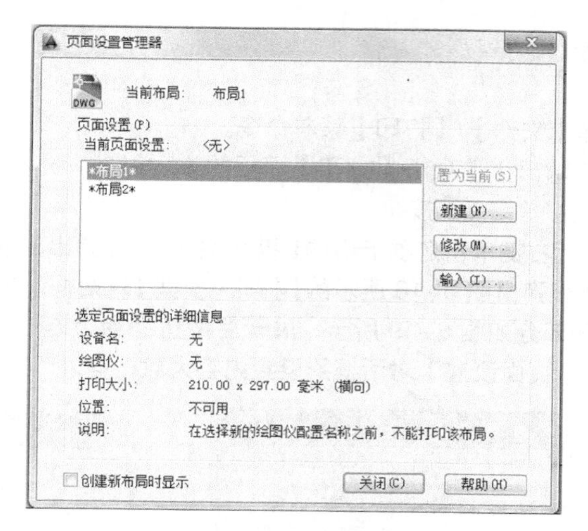

图 8-16　【页面设置管理器】对话框

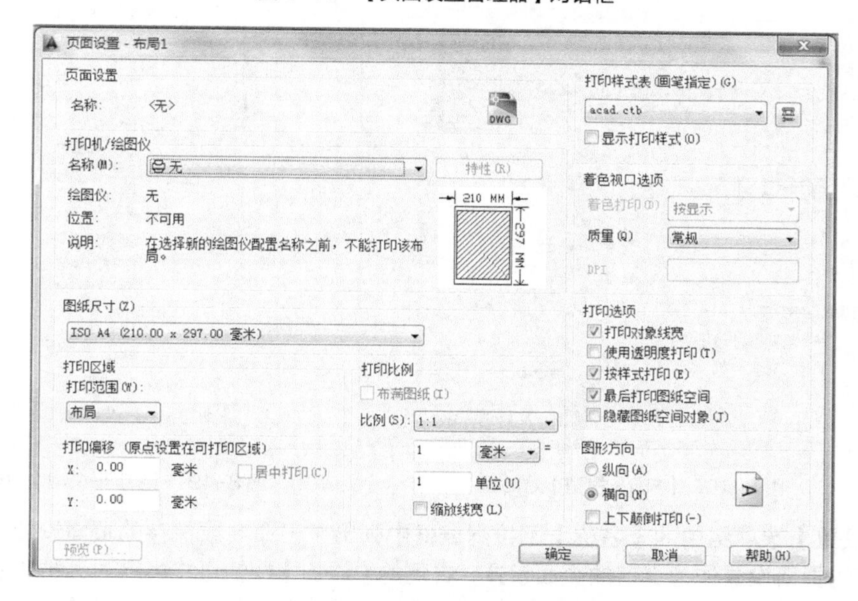

图 8-17　【页面设置-布局 1】对话框

（4）利用【页面设置管理器】对话框除了可对各现有的各布局页面进行设置外，还可以创建命名页面设置。单击图 8-15 所示的【页面设置管理器】对话框中的【新建】按钮，可以新建命名页面设置，设置方法同上述在模型空间进行新建页面设置的方法相同。

8.1.4　打印输出

通过【页面设置管理器】对话框对页面进行设置后，即可启用打印命令进行打印。可以在模型空间打印图形，也可以在布局空间进行打印。

1. 在模型空间进行打印

要在模型空间进行打印，首先应将工作环境切换至模型空间。在激活模型空间后，可通过以下方法之一启动打印命令。

➤ 命令行：plot。

➤ 下拉菜单：选择【文件】/【打印】菜单命令。

➤ 功能区：单击【输出】选项卡【打印】面板的 按钮。

➤ 快速访问工具栏：单击 按钮。

➤ 快捷键菜单：鼠标右键单击选项卡中的【模型】按钮，在弹出的快捷菜单中选择【打印】。

激活打印命令后，系统弹出图 8-18 所示的【打印-模型】对话框，单击对话框右下角的 按钮，可展开对话框，展开部分如图 8-19 所示，展开后按钮 变为 ，单击 按钮可关闭展开部分。【打印】对话框与【页面设置】对话框的设置内容大致一样。

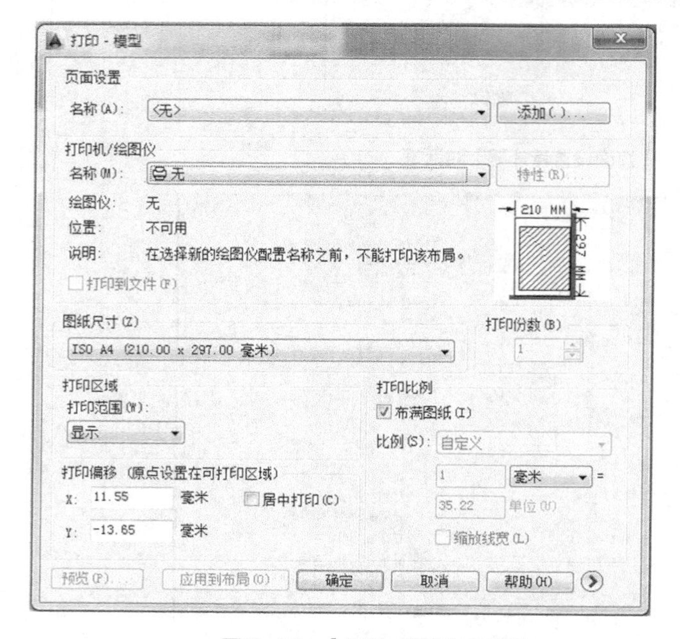

图 8-18 【打印-模型】对话框

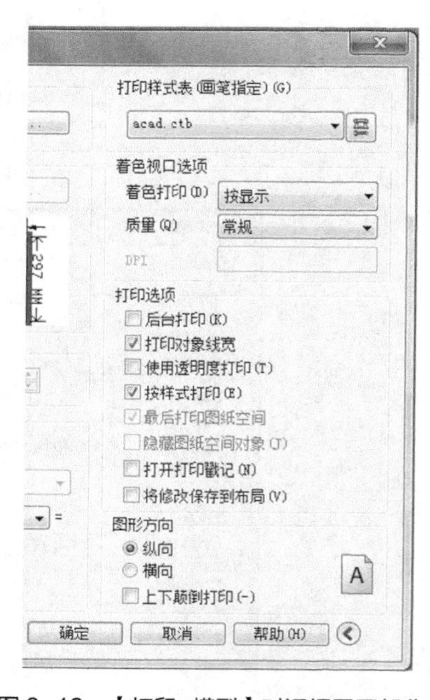

图 8-19 【打印-模型】对话框展开部分

【页面设置】选项组中的【名称】下拉列表框中列出了已命名或保存的页面设置，选择一个已经设置好的页面设置作为当前的页面设置，右侧的【添加】按钮可将当前对话框中的设置保存到新的命名页面设置中。选择不同页面设置后，对话框中的【打印机/绘图仪】、【图纸尺寸】、【打印区域】、【打印偏移】、【打印比例】等各项参数将随之变为相应页面设置的设置值，也可以在此对话框中直接修改各参数值。

当勾选【打印机/绘图仪】选项组中的【打印到文件】复选框时，系统将把图形打印到文件中而不是图纸上，系统将生成一个“.plt”格式的文件，将此文件保存可用于在脱离 AutoCAD 的环境中进行打印。【打印份数】数据框中的数据用于确定打印份数，当打印到文件时，此选项不可用。

单击【预览】按钮，可以预览打印输出效果，在确认打印结果没有问题后，退出预览窗口，单击对话框中的【确定】按钮即可进行打印，也可以在预览窗口中，单击鼠标右键，在弹出的快捷菜单中选择【打印】。

2. 在布局空间进行打印

要在布局空间进行打印，可单击绘图区下方的某一布局标签，如【布局 1】，将工作环境切换至布局空间，通过菜单命令【文件】/【打印】，或者输入命令 plot，启动打印命令；也可以用鼠标右键单击【布局 1】标签，在弹出的快捷菜单中选择【打印】，启动打印命令。系统弹出图 8-20 所示的【打印-布局 1】对话框，该对话框与图 8-18 所示的【打印—模型】对话框中各选项的含义及设置方法一样，不再详述，各选项设置完成后预览查看打印输出效果，确定满意后即可打印。

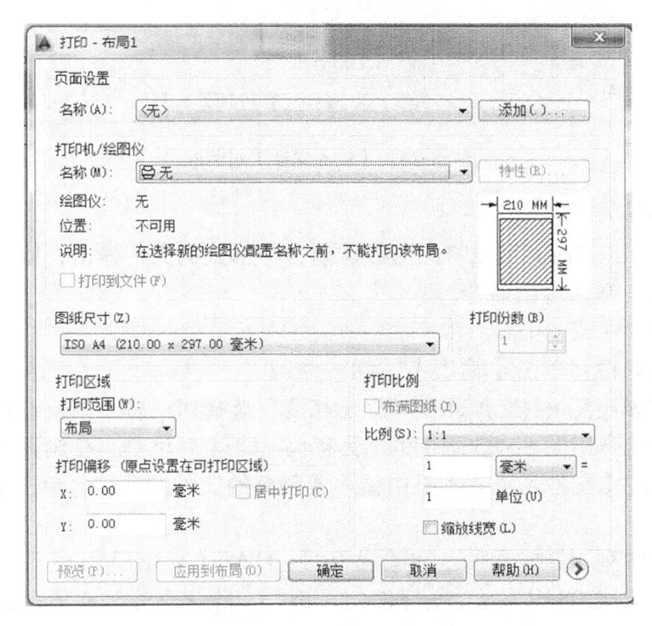

图 8-20 【打印-布局 1】对话框

8.2 图形数据的输入、输出与发布

8.2.1 图形数据的输入与输出

在 AutoCAD 中绘制好图形后，除了可以将图形打印输出到图纸外，还可以将图形以各种格式输出，以供其他应用程序使用，也可将其他格式的图形文件输入到 AutoCAD 中。

1. 图形数据的输入

利用输入命令，AutoCAD 可以将“图元文件（*.wmf）”“ACIS（*.sat）”“3D Studio（*.3ds）”“V8 DGN（*.dgn）”等格式的图形文件输入到 AutoCAD 中，可通过以下方法之一激活输入命令。

➤ 命令行：Import 或 imp。

➤ 下拉菜单：选择【文件】/【输入】菜单命令。

激活命令后，系统弹出图 8-21 所示的【输入文件】对话框，在【文件类型】下拉列表中选择要输入的文件的类型，在【文件名】文本框中输入文件的名称或在浏览窗口中选中要输入的文件，单击【打开】按钮，即可将所需的文件导入到 AutoCAD 中。

图 8-21 【输入文件】对话框

2. 图形数据的输出

利用输出命令，AutoCAD 可以将图形数据以各种格式的文件输出，以方便其他程序使用。可以通过以下方法之一激活输出命令。

- 命令行：export 或 exp。
- 应用程序菜单栏：单击【输出】按钮 。

激活命令后系统弹出图 8-22 所示的“输出格式”选择对话框，单击选择需要的文件输出类型（如 PDF）后，系统弹出图 8-23 所示的【另存为 PDF】对话框，在浏览窗口中选择文件存储的位置，在对话框中的【文件名】文本框中输入要创建的文件的名称，单击【保存】按钮完成文件的输出操作。

应用程序菜单栏中列出了常用的 6 种输出格式：DWF（*.dwf）、DWFx（*.dwfx）、3D DWF（*.dwf）、PDF（.pdf）、DGN（*.dgn）、FBX（*.fbx）。除此之外，在单击最后的【其他格式】后，系统将弹出图 8-24 所示的对话框，这里有更多的格式可供输出选择。不同的文件格式有不同的用途，这里不作详述。

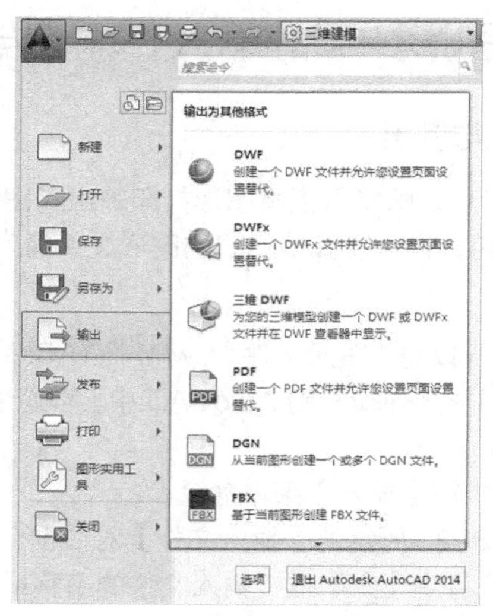

图 8-22 选择输出格式

图 8-23 【另存为 PDF】对话框

图 8-24 【输出数据】对话框

8.2.2 图形数据的发布

1. 发布 DWF 文件

利用 AutoCAD 2014 的发布功能，可以将 AutoCAD 图形发布为 DWF 格式的文件。DWF 格式是在网络上发布图形的通用格式，DWF 格式的文件可以在任何装有网络浏览器和 Autodesk WHIP 插件的计算机中打开、查看和打印，并支持实时平移和缩放等功能。可以通过以下方法之一激活发布命令。

- 命令行：publish。
- 下拉菜单：选择【文件】/【发布】菜单命令。
- 应用程序菜单栏：单击 发布 按钮。

激活命令后，系统弹出图 8-25 所示的【发布】对话框。单击【发布选项】按钮，弹出图 8-26

所示的【发布选项】对话框，在该对话框中可对各选项参数进行设置。单击【确定】按钮返回【发布】对话框，单击对话框中的【发布】按钮，在弹出的【保存图纸列表】对话框中选择【否】，在弹出的【指定 DWF 文件】对话框中输入路径和文件名，单击【选择】按钮，AutoCAD 将在后台完成图形的发布。

2. 网上发布图形

利用 AutoCAD 2014 的网上发布功能，可以将 Auto CAD 图形以 HTML 格式发布到网上。使用 AutoCAD 2014 提供的网上发布向导功能，可以方便快捷地创建精美的 Web 网页。可以通过以下方法之一启用网上发布向导。

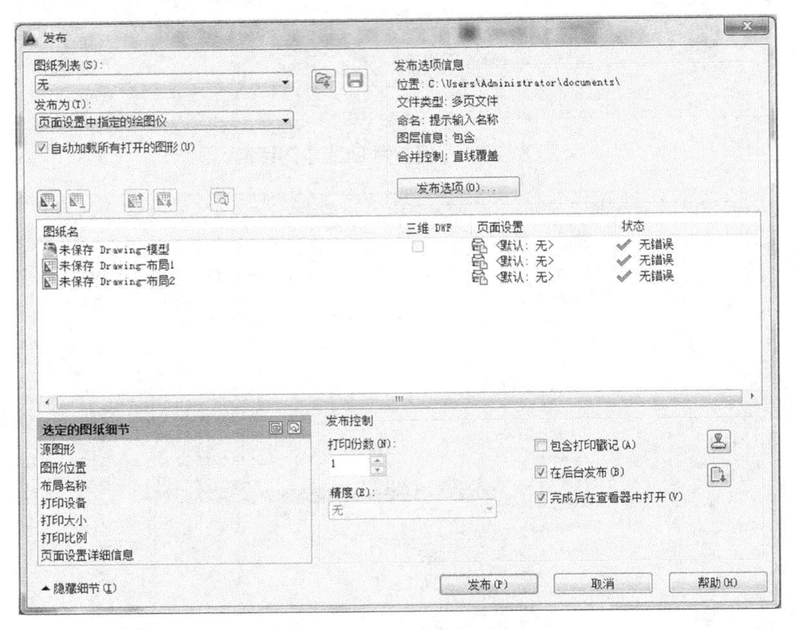

图 8-25 【发布】对话框

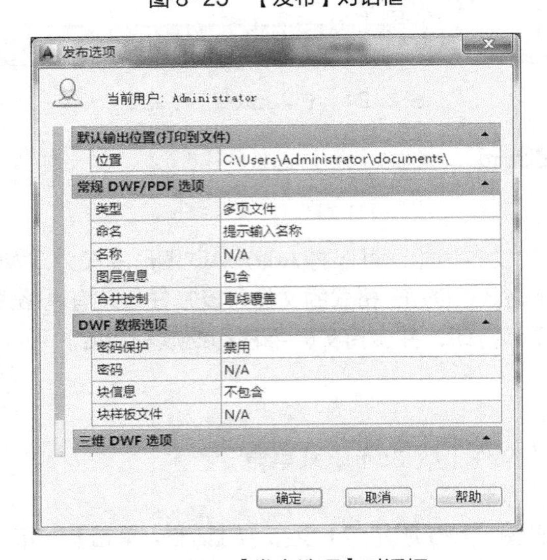

图 8-26 【发布选项】对话框

➤ 命令行：publishtoweb。

➤ 下拉菜单：选择【文件】/【网上发布】菜单命令。

启动网上发布向导后，按照向导的提示，即可完成网上发布操作。

以发布已经绘制好的“泵盖”三维图为例，操作步骤如下。

（1）首先打开已经绘制好的图形文件“泵盖”，启动网上发布向导，系统弹出图 8-27 所示的【网上发布-开始】对话框，选中对话框中【创建新 Web 页】单选框，用于将图形发布到一个新的主页上，默认为选中状态。

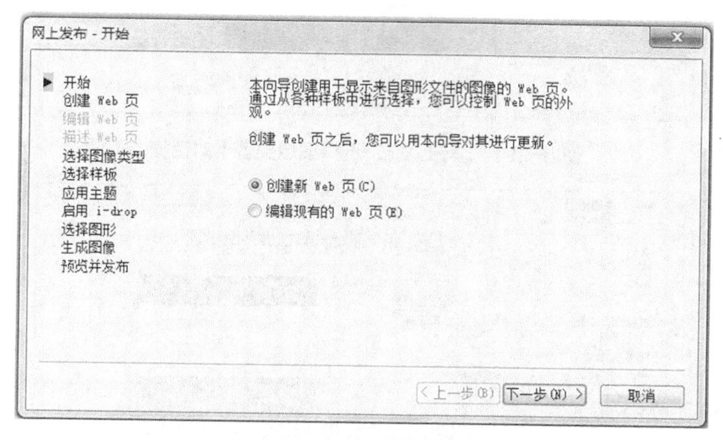

图 8-27 【网上发布-开始】对话框

（2）单击【下一步】按钮，弹出图 8-28 所示的【网上发布-创建 Web 页】对话框，在【指定 Web 页的名称】文本框中输入 Web 页面名称“泵盖”，指定文件系统中 Web 页面的位置及页面说明文字。

（3）单击【下一步】按钮，弹出图 8-29 所示的【网上发布-选择图像类型】对话框，对话框中“DWF”为默认格式，此外还可以指定 JPEG 或 PNG 两种文件格式，当选中 JPEG 或 PNG 格式时，还可指定图像的大小。

（4）单击【下一步】按钮，弹出图 8-30 所示的【网上发布-选择样板】对话框，在对话框中选择所需的布局样板，在右侧的预览框中可以预览页面布局的效果。

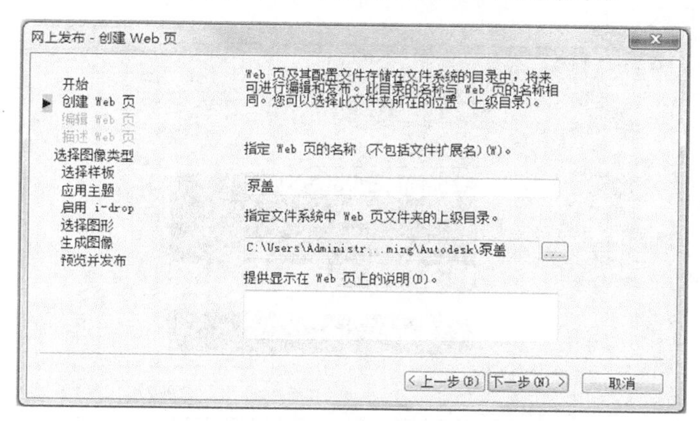

图 8-28 【网上发布-创建 Web 页】对话框

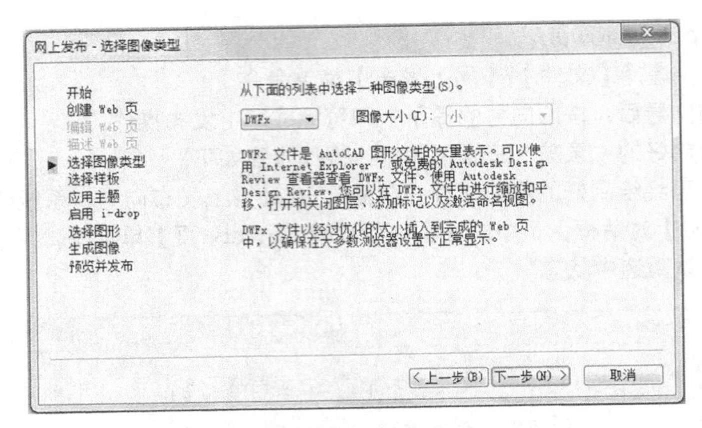

图 8-29 【网上发布-选择图像类型】对话框

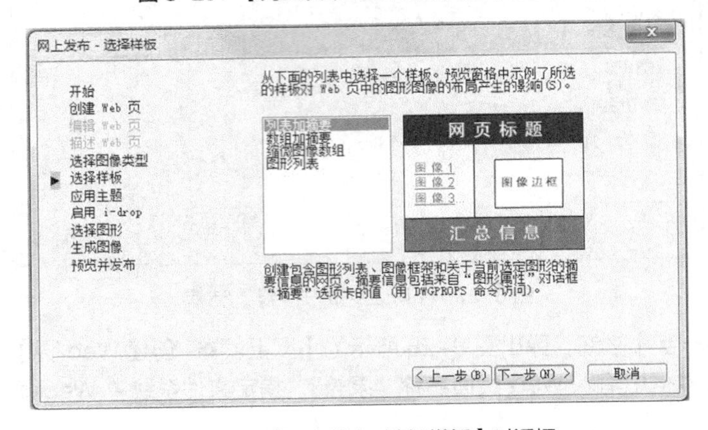

图 8-30 【网上发布-选择样板】对话框

（5）单击【下一步】按钮，弹出图 8-31 所示的【网上发布-应用主题】对话框，在对话框中选择相应的页面主题，可在右侧的预览框中预览页面主题的效果。

（6）单击【下一步】按钮，弹出图 8-32 所示的【网上发布-启用 i-drop】对话框，对话框中【启用 i-drop】复选框用于确定是否支持联机拖放，如果勾选该复选框，则图形文件将随发布文件一起复制到网页上。

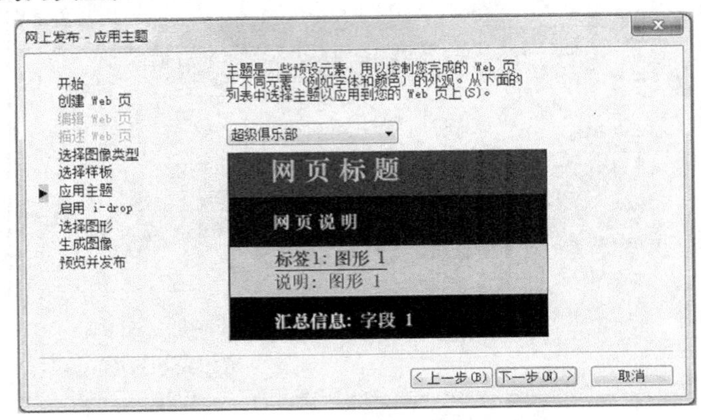

图 8-31 【网上发布-应用主题】对话框

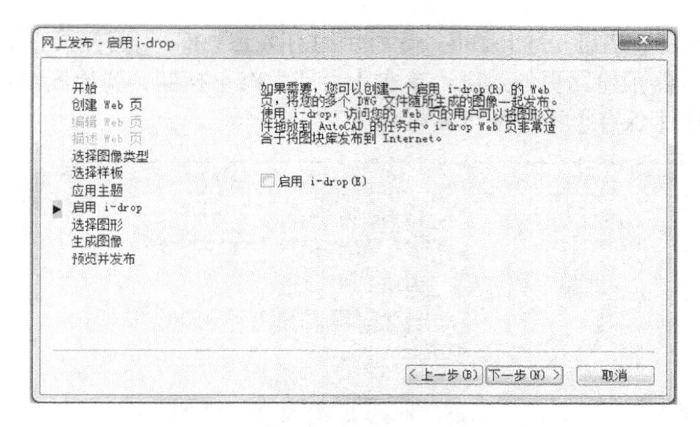

图 8-32　【网上发布-启用 i-drop】对话框

（7）单击【下一步】按钮，弹出图 8-33 所示的【网上发布-选择图形】对话框，在对话框中的【图形】下拉列表中选择要发布的图形文件，单击【添加】按钮，图形即被添加到右侧【图像列表】中。

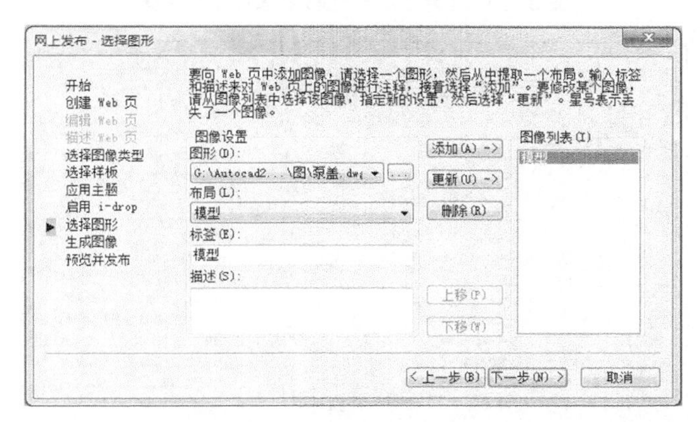

图 8-33　【网上发布-选择图形】对话框

（8）单击【下一步】按钮，弹出图 8-34 所示的【网上发布-生成图像】对话框，其中【重新生成已修改图形的图像】为默认选中状态。

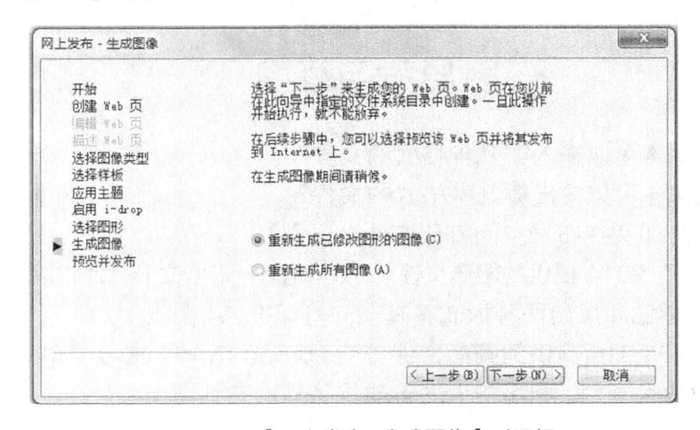

图 8-34　【网上发布-生成图像】对话框

（9）单击【下一步】按钮，弹出图 8-35 所示的【网上发布-预览并发布】对话框，单击【预览】按钮可打开浏览器预览网页的效果，单击【立即发布】按钮，弹出图 8-36 所示的【发布 Web】对话框，单击【保存】按钮即可发布网页。

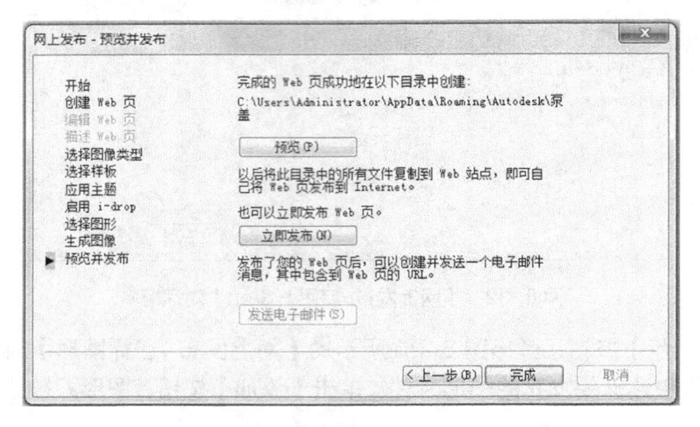

图 8-35 【网上发布-预览并发布】对话框

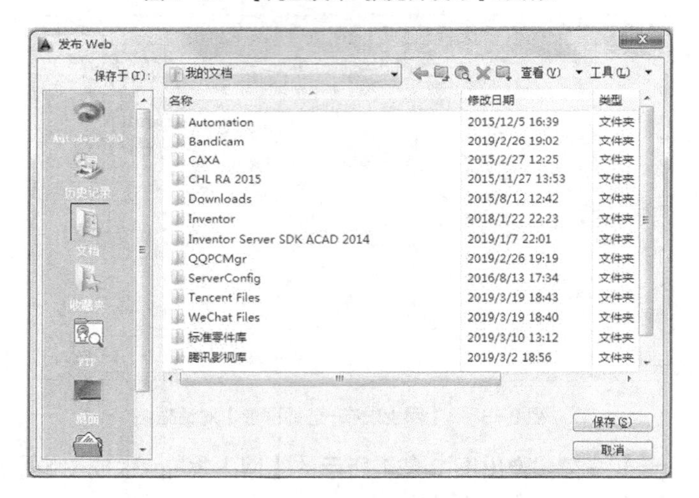

图 8-36 【发布 Web】对话框

思考与练习

1. AutoCAD 2014 可以输入哪几种格式的文件?
2. AutoCAD 2014 可以输出哪几种格式的文件?
3. 在模型空间打印和在布局空间打印有什么区别?
4. 打开 AutoCAD 2014 提供的图形文件“colorwh.dwg”（位于 AutoCAD 2014 安装目录中的 sample 中），分别以彩色和黑白两种形式将其横向打印在 A4 图纸上。
5. 打开 AutoCAD 2014 提供的图形文件“32 conrod.dwg”（位于 AutoCAD 2014 安装目录中的 help\buildyourword 中），利用网上发布向导将其发布到网上。